美丽乡村建设丛书

骆中钊　编著

中国电力出版社
CHINA ELECTRIC POWER PRESS

内 容 提 要

本书是《美丽乡村建设丛书》中的一册，本书在阐述了增强文化自信、营造特色风貌的基础上，较为全面地探析了历史文化名镇（村）的保护与发展、传统聚落的文物古迹保护、村庄整治与风貌保护规划和建设美丽乡村，深入地介绍了新农村特色风貌规划和新农村的城市设计，并介绍了研究与实践的典型案例，以便于读者阅读参考。

本书内容充实、理念新颖、图文并茂、通俗易懂，并附实践案例，具有较强的探索性、指导性、实用性和可读性。

本书适合于从事新农村建设的建筑师、规划师、园林景观设计师和管理人员参考，也可供广大群众阅读，还可供大专院校相关专业师生教学参考以及作为对从事新农村建设管理人员进行培训的教材。

图书在版编目（CIP）数据

新农村风貌营造 / 骆中钊编著. —北京：中国电力出版社，2018.6
（美丽乡村建设丛书）
ISBN 978-7-5123-7090-6

Ⅰ. ①新… Ⅱ. ①骆… Ⅲ. ①乡村规划－中国 Ⅳ. ①TU982.29

中国版本图书馆 CIP 数据核字（2015）第 009294 号

出版发行：中国电力出版社
地　　址：北京市东城区北京站西街 19 号（邮政编码 100005）
网　　址：http://www.cepp.sgcc.com.cn
责任编辑：乐　苑（010-63412380）
责任校对：王开云
装帧设计：王红柳
责任印制：蔺义舟

印　　刷：三河市航远印刷有限公司
版　　次：2018 年 6 月第一版
印　　次：2018 年 6 月北京第一次印刷
开　　本：787 毫米×1092 毫米　16 开本
印　　张：13.75
字　　数：337 千字
定　　价：48.00 元

前　言

无差异化战略使得中国城乡缺少真正的科学规划，也使得城乡文化基因难觅。远眺千城一面的中国城乡现状，只能说明我们缺乏文化自觉和自信，甚至可以说明我们这一代人缺乏对文化的理解和重视。

在严重缺乏文化自觉和自信的影响下，“洋风”四起、“复古”泛滥，令人窒息，新农村建设也受到严重的干扰。有的地方采取急功近利的“拿来主义”，南北不分，简单地套用城市建筑设计，造成了“千村一面、百镇同貌”的呆板、单调的格局；有的地方怀着猎奇的心态，以怪为美，盲目地进行模仿，结果造成了中西混杂、五颜六色、奇形怪状、零乱而失序的奇观。这些地方既看不到科学的规划设计而带来的整体协调的美感，也看不到建筑与自然环境、人文环境和地方风貌、民族特色等相融的特色，留给人们的只是一种沉重而无奈的遗憾。

留住城乡文化，我们需要怎样的城乡风貌？敢问营造城乡特色风貌路在何方？

我们伟大的中华民族以灿烂的文化和悠久的历史著称于世。纵观人类文明发展的进程，举世公认有独立起源的四大古文明——古巴比伦文明、古埃及文明、古印度文明、古中华文明，随着岁月的流逝，不是散失就是中断了，而只有中华文明历经数千年不仅没有散失和中断，而且时至今日依然充满着勃勃生机。这是值得我们每一个中国人为之自豪的。这种独特的现象耐人寻味，引起很多专家、学者的关注。究其根源，主要是中华传统文化最具生命力、凝聚力和影响力。在数千年的历史长河中，江山可以易主，朝代可以更替，但唯有文化不能中断，这是一个民族的灵魂，一个民族的精神纽带，一个民族的凝聚力之所在。我们应该倍加珍惜和爱护传统文化，并努力加以弘扬。

传统民居建筑文化是一部活动的人类生活史，它记载着人类社会发展的历史。研究、运用传统民居文化是一项复杂的动态体系，它涉及历史的、现实的社会、经济、文化、自然生态、民族心理特征等多种因素，需要以历史的、发展的、整体的观念进行研究，才能从深层次中展示传统民居的内在特征和生生不息的生命力。研究传统民居的目的，是要继承和发扬我国传统民居中规划布局、空间利用、构架装修以及材料选择等方面的建筑精华及其文化内涵，古为今用，创造有中国特色、地方风貌和时代气息的新建筑。

历史是根，文化是魂。文化自信关乎精气神，文化自觉是推动文化大发展和大繁荣的重要前提，文化自信是提升民族自信心的重要源泉。建筑风貌作为一种环境景观文化的创作，饱含着丰富的审美因素，人们自然会利用它的美学特征对人的启迪，净化人们的心灵。正如先民们将大地也当做美育题材，运用我国优秀传统文化的“喝形”精辟比喻，创造自然审美形象，教化人们端正品行，去恶从善，提高社会文明。

能否正确地理解和认识建筑的历史性、文化性和现实性，关系到能否正确引导建筑风貌的创作、把握和坚持。

在本书的编写过程中，得到郑孝燮、谢辰生、罗哲文等老师以及很多领导、专家、学者、同行的关心和指导，并参考了很多专家、学者的著作和论文，借此致以衷心的感谢。张惠芳、骆伟、陈磊、冯惠玲、赵玉颖、骆毅、庄耿、邱添翼、林志伟、饶玉燕、李雄、李松梅、韩春平、黄洵、涂远承、虞文军、林琼华、张志兴、郑文笔、黄山等同志参加资料的整理和汇编工作，特致以衷心的感谢。

限于作者水平，不足之处敬请读者批评指正。

骆中钊

2018.1

目 录

1 增强文化自信、营造特色风貌

1.1 千城一面令人心碎 敢问风貌路在何方

疯狂地“城市化”，大拆大建；中国摩天大楼扎堆，摩天大楼之风蔓延到三线城市，甚至小城镇；复古仿古成风，古城保护也面临着千城一面的尴尬；本末倒置，千城一面，使得中国城乡陷入风貌危机。

是谁造就了没有灵魂的城乡？又是谁制造了千城一面的怪胎呢？

高大全的“政绩观”、建筑的简单“克隆”以及建筑抄袭跟风、互相攀比和标新立异的心态等，体现我们严重缺乏文化自信，并导致了“千城一面”的现象。

疯狂的“城市化”使得城市不断拥挤，乡村不断受到冷落；城市中旧的棚户区似乎散失了，但是更大规模的棚户区却在城乡交界处不断出现和扩大，城乡两元化没有得到真正的改变，反而造成耕地荒废、农村萧条。

城市无休止地扩大和膨胀，城乡缺少真正的科学规划导致了超越现实的“工业化”和“现代化”，并使得生态环境严重失衡。雾霾和三暴（沙尘暴、风雪暴、雨暴），使得很多城市严重地丧失了人类居住的适宜性。

揠苗助长的“政绩观”和“功利主义”严重泛滥是产生悲剧表面的原因，而其深层次的原因则是我们缺乏文化自觉和自信，严重忽略了祖先早已提出的告诫。

留住地球，留住人类生存的大自然，我们需要怎样的生存环境呢？敢问生态文明路在何方？

1.2 中国建筑具魅力 独树一帜惊世殊

人类修造建筑，目的是在变幻无常的自然界中获得安全、舒适和身心愉悦的栖身之所。自人类的先祖们用原始的材料搭建棚舍开始，世界建筑文明的历史已经延续了上万年。建筑承载了丰富的历史信息，凝聚了人们的思想情感，体现了人与自然的关系。纵观当今世界各地的城市、房屋和园林，所有可以纳入建筑范畴的人工环境，都是人类改造自然、发展自我的有力见证。图 1-1 所示为《建筑十书》中描绘的原始人棚舍。

俗话说：“一方水土养一方人”，同样，不同的水土也会滋养出具有不同地域特色的建筑。

西方建筑文明是以地中海为纽带建立起来的。这一地区幅员辽阔、文化各异，各地区、各国家、各民族之间交流得很频繁，相互影响和融合得很深。古埃及、古巴比伦、古希腊为西方建筑文明奠定了坚实的基础。波斯帝国、马其顿帝国、罗马帝国、拜占庭帝国、奥斯曼帝国在促进这一地区建筑的交流和整合方面扮演了主要角色。中世纪以后，西欧各民族国家

图 1-1　《建筑十书》中描绘的原始人棚舍

相继崛起，意大利、法兰西、西班牙、德意志各领风骚。18 世纪，工业革命首先在英格兰爆发，掀起了一场席卷全世界的变革风暴，开启了人类历史的新篇章。

纵观西方建筑，虽历经古典建筑风格、哥特风格、文艺复兴风格、巴洛克风格、古典主义风格，变化起伏跌宕，但无论法老王的陵墓、希腊诸神的庙宇、罗马的公共建筑、基督教的大教堂，抑或帝王的宫廷，都是以砖石为最基本的建筑材料。西方各个历史时期大多数的标志性建筑都具有惊人的尺度，迥异于普通的平民建筑。

中国的建筑体系迥异于西方。究其原因，一方面是东西方相距遥远，彼此虽屡有渗透，但大都限于表层和局部，并未触及本质；另一方面在于中国早在两千多年前就已经形成了独立而完备的思想观念体系，这一思想体系博大精深、成熟厚重、独树一帜，这是更重要的原因。在这一体系下形成的建筑，必然呈现出与西方完全不同的面貌。在四大文明古国中，只有中国的建筑体系完整地延续下来，在数千年间未曾出现过断层，可以说是建筑文明史奇迹中的奇迹。这不是历史的偶然，而正是中国建筑的伟大之处。其原因一是由于独特的汉字是象形文字，二是敬祖。图 1-2 展现了甲骨文、现代汉字与中国建筑形态。

图 1-2　甲骨文、现代汉字与中国建筑形态

20 世纪以来，东西方建筑之间的隔离状态被打破，殊途同归成为东西方建筑发展的主流方向，但全球一体化的主旋律中仍不能缺少地方性和多元化的和弦音。

让我们用心去体会和感悟中国建筑的伟大文明史，增强中华文化自信，努力思考和开拓全人类建筑的未来。

1.3　华夏意匠和人天，传统聚落融自然

当人类摆脱野外生存的原始状态，开始有目的地营造有利于人类生存和发展的居住环境，

是人类认识和调谐自然的开始。在历史的发展长河中，经历了顺其自然—改造自然—和谐共生的不同发展阶段，使人类充分认识到只有尊重自然、利用自然、顺应自然、与自然和谐共生，才能使人类获得优良的生存和发展环境，现存的很多优秀传统聚落都展现了具有优良生态特征的环境景观。只是到了近、现代，由于科技的迅猛发展，扩大了对人类能力的过度崇信。盲目地“现代化”和“工业化”以及疯狂地“城市化”，孤立地解决人类衣、食、住、行问题，导致了人与自然的矛盾，严重地恶化了居住环境。环境问题已成为21世纪亟待解决的重大问题，引起了人们的普遍关注。因此，人们才感悟到古代先民营造优良生态环境景观的聪明智慧。乡村优美的田园风光和秀丽的青山碧水，便受到现代城市人的迫切追崇。

优美的传统聚落，有着以民居宅舍为主体的人文景观及其以山水林木和田园风光为主体的自然景观，形成了集山、水、田、人、文、宅为一体的和谐生态环境。

传统聚落民居之所以美，之所以能引起当地代人的共鸣，主要是因为传统的聚落民居蕴含着深厚的中华文化传统。传统聚落民居的美与传统中国画的章法与黑色所形成的美在形式上是一致的，这种美包括着无形无色虚空的空间美和疏密相间形成的造型美。

传统聚落民居之所以具有魅人的感染力，是因为宅舍具有融于自然的环境和人文的意境所形成的意境美，这种美由于能够引人遐思，而给以人启迪。这些都是颇值得当代人追寻宜居环境时努力借鉴和弘扬的。

1.3.1 美在环境

传统民居之美包括着山水自然、顺应地势和调谐营造所形成的环境景观之美。

1. 山水自然

营造和谐优美的聚落环境景观就必须将民居与自然山水植被融合在一起，相得益彰，使人们获得心灵上的慰藉。这种“山水情怀”的意境展现中国人欣赏“天在有大美”，以求心灵的解脱所形成对山水环境的自然情结，并巧妙地就地取材，使民居宅舍与自然环境融为一体，形成了别具一格的山水自然环境景观之美。

2. 顺应地势

为了适应我国多山的地理特点，传统民居宅舍多顺应地势，依山而建。巧妙利用坡地，只进行少量的局部填挖，尽量保存自然形态；利用建筑本身解决地形高差，或挖填互补、或高脚吊柱、或院内台地、或室内高差，将地形的坡差融合到民居宅舍的空间设计之中，使得传统民居形成了疏密相间、布局灵活、植被映衬的整体景观，展现了诗画意境的山水情趣。

在雨量充沛、水网密布的江南，临水而建的聚落，民居滨水形成倒影，因水生景；溪河架设拱桥与廊桥，富于变化的造型为水乡增添诱人的魅力；而水边泊岸、码头往来的船舶和休息亭廊所形成的建筑景观与植物、水体动态景观交相辉映，使得聚落民居呈现出亲水的无穷活力；再加上四季差异、晨昏阴晴所形成的色彩、光线万千变幻，使得民居建筑与山水植物等自然景象形成的亲和景观极大地补充、丰富了视觉画面，令人心旷神怡。

3. 调谐营造

当处于水系不利的环境时，先民们善于利用开塘、引渠、截水、筑坝等疏圳水系举措。筑坝以提高水位，引水入村、入户；开塘可人造水面以利生产、生活之所需；引渠可用于灌溉。这些举措所形成的滚水坝体浪花飞溅、村边池塘微波涟漪、水口园林田坎风光等人水相融，妙趣洋溢。

为了增补山形地势之不足，先民们又采用增植林木以补沙，作为改善环境的根本措施。为了补山形之不足，先民们在村后山坡广植林木以防风。栽种树木成为先民保护生态环境的优先选择，聚落中百年古树时常成为聚落文化底蕴的标志。

不同农作物所形成的田园风光也是传统聚落民居景观的重要形成因素。江南四月油茶花盛开，使大地尽染嫩黄，北方麦熟季节，田野一片金黄，西南一带山区的层层梯田和新疆吐鲁番的连绵葡萄架等，都为传统聚落增添乡村气息，也使得传统聚落民居宅舍掩映在绿树和田野美景之中。

1.3.2 美在整体

传统民居之美还体现在建筑群体的整体美。首先是风格的一致性，为达到统一协调创造了必要的条件。相似的风格促使形成和谐的风貌，从而产生秩序感、归属感和认同感。有了统一的前提，就可以为局部的变化提供可能。其次是聚落的重要位置布置独特的建筑，使统一的聚落风貌有所变化，形成获取聚落景观独特性的因素之一。再者则是经营好通道的艺术变化，通过线形通道的艺术变化，使得传统聚落形成丰富多变的街巷景观，令传统聚落能够各具特色，而绽放异彩。

1. 风格统一

建筑风格是由建筑材料、营造方式、生活模式、艺术取向和人们的哲学观念等诸多因素综合决定的，每一因素在不同的民族、地区和聚落都会有着不同的表现。对于同一个地区或聚落，其建筑风格应该是统一、相似和相对稳定的，展现出聚落的和谐风貌。传统聚落因地制宜、就地取材，使得建筑材料具有独特的地方性和自然性；传统技艺的传承和“从众”心理的影响，使得传统民居宅舍都能融入传统聚落的整体之中，促成了聚落风貌的统一性，展现了平和安定之美。

传统聚落民居宅舍风格主要取决于民居宅舍融入自然的色彩和包括墙体、屋顶、门窗、主体结构及局部装饰等建筑外观的造型因素。这其中最重要的因素是屋顶形式、墙体材料、建筑高度和色彩运用的统一性。

2. 重点突出

传统聚落以民居宅舍风格统一为前提，努力将聚落中的重要建筑突显出来，使得传统聚落展露出独特的景观效果。这些建筑除了在体量、规模、高度和装饰上均超出一般的民居宅舍外，还特别强调其建造地点均布置在要冲之处，如聚落的中心、路口、村口等居民常到达的场所，以展现其公共使用的性质，成为聚落的视觉中心和亮点。

3. 通道变化

通道是指聚落的街、巷、河滨和蹬道等交通道路，包括平原地区的陆巷、山区的山巷、河网地区的水巷。通道是聚落的血脉，借助通道以通达全聚落、认识全聚落、记忆全聚落。通道是聚落历史文化的传承和当地居民生活的缩影，因此通道是聚落独特性的重要载体。传统聚落通道景观的独特性表现出“步移景异”和比较产生差异两大特点，给人以美感，令人获得富于变化、引人入胜的景观感受。

通道的景观取决于两侧建筑的垂直界面和道路的水平界面两大因素，两大因素之间的尺度比例关系给人以不同的空间感受，而不同的建筑色彩、造型和高度变化使得通道景观极具多样性。如平原地区传统聚落陆巷大多平直或略带弯曲，路面简单，其景观变化主要是依

靠两侧沿巷住户院门和院墙的变化，不同的聚落都能使人感受到不同的气息和景观感受；山区的街巷由于增加了地形变化的因素，蹬道、平台、栈道、挡土墙使得路面景观变化万千，而山区大量使用石材和木材的民居宅舍以及吊脚楼、干栏房、挑楼、挑台等造型特色形成了独具风采的山乡景观。

水网地区的河滨通道（水巷），利用船舶作为交通工具。由于水元素的介入，因水而设的船、桥、码头、栏杆、廊道和临水民居宅舍的挑台、挑廊、吊脚等，使得水乡景观更具生活气息和诱人的魅力。水巷景观其功能上的合理性和景观上的独特性，成为中国山水园林造园技艺的借鉴题材。

4. 聚族而居

传统聚落的形成和发展，呈现着聚族而居的特点。传统聚落多为独立民居并以聚族组群布置，还有的是为了防御侵扰而建造的大型土楼聚族而居。土楼形式多种多样，有圆形、方形、长方形、椭圆形和五凤楼，一般皆高为三四层，外墙不开窗，顶层为防御而设箭窗。土楼内部有大庭院，可设祠堂及各户辅助用房及水井等，造型变化较多，尤以五凤楼和长方楼的形式最为活泼。最具代表的福建土楼被誉为神奇的山乡民居，已列入世界文化遗产名录。

1.3.3 美在民居

在优秀的传统建筑文化中，“千尺为势，百尺为形”的理论对于民居宅舍的造型和群体组织都起着重要的指导作用。“千尺为势”指的是在远处（300m 左右）观察聚落整体风貌，主要是看其气势和环境；“百尺为形”即在近处（30m 左右）观察民居宅舍的形态、构图和细部装饰。在近距离内形态是主要的景观因素，而民居宅舍外在形态因素的景观效果即取决于其结构形式、墙体构造、屋顶形式、院落空间和立面造型等诸多因素的不同组合方式。

1. 造型丰富

构成民居宅舍造型的独特之处，乃在于其空间、构架、色彩、质感等方面的不同表征，营造了各异的形体特色。其不同之处源于各地居民的不同生活方式所决定的不同空间组织，而空间要求又决定了采用何种结构形式，民居宅舍的就地取材，充分利用地方材料，使得其承重及围护结构形式各富特色，造就了民居宅舍丰富多彩的造型风貌。

院落组织是中国民居建筑的独特所在。院落是由建筑和院墙围合的空间，院落空间与建筑内部空间相为穿插、彼此渗透，代表中国民居宅舍的“天人合一”，使用方式有别于西方建筑。院落的大小、封透、高低、分割与串联等不同的组织方式，给人以不同的感受。院落配以花木、叠石、鱼池和台凳等，在充实院落空间内涵的同时展现着中国人的自然情结和诗画情趣。

立面造型是民居宅舍整体（或组合体）及其相关部位合宜的比例配置关系以及细部丰富多变和图案装饰配置的综合展现。

木结构坡屋顶的运用，充分展现了华厦意匠的聪明才智，各种坡屋顶、披檐的组织和配置以及封火山墙形成的建筑立面造型的垂直三段中屋顶部分的变化，形成了民居宅舍富于变化的个性所在。

中国民居宅舍以其外观独特、庭院多样、形体均衡、屋顶多变的造型美，而成为世界建筑领域一朵璀璨的奇葩。

2. 院门多样

中国传统的庭院式民居宅舍是门堂分立的，全宅的数幢建筑是被建筑物和墙垣包围着，形成封闭的院落。院门是院落的入口，也是一座民居宅舍个性表现最为重要的部分，它是“门第”高低的标志。因此，院门的规格、形式、色彩、装饰便成为人们极为重视的关键所在。北京合院民居的院门有王府大门、合院大门和随墙门之别，其中合院大门又分为广亮大门、金柱大门、蛮子门和如意门；山西中部民居院门分为三间屋宅式大门、单间木柱式大门和砖褪子大门；苏州民居院门有将军门（三开间大门）、大门（单开间大的）、库门（亦称墙门）和板门（店铺可装卸的大板门）等。院门的形制可分为宫室式大门、屋宇式大门、门楼式门和贴墙式门。院门从实用角度分析，仅是一个可开闭的、有防卫功能的出入口，或兼有避雨、遮阳的功能要求。但人们为突出门户的标志性含义，对院门创意进行了加工装饰，形成多变的形式和独特的构图，以达到美感的要求。纵观传统民居宅舍院门的艺术处理，主要集中在门扇及其周围的附件（包括槛框、门头、门枕、门饰等）、门罩（包括贴墙式、出桃式、立柱式等）和门口（包括周围的墙壁、山墙、廊心墙等）。不同地区的民居宅舍院门仅就其中的某个部分进行深入的设计加工，采用多样性和个性的手法，从而形成千变万化的造型效果，成为展现各具地方特色风貌的文脉传承。

3. 结构巧妙

在中国传统民居宅舍中占主导地位的是木结构，木结构持续应用了近两千年。中国传统的木结构不仅坚固、稳定、合理，而且有着造型艺术美，体现了华厦意匠的聪明才智。结构的美表现在其形式的有序性和多变性。结构为了传力简单明确，方便施工，因此其形式都是有序的，有着极强的统一感。工匠们只能追求在统一中求变化，以显露其个性，结构的变化多表现在节点、端头及附属构件上，既不伤本又有变化。

木结构的形制包括抬梁式、插梁式、穿斗式和平置密檩式四大类，每种结构因构造形式的差异，而有着不同的艺术处理方法，使得中国传统民居宅舍具有结构美的特性。

4. 材料天然

优秀传统民居宅舍本着就地取材的原则，大量的建造材料是包括木、石、土、竹、草、石灰、石膏以及由土加工而成的砖、瓦等的天然材料。天然材料的应用不仅实用经济，工匠们还善于掌握材料的特性和质感、形体、颜色的美学价值，运用独特的雕、塑、绘等手工工艺进行艺术加工，使之增加思想表现的内涵，形成建筑装饰艺术。传统民居宅舍材料的美，包括着材料运用的技巧性、材料搭配的对比性、材料加工的精细性、珍稀材料的独特性。

天然材料由于产地不同和地质状况差异，因此在材质、色泽方面也会产生变化。巧妙地利用视觉特征，创造不同的观感，天然材料的运用造就了传统民居融于自然的美感，并成为传统民居美的源泉。

5. 装修精美

装修是在主体结构完成之后所进行的一项保护性、实用性和美观性的工作。传统民居建筑的装修主要表现在外墙和内隔墙两方面。

外墙包括山墙、后檐墙及朝向庭院的前檐墙。传统民居宅舍的前檐墙大部分为木制，具有灵活多变的形制，采光及出入的门窗种类十分多样，是造型艺术处理的重点。

山墙和檐墙均为在木结构基础上的围护墙，建筑材料都以天然的石、土和经烤制的砖为主。不同的材料运用和搭配、不同的砌筑方法和细部处理、不同的颜色选择等都为传统民居宅舍增添了诱人的魅力。

1.4 中华文明蕴真谛 传统文化启睿智

1.4.1 传统民居建筑文化的继承

我国传统村庄聚落的规划布局，一方面奉行“天人合一”、“人与自然共存”的传统宇宙观，另一方面受儒、道、释传统思想的影响，多以“礼”这一特定伦理、精神和文化意识为核心的传统社会观、审美观来作为指导。因此，在聚落建设中，讲究“境态的藏风聚气，形态的礼乐秩序，势态的形势并重，动态的静动互释，心态的厌胜辟邪等”，十分重视与自然环境的协调，强调人与自然融为一体。在处理居住环境与自然环境关系时，注意巧妙地利用自然形成的“天趣”，以适应人们居住、贸易、文化交流、社群交往以及民族的心理和生理需要。重视建筑群体的有机组合和内在理性的逻辑安排，建筑单体形式虽然千篇一律，但群体空间组合则千变万化，加上民居的内院天井和房前屋后种植的花卉林木，与聚落中虽为人作、宛自天开的园林景观组成生态平衡的宜人环境，形成各具特色的古朴典雅、秀丽恬静的村庄聚落。

在传统的民居中，大多都以天井为中心，四周围以房间；外围是基本不开窗的高厚墙垣，以避风沙侵袭；主房朝南，各房间面向天井。这种称作天井的庭院，既满足采光、日照、通风、晒粮等的需要，又可作为社交的中心，并在其中种植花木、陈列假山盆景、筑池养鱼，引入自然情趣。面对天井有敞厅、檐廊，作为操持家务，进行副业、手工业活动和接待宾客的日常活动场所。天井里姹紫嫣红、绿树成荫、鸟语花香，这种恬静、舒适、“天人合一”的居住环境引起国内外有识之士的广泛兴趣。

1.4.2 传统民居建筑文化的发展

传统民居建筑文化要继承、发展并要延续其生命力，根本的出路在于变革，这就必须顺应时代、立足现实，坚持发展的观点。突出“变革”、“新陈代谢”是一切事物发展的永恒规律。传统村庄聚落作为人类生活、生产空间的实体，也是随时代的变迁而不断更新发展的动态系统。优秀的传统建筑文化之所以具有生命力，在于可持续发展，它能随着社会的变革、生产力的提高、技术的进步而不断地创新。因此，传统应包含着变革，只有通过与现代科学技术相结合的途径，将传统民居按新的居住理念和生产要求加以变革，在传统民居中注入新的“血液”，使传统形式有所发展而获得新的生命力，才能展现出传统民居文脉的延伸和发展。综观各地民居的发展，人们根据具体的地理环境，依据文化的传承、历史的沉淀，使居民发展形成了较为成熟的模式，具有无限的活力。

1.4.3 传统民居建筑文化的弘扬

要创造有中国特色、地方风貌和时代气息的新型农村住宅，离不开对传统文化的继承、借鉴和弘扬。在弘扬传统民居建筑文化的实践中，应以整体的观念，分析掌握传统民居聚落整体的、内在的有机规律，切不可持固定、守旧的观念，采取“复古”、“仿古”的方法来简单模仿传统建筑形式，或在建筑上简单地加几个所谓的建筑符号。传统民居建筑的优秀文化是新建筑生长的活土，是充满养分的乳汁。必须从传统民居建筑“形”与“神”的传统精神中吸取营养，寻求“新”与“旧”功能上的结合、地域上的结合、时间上的结合，突出社会、文化、经济、自然环境、时间和技术上的协调发展，才能创造出具有中国特色、地方风貌和时代气息的新型农村住宅。在各界有识之士的大力呼吁下，在各级政府的支持下，我国很多传统的村庄聚落和优秀的传统民居得到保护，学术研究也取得了丰硕的成果。在研究、借鉴传统民居建筑文化，创造有中国特色的新型农村住宅方面也进行了很多可喜的探索。要继承、发展传统民居的优秀建筑文化，还必须在全民中树立保护、继承、弘扬地方文化的意识，充分带领社会的整体力量，才能使珍贵的传统民居建筑文化得到弘扬光大，并共同营造富有浓郁地方优秀传统文化特色的新型时代建筑。

1.5　特色风貌精气神　乡魂建筑翰墨耘

世情国情的变化促使我们中国人重新认真地审视中华优秀的传统文化，并使我们发现传统优秀文化如此丰饶、如此渊源，近代以来创业史里前辈们的精神世界如此丰富、如此强大，我们对待外来文化的态度如此谦虚、如此包容，而这些都已构成了今天中华文化的有机组成部分，这就是文化自觉。对已经接触、对话、学习了上百年的西方文化，不再仰视，而是平视，视角变得平等，心态变得平和，不仅心平气和地“拿进来”，而且精神抖擞地“走出去”，这就是文化自信。文化自觉和自信，是实现繁荣的展现。

虽然“喝形”所创造的形象具有丰富的审美内涵，但过于抽象的简化形象也会带来观赏上的困难和误解，面对自然山水，每个人都会根据自己的知识水平和文化素养做出不同的解读和辨认。对待建筑造型艺术和城乡风貌的创作意境，也会有着不同的认知，难能达到家喻户晓、人人明白的程度，而且很有可能在一遍一遍的传播中失真，使原始创作意境和形象模糊走样，失去了真正的吸引力。城乡建筑风貌应该是当地历史文化的传承和当地居民生活的缩影，只有在城乡建筑风貌的创作中注入文化内涵，传承当地的历史文化，展现时代精神，才能提高人们的文化自觉和自信，更好地引导人们的审美能力，从而激发人们的自豪感和进取心。

建筑文化作家赵鑫珊先生极力赞美这样的建筑：“一座典雅、高贵和气派的建筑，应像是晨钟暮鼓一样，它日日夜夜、月月年年在提示该城市的广大居民，教他们明白做人的尊严和生命的价值；教他们挺起胸来走路、堂堂正正地做人……这才是建筑的精神功能。它们屹立在那里，说着自己无音的语言，比十本教科书和市民手册还管用。一批卓越的建筑能潜移默化地改变这座城市，使这座城市有自信心。”

北京天安门就是一座具有精神感染力的建筑，它不仅是中华人民共和国成立的标志，也是中华民族崛起的象征，它每时每刻都在发挥着唤起中华民族增强自信的美化教育作用，成为真真正正的“中华魂”。

因此，能否正确地理解和认识建筑的历史性、文化性和现实性，关系到能否正确引导建筑风貌的创作、把握和坚持。

2 历史文化名镇（村）的保护与发展

历史文化名镇（村）作为历史文化遗产的重要组成部分，是先人留给我们的珍贵财富，是国家和人类的瑰宝，也是一种物质形态的精神文化和科学研究资源以及一种不可再生、不可取代的资源。历史文化名镇（村）的保护与发展是社会主义新农村建设中的重要组成部分。

目前，对保护历史文化名镇（村）有两种呼声，一种是加强保护，另一种是旅游开发。两种呼声都出于现实，是从不同角度思考提出的不同看法，它提醒我们在关注一个村镇的历史文化时一定要用多角度的眼光进行考察和研究，一是从生态环境、生产生活方式、居住环境、社会组织、社区文化等各方面加以考察；二是用历史的眼光，从文化演变的过程中寻找历史遗留的民族文化存在；三是用发展的眼光加以分析。历史文化名镇（村）保护的目的是要让人们生活得更好，使保护与提高生活质量和生活水平的愿望相协调。实践证明，历史文化名镇（村）保护必须建立在历史文化价值和经济利益之间的最佳平衡线上，才能调动群众的积极性和创造性，人们应该在现代生活中保持自己的文化传统，在传统文化保护和弘扬中进行现代的新生活。

2.1 历史文化名镇（村）的保护与发展的要求

2.1.1 保护与发展的关系

认识保护与发展孰轻孰重，以及如何正确处理保护与发展的关系，是做好保护工作的基本前提。与其他历史文化遗产相比，发展是历史文化名镇（村）区别于其他历史文化遗产的最大特点。历史文化名镇（村）是人们生长于斯、生活于斯的地方，它在今天不断发展，在今后也要继续向前发展。历史文化名镇（村）保护与发展的关系，实质上就是历史文化名镇（村）能否得到保护、能否建设得好以及能否使历史文化名镇（村）的社会经济与现代化生活得到改善和满足的问题。

在对待历史文化名镇（村）时，首先要立足保护。历史文化名镇（村）的保护是一种平衡、有序、和谐发展的观念，不仅要保护有形的物质文化遗产，还要保护无形的优秀传统文化，应以保护、保存为前提，以可持续利用为条件，以推动发展为最终目的。只有保护好遗产的真实性和完整性，充分发挥它的精神文化和科学教育功能，才能体现出它的科学价值和历史文化价值，才能成为所在地区永不枯竭的资源，源源不断地吸引人，价值越高，吸引力越大，从而带动经济的发展，并促进地方相关产业的发展。

2.1.2 如何处理保护与发展的关系

保护与发展并不矛盾，保护不是限制发展，而是促进发展。如何协调保护与发展，主要以以下几个方面着手：

（1）提高对历史文化名镇（村）保护的重要性和必要性的认识。保护文化遗产就是保护生产力。要从发展生产力的角度认识历史文化名镇（村）文化遗产的重要性，认识利用“古代文化”推动和促进社会经济的发展，使文化遗产保护与社会经济发展相得益彰。发展生产力的目的是提高物质和精神生活水平。文化遗产是弘扬村镇特色、提高品位、改善环境、发展旅游经济等方面的重要内容。保护文化遗产能让人民享受文化服务，做好文化遗产的保护和利用也就直接、间接地发展了生产力。

（2）要完善法律规章制度，要有法可依，历史文化名镇（村）保护条例应尽早出台。要用法来约束，使人不乱拆乱建，引导人们保护历史文化名镇（村）。

（3）要搞好规划。历史文化名镇（村）须搞好规划，一是做好保护规划设计，二是做好发展规划设计。规划部门要确定好需要保护的内容，将属于文物的、属于历史文化村镇的、属于风貌保护的确定下来，不能混淆不清。

（4）要将历史文化名镇（村）保护摆上政府工作的议事日程。随着社会主义市场经济的深化发展，经济建设、社会发展与历史文化名镇（村）保护的矛盾日益突出，一些地方政府和部门在强调经济发展的同时，忽视、轻视、削弱历史文化名镇（村）保护工作，或将两者对立起来，将历史文化名镇（村）保护视为经济建设的障碍，任意处置；有的政府领导片面理解社会发展，轻视历史文化名镇（村）保护在社会发展中的地位和作用。新农村建设是一个全方面的概念，除了环境保护、人口资源、文明道德建设外，历史文化名镇（村）保护是必不可少的重要内容，必须将历史文化名镇（村）保护作为政府的一项重要工作摆上议事日程。

2.1.3 历史文化名镇（村）保护与发展中存在的问题

近年来，我国在历史文化名镇（村）规划、保护、建设和管理上做了多方面的探索和改革，特别是在地区环境和生态系统建设、提高保护意识和规划设计水平、完善保护措施和行政法规等方面做了大量工作，创造了一批成功的实例。但也应该看到保护工作是一项艰巨的任务，需要做长期的工作和付出更大的努力。在建设和发展中，对于保护历史文化名镇（村）、街区的认识不同，解决问题的方法不同，就不可避免地存在许多问题。

（1）政策法规不健全，保护规划滞后。我国正处在一个大建设、大发展时期，在这一过程中必然会遇到建设与保护、发展与继承的矛盾。要建设就要有一定的拆除，就会遇到保护问题；要发展就有一个如何继承传统的问题。就全国范围而言，我们的传统历史文化村镇保护性规划还不够完善，有些保护区规划还相当滞后，保护性的政策法规也不够健全，致使保护工作无章可循，制约了保护工作的顺利开展。

（2）重视现代建设，忽视传统保护。一些历史文化名镇（村）的主管部门和主要领导对村镇发展和建设具有非常迫切的希望，提出了一些不利于保护的发展措施，很多优秀的历史文化街区渐渐失去了光彩，破坏了它的文化价值。

（3）只顾眼前利益，不讲可持续发展。随着人们物质生活水平提高，越来越多的人对传统文化有了了解和认识，历史文化名镇（村）的社会价值也逐渐体现出来，人们对此的关注程度和参与意识越来越强，越来越迫切。在开发利用和有机保护上，一些单位和部门受到经济利益的驱动，盲目开发建设，违背了保护建设的基本原则和规律，使大量游客涌入历史文

化名镇（村），使原本高雅质朴的历史文化名镇（村）丧失了特色，变成了商业味十足的旅游点，过多的游客使得不堪重负的历史文化名镇（村）迅速遭受破坏。

（4）注重表象复原，忽视文化内涵。不同的历史年代、不同的地域差别，所产生的历史文化名镇（村）和优秀历史建筑也不尽相同，很多历史文化名镇（村）在开发保护中只注重外在形式的修缮，而忽略了文化内涵的发掘。有些历史建筑和历史文化名镇（村）的修缮没有严格遵守传统建筑的法式和尺度，随意加大建筑体量和街区的整体空间，给人以错觉。更有甚者在历史建筑和历史文化名镇（村）附近另造假古董，严重破坏了历史文化名镇（村）的建筑形象，玷污了历史文化的整体氛围。

（5）缺少经费支持，开发管理混乱。近年来，我国对历史文化名镇（村）、历史建筑保护和利用虽然加大了资金投入，但与发达国家比，资金支持力度还不够，特别是用于保护的科研经费还不足，使得我们在保护和利用的理论研究上还有一定差距；保护人才缺乏，对于保护的专业指导性不强，在开发和管理上大多停留在表面的旅游价值上，对历史文化价值缺少挖掘和整理，没有形成开发、利用、保护的完整体系。由于管理混乱而造成许多传统历史文化名镇（村）的品位下降，国内外游客的投诉也影响了我国对外的形象。

（6）许多历史文化名镇（村）人口过于密集，居住条件落后，已经到了难以承受的地步，保护区内已无法再添房屋。这些过多的人口需要外迁一部分到合适的地方，使历史文化名镇（村）的发展符合一定的人口比例要求。

（7）改善基础设施。基础设施改善与传统建筑维修相结合，旧区历史悠久，遗产丰富，但基础设施落后，房屋状况不佳，许多老区过去虽然也有排水设施，但由于年久失修已不能满足今天的需要。自来水、电力、卫生设施等更是缺乏，电气、现代化交通、通信都很欠缺。这些都是现代生活和生产所必需的，这与居民日益增长的物质文化需求很不适应。为了提高居民的生活质量并使保护取得实效，应从根本上改变基础设施，变消极保护为积极保护。

2.1.4 历史文化名镇（村）如何保护与发展

历史文化名镇（村）保护具有双重任务，一是保护文化遗产，二是村镇要发展。

1. 历史文化名镇（村）的保护

当前迫切的问题是要抢救属于历史文化遗产、有较高保护价值和研究价值的历史文化名镇（村），抢救原貌尚存但已受到严重破坏的历史建筑。根据继承、保护、发展相结合的原则，注重保护区肌理、格局保护，保留建筑外壳，内部进行改造，保持村镇整体风貌的完整性和真实性，保护中以村镇外部空间和建筑外壳为保存对象，从设施改造入手，进行综合治理。在保护村镇传统格局的前提下，注重环境，突出特点，体现特色。历史文化名镇（村）的保护工作应做到以下几个方面：

（1）保护遗产首先应对历史文化名镇（村）内的所有文物古迹进行普查。普查保护区内的自然遗产和文化遗产，前者是与人们生活、生产、生存息息相关的部分；后者不仅包括物质文化遗产，还包括非物质文化遗产。通过调查，充分发掘村镇的文化内涵和历史文化价值。

（2）明确重点，突出典型，一是选择有历史、科学、艺术价值的典型村镇有重点地进行保护；二是选择在旅游线上历史悠久、文化底蕴深厚、文化独特、生态环境优美的村镇，突出保护、全面保护与重点保护相结合。全面保护就是保护历史文化村名镇（村）的整体风貌。

（3）保护历史文化名镇（村）的历史环境。历史环境是在特定的历史时期形成的，由自然、人工和人文环境三大部分组成，不仅包括可见的物质形态，还包含与这些物质形态有关的自然或人工背景，以及与历史地段环境在时空上有直接联系的或经过社会、经济、文化纽带相联系的背景。对历史文化名镇（村）而言，无论这个村镇的历史有多长，任何存在的“建成环境”都可看作是一种历史文化环境。现存的古镇、历史文化名镇（村）多为明清时期建筑，主要分布在古代经济发达，但近代以来交通闭塞、经济落后的山区或区域环境独立偏僻、地形险要之地。这些村落环境保存完好，且保留了大量的历史文化遗产，具有独特的魅力和珍贵的历史文化价值，图 2-1 为浙江庆元县交通闭塞的大济历史文化名镇（村）。对历史文化遗产和环境进行保护的结果是使这些“遗产”成为我们现代生活不可缺少的一部分。透视这种事实的背后，是否具有“不可替代性”和“可利用性”是价值判断的重要原则。“不可替代性”主要包含着三方面的内容：①本身的历史、科学和艺术价值；②在形成村镇特征方面所具有的特殊地位；③对村镇发展所起的平衡作用。

图 2-1　浙江庆元县交通闭塞的大济历史文化名镇（村）

2. 历史文化名镇（村）的发展

历史文化名镇（村）不仅有悠久的历史文化遗存（包括有形的文物史迹和无形的诗歌、音乐、戏剧等传统文化），而且是生活着、发展着的，既然是生活和发展的，就必须要现代化，以适应生活现代化的需要。但是历史文化名镇（村）如何现代化是一个需要认真研究的问题。

我们应认识到历史文化名镇（村）需要现代化，而且必须现代化，也一定能够现代化。这是历史发展的规律，不以人的意志为转移的真理。历史文化名镇（村）现代化的内容主要有两个方面，一是物质方面的，消除贫困，以提高居民的物质文化水平为目的，为人们提供一个工作方便、生活舒服、环境优美、安全稳定的整体环境，才能提高文化的保护能力和村镇文明程度。消除贫困的措施有：提高村民生活质量和村镇文明程度，要对民居进行内部改造，特别要改造卫生间和厨房，做到自来水入户；着力解决基础设施，如照明用电、电视、道路、排污和治理脏、乱、差，看病、读书难等问题；使村镇成为文化、文明和开放条件的村镇；发展家庭旅游接待；发展民俗家庭手工艺制作；为旅游提供商品；挖掘整理民间歌舞，发展旅游等。二是精神方面，要为人们提供一个安静和谐、活泼快乐、礼让互助、文化丰富高尚的文明环境。

2.2 历史文化名镇（村）保护内容与保护规划的提出

2.2.1 历史文化名镇（村）的保护内容

历史文化名镇（村）保护内容可分为物质形态方面和非物质形态方面两个方面。

（1）物质形态方面。

1）物质组成要素。建筑是构成历史文化名镇（村）实体的主要要素，由它们构成的旧街区、古迹点仍和现代生活发生密切联系，形成了乡镇文化景观中最重要的部分。一些主要体现实证价值的文物点，如绍兴市越城区尚德当铺（见图 2-2）和地下文物，则是全面反映历史信息、描绘历史发展过程的重要补充。

2）独特的形态。独特的形态指有形要素的空间布置形式，如与自然环境的关系、几何形状、格局、交通组织功能分区、历代的形态演变等。这些形态的形成，一方面受所在地理环境的制约和影响，另一方面受不同的社会文化模式、历史发展进程的影响，形成文化景观上的差异，如以军事防御进行布局的永嘉屿北历史文化名镇（村）（见图 2-3）。

图 2-2　绍兴市越城区尚德当铺

图 2-3　永嘉屿北历史文化名镇（村）

3）所根植的自然环境。自然地理环境是形成乡镇文化景观的重要组成部分，各种不同的地理环境形成了不同特色的文化景观，历代人类对自然的改造使环境又具有人文和历史的内涵。从某种意义上讲，文物古迹脱离了它所生存的历史环境，其价值就会受到损害。

（2）非物质形态方面。

1）当地传统语言，个别地方甚至拥有文字。

2）传统生活方式的延续和文化观念所形成的精神文明面貌，如审美、饮食习惯、娱乐方式、节日活动、礼仪、信仰、习俗、道德、伦理等。

3）社会群体、政治形式和经济结构所产生的乡镇生态结构，在人文地理学中，它被形容为一种抽象的观念“氛围”。

历史文化名镇（村）保护涉及物质实体范畴和社会文化范畴两方面内容，根据我国近年来的保护实践，可以具体化为以下四项内容：

（1）文物古迹的保护。文物古迹包括类别众多、零星分布的古建筑、古园林、历史遗迹、遗址以及古代或近现代杰出人物的纪念地，还包括古木、古桥等历史构筑物等。

（2）重点保护区的保护。重点保护区包括文物古迹集中区和历史街区，文物古迹集中区即由文物古迹（包括遗址）相对集中的地区及其周围的环境组成的地段；历史街区是指保存有一定数量和规模的历史建（构）筑物且风貌相对完整的生活地区。该地区内的建筑可能并不是每个都具有文物价值，但它们所构成的整体环境和秩序却反映了某一历史时期的风貌特色，如浙江台州市椒江区戚继光祠（见图 2-4）。

（3）风貌特色的保持与延续。风貌特色的保持与延续内容较为广泛，涉及的内容具有整体性与综合性的特点，在实践过程中通常包括空间格局、自然环境及建筑风格三项主要内容，如以越代建筑为特色的奉化市武岭中学（见图 2-5）和环境优美的浙江丽水历史文化名镇（村）（见图 2-6）均是比较典型的范例。

图 2-4　浙江台州市椒江区戚继光祠

图 2-5 浙江奉化市武岭中学

图 2-6 浙江丽水历史文化名镇（村）

1）空间格局：包括平面形状、方位轴线以及与之相关联的道路骨架、河网水系等，它一方面反映历史文化名镇（村）受地理环境制约结果；另一方面也反映出社会文化模式、历史发展进程和历史文化名镇（村）文化景观上的差异、特点。

2）自然环境：历史文化名镇（村）景观特征和生态环境方面的内容，包括重要地形、地貌、重要历史内容和有关的山川、树木、原野特征，自然地形环境是形成乡镇文化的重要组成部分。

3）建筑风格：一方面鉴于建筑风格直接影响历史文化名镇（村）风貌特色，在历史文化名镇（村）中如何处理新旧建筑的关系，尤其是在文物建筑、历史地段周围新建建筑风格的处理与控制是有必要深入探讨与研究的问题；另一方面也包括新区的建设如何继承传统、创造历史文化名镇（村）特色的内容。建筑风格应包括建筑形式、高度、体量、材料、色彩、平面设计、屋顶形式乃至与周围建筑的关系处理等多因素综合性内容。

（4）历史传统文化的继承和发扬。在历史文化名镇（村）中除有形的文物古迹之外，还拥有丰富的传统文化内容，如传统艺术、民间工艺、民俗精华、名人佚事、传统产业等，它们和有形文物相互依存、相互烘托，共同反映着历史文化积淀，共同构成珍贵的历史文化遗产。为此应深入发掘、充分认识其内涵，将历代的精神财富流传下去，广为宣传和利用。

2.2.2 保护规划编制提出的原因

从古代到近代，人们对于历史文化遗产的认识，主要是对值得保存和收藏的一些器物，即搬得动的东西，在《中华人民共和国文物保护法》中称之为“可移动文物”，对于历史建筑以及文物建筑等，非但不爱护，而且把它作为一种过去统治的象征和代表，并加以破坏和摧毁。在经过众多教训和挫折之后，人们才逐渐认识到历史建筑具有的种种不可替代的价值和作用。

随着对历史环境风貌保护的重视，人们开始认识到整体保护的问题。真正意义上整体保护概念的提出始于20世纪80年代，1982年，我国公布了第一批历史文化名城。现代保护的概念扩大至乡镇、城市的范畴，包括建筑群、街区、乡镇、区域或整个城市。《中华人民共和国城市规划法》第十四条规定，“编制城市规划应注意保护和改善城市生态环境，防止污染和其他公害，加强城市绿化建设和市容环境卫生建设，保护历史文化遗产、城市传统风貌、地方特色和自然景观。”我国正式从法律上开始了编制保护规划的要求。

此外，一系列有关城市规划的国际宪章和我国的规划法规都提出了保护历史文化遗产，保护历史地段的要求。1986 年《内罗毕建议》中提出：“考虑到自古以来历史地段为文化宗教及社会多样化和财富提供确切的见证，保留历史地区并使它们与现代社会生活相结合是城市规划和土地开发的基本因素。”我国制定了《历史文化名城保护规划编制要求》，一些省市还制定了省级历史文化名城、历史文化保护区保护规划编制要求，保护要求与城市、乡镇规划的结合是保护规划编制产生的原因和目的。

2.2.3 保护规划在历史文化名镇（村）保护中的作用

科学规划是实现有效保护和利用的关键，作为一个科学的、有较强可操作性的保护规划，必须具备以下几个方面内容：一是要从全局和整体发展出发，做好保护规划；二是通过规划，解决保护历史文化名镇（村）的传统风貌以及历史形成的肌理、格局，解决好保护区内的人口控制问题；三是提出具体的保护措施；四是划定保护范围和建设控制地带；五是确定保护项目和保护地段，提出保护和整治要求；六是对重要历史文化遗产提出整修、利用意见。此外还要重视整体文化环境的保护，文化环境不仅仅是自然环境和社会环境，它还包括教育、科技、文艺、道德、宗教、哲学、民族心理、传统习俗等。

保护规划的内容可以明确，历史文化名镇（村）必须从总体上来研究和安排历史文化的保护，并在名镇和古村落保护和发展中作为一种总的指导思想和原则，在保护规划中体现出来，并对历史文化名镇（村）的发展形态、发展趋势、结构布局、土地利用、环境规划设计等方面产生重要影响。因此，历史文化名镇（村）须认真制定保护规划，并且明确保护规划是历史文化名镇（村）建设规划的一个重要组成部分，以使历史文化名镇（村）在发展和建设中，继承和发扬优秀历史文化传统，保护好历史文化名镇（村）的文物古迹、风景名胜及其环境。保护规划既是一项专项规划，又是一份纲领性文件，除了保护历史文化名镇（村）中的文化遗存等物质性的内容，也要保护建筑等以外的文化传统，如语言、文学艺术、地方戏曲、音乐、舞蹈、衣冠服饰、民俗风情、土特名产、工艺品、食品菜肴等精神文化的内容，这也是历史文化名镇（村）的重要组成部分，同样存在继承和发展问题。

为了清楚认识历史文化名镇（村），一方面必须对历史文化名镇（村）进行认真分析研究，

以便制定有针对性的保护规划与建设发展对策；另一方面要认真研究历史文化特色，这种研究不是简单地研究建筑物的外貌、特征、色彩或一些文物古迹的特点，更重要的是研究它的精神和物质感受，深入到历史文化名镇（村）发展演变形成的因素中去认识它，对历史文化名镇（村）的特色要素进行分析，以便在建设和保护上具有针对性。如果只是去修复几幢古建筑，恢复和发掘几个历史上的景点，修造几条古街，则众多的历史文化名镇（村）会丢掉自己特色。

2.2.4 保护规划与小城镇建设规划之间的关系

新农村建设规划的主要任务是综合研究和确定乡镇及村庄的性质、规模和空间发展形态，统筹安排乡镇和村庄各项建设用地，合理配置各项基础设施，处理好远期发展与近期建设的关系，指导乡镇和村庄合理发展。保护规划是新农村建设规划不可分割的一部分，是土地利用规划基本要素之一。乡镇建设规划与保护规划之间的关系为：

（1）新农村建设规划从乡镇和村庄发展的整体和宏观层次上为古镇、历史文化名镇（村）保护奠定坚实的基础，这些宏观决策问题往往是保护规划所无法涵盖的内容。

（2）保护规划属于新农村建设规划范畴的专项规划，与其他专项规划相比较则更具综合性质。

（3）单独或作为新农村建设规划一部分审批后，保护规划具有与新农村建设规划同样的法律效力，在调整或修订新农村建设规划时应相应调整或继续肯定保护规划的内容。同时保护规划可反馈调整新农村建设规划的某些内容，如人口控制与调整、用地和空间结构调整、道路交通调整等。

2.3 历史文化名镇（村）保护规划的编制

根据国务院、建设部、国家文物局的有关规定，各级历史文化名城必须编制专门的保护规划，名城保护规划由省、市、自治区的城建部门和文化、文物部门负责编制。同样，省级人民政府、建设厅、文物局对历史文化名镇（村）也提出了编制专门的保护规划的要求，如《长沙市历史文化名城保护条例》第八条规定，“市规划行政管理部门应会同建设、文化行政管理部门根据历史文化名城保护专项规划编制历史文化风貌保护区、历史文化街区、历史文化村镇控制性详细规划和修建性详细规划，经市人民政府批准后公布实施。”

2.3.1 保护规划编制的依据

保护规划编制依据主要为法规以及相关文件，根据其级别分为三部分内容，即全国的法律法规及相关文件，历史文化名镇（村）所在省、自治区、直辖市的地方性法规及相关文件，所在市、县的地方性法规及文件。此外，该历史文化名镇（村）所在地的总体规划、新农村建设规划、土地利用规划等也是保护规划编制的依据之一。

《中华人民共和国文物保护法》《中华人民共和国城市规划法》以及《中华人民共和国文物保护法实施条例》是编制保护规划的主要依据。1994 年，建设部、国家文物局在总结各城保护规划编制实践的基础上，颁布了《历史文化名城保护规划编制要求》，对保护规划的内容深度及成果做了具体规定，为名城保护规划的编制修订及审批工作提供了依据。另外还有国家建设部、国家文物局发布的一系列有关历史文化名城保护的文件。目前，作为编制依据的法律法规主要有：

（1）《中华人民共和国城市规划法》。

（2）《中华人民共和国文物保护法》。

（3）《中华人民共和国文物保护法实施条例》。

（4）《历史文化名城保护规划编制要求》。

（5）《城市规划编制办法实施细则》。

（6）《城市紫线管理办法》。

（7）《城市规划编制办法》。

（8）《城市规划强制性内容暂行规定》等。

但目前我国尚未有全国性的历史文化名城保护法或历史文化名城保护条例。专门提到历史文化名城、历史文化名镇（村）和街区保护的法律只有《中华人民共和国文物保护法》和《中华人民共和国文物保护法实施条例》，也仅仅只有提及历史文化名城、历史文化名镇（村）和街区的公布和管理权限归属而已，许多迫切需要在法律上明确的问题，如保护规划的编制、实施以及监管等问题均未提及，这与当前重视保护的局面不相符合。国家有关历史文化名城、历史文化名镇（村）和街区保护的法律急需制定。

我国一些省、自治区、直辖市根据国家有关法规制定了相应的历史文化名城保护条例，规定历史文化名镇（村）在公布一定时间内必须编制保护规划及编制保护规划的一些要求，如《江苏省历史文化名城保护条例》《浙江省历史文化名城保护条例》等。另外，北京等地也正在着手致力于保护条例的制定。有些省份还发布了指导保护规划的编制办法，如浙江省建设厅与浙江省文物局共同发布了《天台历史文化名城保护规划文本》（浙建规［2002］106 号）。

有些国家历史文化名城也颁布了地方性法规，诸如《广州历史文化名城保护条例》《长沙市历史文化名城保护条例》等，或者政府颁布了行政性法规，如杭州市人民政府颁布的《杭州市历史文化街区和历史建筑保护办法》等。

此外，保护规划作为总体规划、建设规划的重要组成部分，当地的总体规划、建设规划也是保护规划编制的重要依据，与之相关的一些诸如环境保护、水利建设、农田建设等规划也是必须考虑的。

2.3.2　保护规划编制的指导思想和原则

保护规划编制的指导思想是《中华人民共和国文物保护法》规定的“保护为主，抢救第一，合理利用，加强管理”的文物工作方针。根据这一方针采取有效措施，加强对历史文化名镇（村）内的历史文化遗产进行保护，实现历史文化遗产的永继保存和合理利用，充分发挥文化遗产的价值。在这一指导思想下，我们在编制保护规划时应遵循以下原则：

（1）正确处理保护与发展的关系。历史文化名镇（村）与文物保护单位最大的区别是历史文化名镇（村）是在继续向前发展的，在为保护历史文化遗存创造有利条件的同时，还应推动新农村发展，以适应新农村经济、社会发展和满足现代生活和工作环境的需要，使保护与建设协调发展。

（2）文化遗产保护优先原则。编制保护规划应突出重点，即保护文物古迹、风景名胜及其环境；对于具有传统风貌的商业、手工业、居住以及其他性质的街区，需要保护整体环境的文物古迹集中的区块，特别要注意对濒临毁坏的历史文化遗产的抢救和保护，不使其继续遭受破坏。对已不存在的文物古迹一般不提倡重建。

（3）注重保护历史文化遗产的历史真实性、历史风貌的完整性以及生活的延续性。保护历史文化名镇（村）内的文物古迹，保护和延续古镇、历史文化名镇（村）的历史风貌特点。

（4）编制保护规划应分析村镇聚落的历史演变、性质、规模及现状特点，并根据历史文化遗产的性质、形态、分布特点，因地制宜地确定保护对象和保护重点。

（5）继承和弘扬无形的传统文化，使之与有形的历史文化遗产相互依存、相互烘托，促进物质文明和精神文明的协调发展。

2.3.3 历史文化名镇（村）保护目标

历史文化名镇（村）保护规划必须有其应要达到的保护目标。然而每个历史文化名镇（村）在村镇格局、风貌、建筑形式、传统生活方式等方面情况各不相同，决定了它们在保护与发展的具体期限的具体目标上各有其自身特色。但是无论具体情况如何，最后总的目标是一致的，就是保护和发展两者兼顾，避免历史文化名镇（村）成为停止发展的文物保护单位，在保护的基础上使历史文化名镇（村）得到发展，适应现代化生活和生产的要求。

2.3.4 保护规划编制单位的编制机构和编制单位的资质要求

《中华人民共和国文物保护法实施条例》第七条规定，“县级以上地方人民政府组织编制的历史文化名城和历史文化街区、村镇的保护规划，应符合文物保护的要求。”

保护规划具体编制单位应具有城市规划编制资质，承担编制历史文化名镇（村）保护规划编制单位应具有乙级以上城市规划编制资质。

2.3.5 保护规划编制的深度和期限

保护规划编制的深度和期限包括以下内容：

（1）历史文化名镇（村）规划是新农村建设规划阶段的规划，对于保护规划确定的重点保护区、传统风貌协调区和需要保护整体环境的文物古迹应达到详细规划深度。

（2）保护规划应纳入新农村建设规划，并应相互协调。

（3）保护规划的期限应与新农村建设规划期限一致，并提出分期保护目标。

2.3.6 保护规划基础资料的收集

保护规划首先的一项细致深入的调研工作，是要对历史文化名镇（村）的发展和演变有一定程度的理解；对当地的建筑风格、地区特色、具体的房屋建造年代和保护要求做出判定、鉴别、考证，这是一项技术性很强、文化性很高的工作，需要大量的时间投入。保护规划编制之前应对历史文化名镇（村）的历史发展情况做一详细调查，作为保护规划的基础资料。

（1）村镇聚落历史演变、建制沿革和城址、镇址、村址的兴废变迁以及有历史价值的水系、地形地貌特征等。

（2）相关的历史文献资料和历史地图。临海古地图如图 2-7 所示。

（3）现存地上地下文物古迹、历史地段、风景名胜、古树名木、历史纪念地、近现代代表性建筑，以及历史文化名镇（村）中具有历史文化价值的格局和风貌。图 2-8 是佛堂古镇内历史遗产分布图。

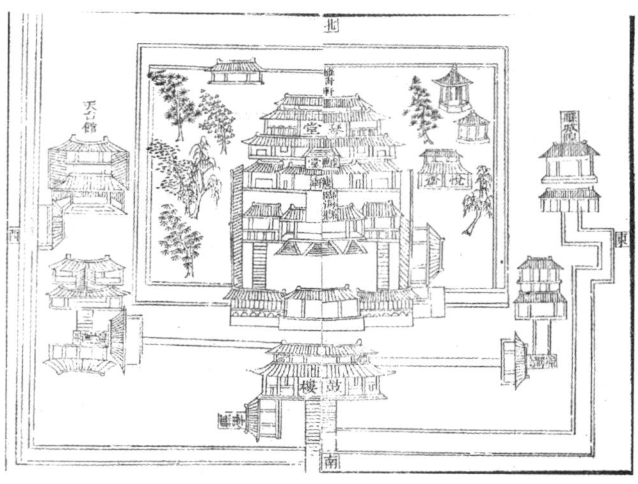

图 2-7　临海古地图

图 2-8　佛堂古镇内历史遗产分布图

1—铁索浮桥；2—福新殿码头；3—友龙公码头；4—官厅前码头；5—猪市码头；6—狗市码头；7—浮桥头；8—盐埠头；9—新码头；10—竹园码头；11—新安会馆；12—渡馨寺；13—毛家大院；14—老街；15—新华剧院；16—金宅弄；17—留轩；18—吴棋记；19—老市基；20—植槐堂；21—义和里；22—友龙公祠；23—留耕堂；24—利记；25—节孝祠；26—鼎二公祠；27—鼎五公祠；28—新屋里；29—商会街；30—商会；31—绍兴会馆；32—官厅；33—古樟

（4）特有的传统文化、手工艺、民风习俗精华和特色传统产品。

（5）历史文化遗产及其环境遭到破坏威胁的状况。

2.3.7 保护规划的审批程序与机构

我国历史文化名镇（村）保护规划可作为新农村建设规划的一部分或单独按照审批程序审批。历史文化名镇（村）保护规划由所在地市、县人民政府报所在省、自治区人民政府审批。

在审批后若需要对保护规划进行调整，若只是一般地局部调整，可由所在市、县人民政府调整，但涉及历史文化名镇（村）中重点保护区范围、界限、内容等重大事项调整的，必须由所在市、县人民政府报原审批机关审批。

2.3.8 保护规划的成果

保护规划的成果分为三个部分：一是规划文本；二是规划图纸；三是附件。

（1）规划文本。规划文本表述规划意图、目标和对规划有关内容提出的规定性要求，文字表述应规范、严密、准确、条理清晰、含义清楚，一般包括以下内容：

1）历史文化价值概述。

2）保护原则和保护工作重点。

3）整体层次上保护历史文化名镇（村）历史风貌和传统格局的措施，包括乡镇功能的改善、用地布局的选择或调整、空间形态或视廊上的保护等。

4）各级文物保护单位的保护范围、建设控制地带以及各类历史文化保护区的范围界线，保护和整治的措施要求。

5）对重点保护、整治地区的详细规划意向方案。

6）规划实施管理措施。

（2）规划图纸。用图表达现状和规划内容，图纸内容应与规划文本一致。规划图纸包括：

1）相关的历代历史地图。

2）历史文化名镇（村）的文物古迹、历史地段、古镇、历史文化名镇（村）传统格局、风景名胜、古树名木、水系古井现状分布图，图纸比例尺为 1/1000～1/2000。

3）历史文化名镇（村）土地使用现状图，比例尺为 1/500～1/1000。

4）历史文化名镇（村）建筑风貌、建筑质量、建筑修建年代、建筑层数与屋顶形式现状分析图，比例尺为 1/500～1/1000。

5）历史文化名镇（村）建筑高度（层次）现状分析图，比例尺为 1/1000～1/2000。

6）历史文化名镇（村）保护规划总图，比例尺为 1/1000～1/2000。图中标绘重点保护区、传统风貌协调区的位置、范围，文物古迹的位置、视线走廊、传统格局的位置和范围，古树名木、水系古井、风景名胜的位置和范围。

7）历史文化名镇（村）的建筑高度控制图，比例尺为 1/1000～1/2000。

8）各文物保护单位的保护范围和建设控制地带图，比例尺为 1/100～1/1000。在地形图上，逐个、分张地画出文物保护单位的保护范围和建设控制地带的具体界线。图 2-9 是义乌市古月桥保护范围和建设控制地带图。

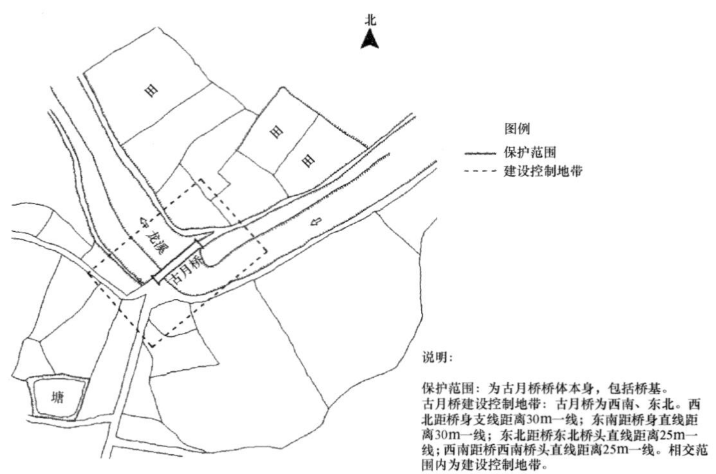

图 2-9　义乌市古月桥保护范围和建设控制地带图

9）土地使用规划图，比例尺为 1/500～1/1000。

10）重点保护区与传统风貌协调区规划图、建筑高度控制规划图、建筑的保护与整治模式规划图，比例尺为 1/500～1/1000。图 2-10 是遂昌王村口重点保护区和传统风貌协调区示意图，图 2-11 为余姚武胜门历史街区保护与整治详细规划图。

11）重点保护区修建性详细规划图，比例尺 1/500～1/1000。

以上图纸根据实际情况，可以按实际需要合并绘制或分别绘制。

（3）附件。附件包括规划说明书和基础资料汇编，规划说明书的内容是分析现状，论证规划意图、解释规划文本等。

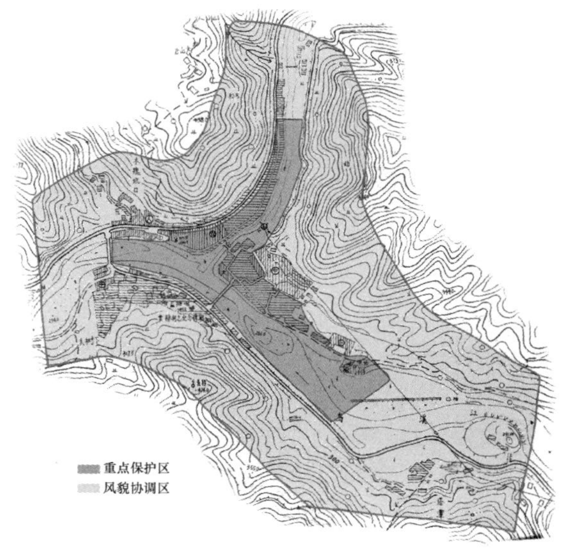

图 2-10　遂昌王村口重点保护区和传统风貌协调区示意图

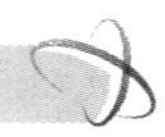

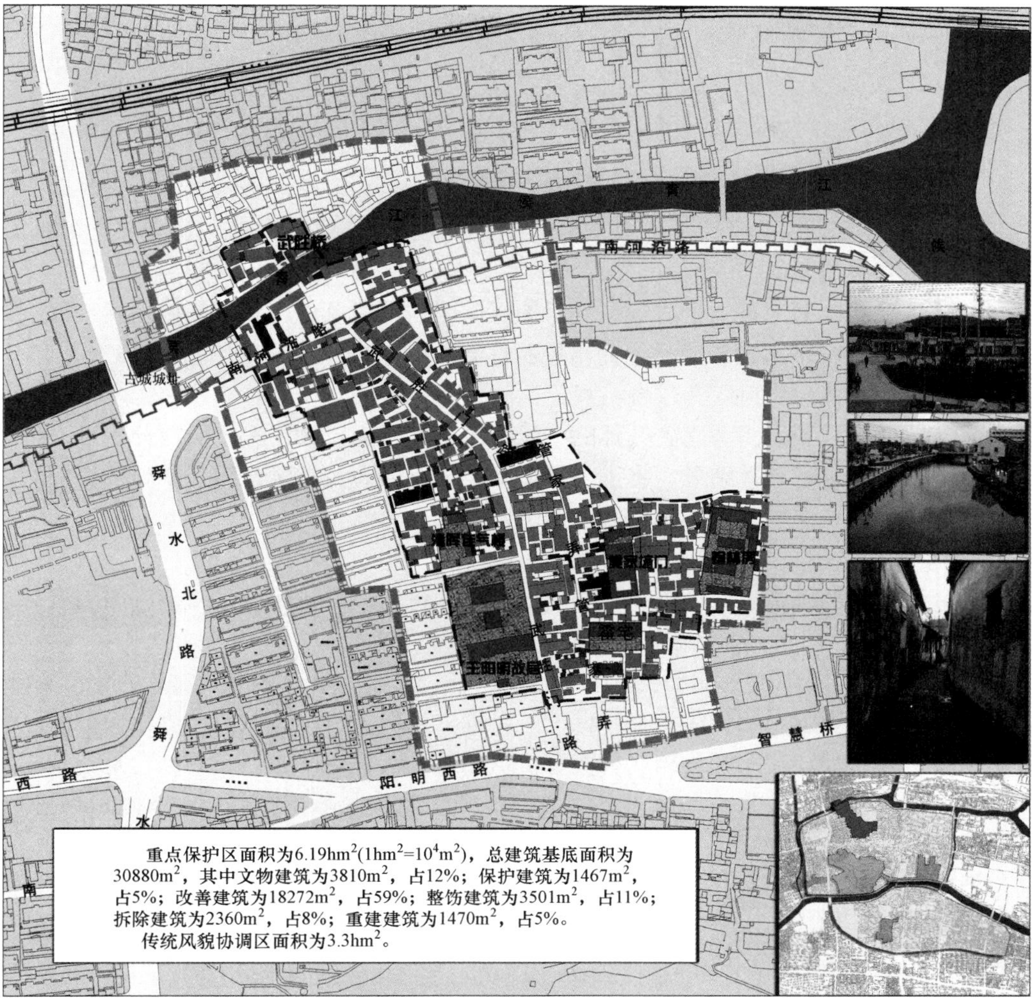
武胜桥
南河沿路
古城城址
舜水北路
阳明西路
西路
智慧桥
王阳明故居
重点保护区面积为6.19hm^2(1hm^2=10^{4}m^2)，总建筑基底面积为30880m^2，其中文物建筑为3810m^2，占12%；保护建筑为1467m^2，占5%；改善建筑为18272m^2，占59%；整饬建筑为3501m^2，占11%；拆除建筑为2360m^2，占8%；重建建筑为1470m^2，占5%。
传统风貌协调区面积为3.3hm^2。

图 2-11　余姚武胜门历史街区保护与整治详细规划图

2.3.9　保护区域范围的确定

在历史文化名镇（村）申报或编制保护规划时，有一项很重要的工作内容就是划定村镇聚落保护区域范围。保护区域范围就是对重要的文物古迹、风景名胜、历史文化名镇（村）整个范围内需要重点控制的区域，都要划定明确的自身重点保护区域范围以及周围历史环境风貌控制范围，以便对区域内的建筑采取必要的保护、控制及管理措施。保护区域范围及要求要科学、恰当。划得过小，限制过松，将不能有效保护好历史文化名镇（村）的历史文化遗产；划得过大，控制过严，则会给新农村建设、居民生活造成无谓的影响。明确合理的保护区域范围对于编制完善的保护规划和制定严格的保护管理方法有着控制作用，同时，可使历史文化名镇（村）管理部门分清轻重缓急，采取不同措施，重点投入资金，将保护工作落到实处。

1. 保护区域范围的两个层面

历史文化名镇（村）的保护区域范围一般划分为两个层面，即重点保护区和传统风貌协调区。各省历史文化村镇的保护区域划分命名以当地有关历史文化名镇（村）的保护法规中的法律概念来确定，如《浙江省历史文化名城保护条例》将保护区分为重点保护区和传统风貌协调区两类，只有法律上明确的概念才具有法律效力，那些所谓的绝对控制区、核心区等概念是没有法律依据的。

（1）重点保护区是指文物古迹集中且有一定规模，能较完整地反映某一历史时期的传统风貌和地方、民族特色，具有较高历史文化价值的区域。这一区域是整个历史文化名镇（村）的精华所在，是最需要保护的地段。

（2）传统风貌协调区是为了协调重点保护区周围的历史风貌与重点保护区相一致，而对新建筑、环境、道路、基本设施建设等提出控制性要求的区域，其目的是使历史文化名镇（村）在发展中不破坏整体历史风貌和传统格局。

当然有些保护规划因为考虑到具体的实际情况，如面积较大、保护层次分明等，也可以在这两个层面内部进行具体细分，将重点保护区、传统风貌协调区分为几个等级保护区，但总的来说都属于重点保护区和传统风貌协调区范围。

2. 保护区域范围确定的影响因素分析

保护区域范围的确定需要经过科学的实地考察和论证，影响保护区域范围的因素有以下方面：

（1）历史文化名镇（村）的历史文化价值。这是一个在科学评估保护对象的价值基础上，明确我们要保护的内容、保护的重点、保护的目标，以保护目标、保护内容、保护重点来确定保护区域范围。如浙江永嘉县屿北村最有价值的就是其村落的规划布局，它是一个军事防御型的村落布局，因此，它要保护的重点在其军事防御的设施、村落内部的道路布局和一些重要的节点，以此为重心来划定保护区域范围。

（2）根据古镇、历史文化名镇（村）的地形地貌、整体历史风貌等进行具体划定，尽可能地考虑完整性。如江南水乡古镇乌镇、南浔、西塘的聚落布局依河而建，所以其保护区域范围就应以河道为中心，划出一定的范围进行保护，不能随意割断历史发展的脉络；浙江永嘉县苍坡历史文化名镇（村）按照文房四宝进行布局，其保护区域范围就必须涵盖到对面的笔架山。

（3）在技术方面应注意从以下几个方面研究确定：

1）视线分析。正常人的眼睛视线距离为 50～100m，如观察个体建筑的清晰度距离为300m。正常人的视线范围为 60°的圆锥面，如从某处观察某个景点，这种视野范围则成为该景点的衬托，而衬景的清晰度为 300m，50～100m 的景物便更能引人注目。因此，根据以上视线分析的原理，就可以拟定 50、100、300m 三个等级范围，在分析视线等级的基础上考虑风貌的完整性来划分保护区范围。图 2-12 是从雷峰塔山俯览杭州。

2）噪声环境分析。保护范围的确定，不仅要满足视线的要求，还要考虑到噪声等对古建筑的破坏及对游览观赏者的干扰。从噪声对人的干扰声及耐受程度分析：65dB 感到很吵闹；80dB 使人心神不宁、听觉疲劳；80dB 以上对人体健康引起严重危害。因此，有绝对保护要求与游览景点的噪声应控制在 55dB 以内，最理想应达到不超过 45dB，这样可以达到宁静安全的要求。按照保护要求，距重点保护点 100m，噪声控制在 50～54dB 则较为合适。

3）文物安全保护要求。文物保护单位按照《中华人民共和国文物保护法》规定，“其

图 2-12　从雷峰塔山俯览杭州

周围要根据实际保护需求划出一定的保护范围，不得有易燃、易爆、有害气体及性质不相符的建筑及设施，同时根据其周围环境保护及景观要求设立建设控制地带以确保历史风貌的完整。”

4）高耸建筑物观赏要求分析。高耸建筑物观赏要求的经验公式为：$D=2H$，$Q=27°$。式中 D 为视点至建筑物的距离，H 为建筑物视高，Q 为视点的视角。上两式的意思是观赏距离为建筑物高的 2 倍为最佳，视角为 27°时为最好，$D=3H$ 时，为群体观赏良好景观。当人们登临塔顶，俯瞰景物时 10°俯角为清晰范围。对于不可登高的古塔，它们的保护范围则可以减少俯角一项。

此外，历史文化名镇（村）周围是否有正在考虑或即将实施的发展项目，也是保护区域范围划定的参考条件之一。若存在这样的项目，则应考虑将涉及的地区一并划入保护区范围，并通过审批同意的保护规划，调控新的建设项目对历史文化名镇（村）周边敏感地带所产生影响。对已制定保护规划的地区，当周围有新的发展项目邻近保护区并可能对保护范围及其周围景观产生影响时，应考虑修改保护规划，以将这些地区划入保护区范围。这有助于维护景观的完整性，协调历史文化名镇（村）内外景观。

2.3.10　历史文化名镇（村）特色要素的分析

在进行保护规划编制时，人们常常在基础资料调查时偏重于历史人文、风景名胜、物产等内容，对于历史文化名镇（村）的特色内涵很少认识。内涵是专业人员通过思考后对这个历史文化名镇（村）的认识和分析，每个历史文化名镇（村）均有不同于其他历史文化名镇（村）的特色，因而在建设和保护上应有其针对性，即应该特别重视其特殊性。这就需要我们认真去思考，对特征要素构成进行分析，这个分析基于人们对事物认识的基本规律、基于物质与文化的综合分析、基于一定的系统与层次的分析方法。特征要素应从以下三个方面来分析，就是含义、要素和结构。

1. 含义

历史文化名镇（村）传统特征是物质与精神的结晶，它不仅包括历史文化名镇（村）外貌、建筑和历史遗迹等物质形态，还包括文化传统、历史渊源等精神内容，所谓含义就是指这部分精神内容。如对历史文化名镇（村）性质的确定，我们通过研究历史文化名镇（村）的发展历史，观察历史文化名镇（村）特色环境，了解它的文化特征、风景特色以及名土特产和社会风尚等，从而形成对历史文化名镇（村）特色较清楚的认识，也就使保护规划有了明确的内容和目标。如湖州南浔虽然有着小莲庄（见图 2-13）、嘉业堂藏书楼（见图 2-14）、张氏旧宅（见图 2-15）等众多名胜古迹，但综合分析，它其实应该是近代浙江的一个商业繁荣的历史文化名镇（村）。

图 2-13 湖州南浔小莲庄

图 2-14 湖州南浔嘉业堂藏书楼

2. 要素

要素是传统特征的具体组成部分，是历史文化名镇（村）产生的物质形态表现，这些物质形态是人们经过深入地观察、感受以及思考而得到的，它分为三个层次：

（1）形象。形象指人们对历史文化名镇（村）在视觉上直观的感受，历史文化名镇（村）的格局、建筑造型、色彩、天际轮廓、自然风光以及居民服饰、举止等。

图 2-15 湖州南浔张氏旧宅

（2）表象。表象指除眼睛以外的其他感官的综合感受，风貌特色、经济发展水平、居民文化素养、情趣等，这是比形象更高一个层次的感受。

（3）抽象。抽象指将形象和表象感受联系起来，进行思索，并借助于其他的文字、图纸、人们的介绍，通过认真分析而得出的变迁、格局、文化特征。

明确了一个地方的特色要素，我们就有了具体的保护内容和对象，再根据这些具体的保护内容和对象去确定保护规划所要达到的目标。

3. 结构

另外，历史文化名镇（村）的传统特征是由一系列具有深刻含义要素通过一定组织关系而形成的一个整体，这种非物质的组织关系即结构。历史文化名镇（村）的结构主要是风貌构成、历史发展轴、特色构件等。历史文化名镇（村）按照其不同的特点和情况，划定一定的范围，这就是风貌分区。有了这些风貌分区也就使历史保护有了一定的针对性，保护范围的划分也有了根据。特色构件是一个历史文化名镇（村）最突出、最具代表性、最能使人们引起历史联想、最能勾起人们思乡情怀的部分，诸如最富有文化内涵的标志性建（构）筑物、建筑装饰、风貌特征、名点佳肴、语言风情等。在保护规划中要善于发现和运用这些构件，在新设计中进行加工，就能够使建设不落俗套，如绍兴这座城市，它的马头墙、石板路、拱背桥、石河沿、台门式住宅以及鲁迅笔下的城市风情，如咸亨酒店（见图 2-16）老酒、乳腐、茴香豆、乌篷船（见图 2-17）等就是绍兴的特色构件，由这些构件组合，而使其成为水乡、酒乡、兰乡这样具有特色的城市。

2.3.11 历史文化名镇（村）历史风貌和传统格局保护

在我国的历史文化名城中，保持完整历史风貌的基本已经没有，但是许多历史文化名镇（村）仍然保持着较完整的历史风貌。作为历史文化名镇（村），必须具有比较完整的历史风貌，才能够反映一定历史时期该地区的传统风貌特征。一般地讲，并不是每个历史文化名镇（村）均有显赫的历史文化遗产，但每个历史文化名镇（村）均有其独特的风貌，这是历史文化名镇（村）宝贵的遗产，是历史文化名镇（村）纹理赖以发展的基础。

图 2-16　绍兴的咸亨酒店

图 2-17　绍兴的乌篷船

1. 历史文化名镇（村）风貌和格局组成要素

历史文化名镇(村)风貌最为外在的表现是其外部景观，建筑物是构成历史文化名镇(村)外部景观的基本元素。同时，建筑物的特色也是在历史文化名镇（村）景观外部景观中表现出来的。历史文化名镇（村）设立的一个基本目的就是保护一个历史地区的整体风貌。这些景观特征要素反映了历史文化名镇（村）的地理特征和发展历史。这些景观要素不仅包括建筑物，还有空间、界面和景观视线等群体要素。

（1）建筑物。建筑物特别是传统建筑物是组成历史文化名镇（村）的重要因素，建筑物的特色直接反映着历史文化名镇（村）的历史风貌，建筑物主要是从高度、体量、色彩、材料等方面来表现，如桐乡市乌镇青砖、黑瓦、二层坡屋顶是其在建筑物上表现出来的风貌特色，如图 2-18 所示。

图 2-18 桐乡市乌镇

（2）历史文化名镇（村）的园林景观。在我国传统聚落的园林景观建设中，充分利用河、湖、水系稍加处理或街巷绿化，稍加处理为居民提供了公共交往、休闲、游憩的场所，形成了历史文化名镇（村）各种特色的园林景观，是展现历史文化名镇（村）风貌的重要组成，在规划保护中应严加保护。

（3）景观视线或景观视廊。景观视线这个在规划领域中常用的名词代表着一个很不具体的概念。影响景观视线的因素来源于各种组成要素，从自然地形到具体的建筑物，甚至人的观赏位置和角度。景观视线是一种分析方法和工具，很难就此制定具体的规划规定，但分析的结果将作为制定其相关要素规定的依据，如关于历史文化名镇（村）空间或界面的规划规定。

（4）具有特征的历史文化名镇（村）空间。这是指构成历史文化名镇（村）纹理的骨架，保护历史文化名镇（村）必须保护其整个风貌环境，包括空间格局及其周边的环境与山林、水体和文化内涵，如传统生活习俗和现有社会生活结构。具有特征的历史文化名镇（村）空间在整体景观构成中起关键作用，因此，对这类空间进行改造时，应由具体的保护规划规定对空间特征的保持。同时，具有特征的空间也同样起着在不同程度上改善环境品质的作用。在保留这些空间特征的同时，必须指出需要改善的问题，使改变的过程成为一个去除不良因素、提升空间品质的过程。

（5）需重新定义的空间。这些空间妨碍了传统风貌的连续性，需重新定义。但其中存在的不良因素并不代表这些空间没有值得保留的内容，对这些空间进行整治活动的目的正是去除不良因素，使新要素的介入在被保留的要素所形成的基础上进行，并共同构成一种新的空间秩序。同时这些空间所处的位置对整个历史文化名镇（村）而言十分重要，是组成完整历史风貌的一部分，必须对其进行重新规划和整治，以提升该空间本身的价值，并带动周围地区的发展。

2. 历史文化名镇（村）风貌和格局保护方式

历史文化名镇（村）历史风貌和传统格局的保护是一个从全面、整体的角度来把握历史文化名镇（村）的保护，尽可能多地保护留存的文化遗产。不少历史文化名镇（村）的保护规划，将保护规划混同于一般的旧区改造或旅游景点的规划设计，导致一些错误的做法。如遵义会议建筑物所在的历史街区，就按错误的规划设计，把除了文物保护单位的会址建筑物以外，相邻一条街的原有房屋全部拆光，而设计成民国式建筑，造成所谓的“完整的历史风貌”，实质上是把历史真实性完全破坏了，降低了其历史价值。建成的历史街区是设计人员今天想象的历史风貌，这是不懂保护科学的后果。保护历史风貌应尽量保护其真实性、完整性，一般采取分等级、分层次的方式进行。

（1）点、线、面的保护方式。在确定具体的风貌和格局之后，按照点、线、面的保护方式，分文物古迹、历史街区、历史环境三个等级进行风貌和格局的保护。点，指的是单体的文物古迹，具体讲就是一座古寺、一幢古塔、一座古桥、一所老住宅以及一只石狮、一根石柱、一口古井等，这里是指被列为文物保护对象和拟推荐为保护文物的对象。线，指的是有许多古建筑或文物古迹连成线的情况，如一条古街、古巷、古河岸、古道路等。面，指的是更多的古建筑、文物古迹连成一片，如连成一片的街巷、街坊、寺庙群、民居群等。点、线、面的保护方法，就是根据分等级、多层次的原则而采取的保护措施，即有大面积的就大面积保护，构不成面或片而能构成一条线的，就成条线的保护，不能成面成线而只能成一个点保护的就单点保护，尽最大可能地多保存一些历史的遗迹，以体现历史文化名镇（村）的历史风貌和传统格局。

（2）风貌分区的方式。风貌分区也是根据历史文化名镇（村）现存的情况按照分等级、分层次的原则所采取的方式。每处历史文化名镇（村）都应有它自己的历史风貌和传统格局，不能抄袭其他形式。只要我们仔细研究一下中外各个城市的各自特点，就会发现它们都是在各自不同的客观条件之下成长、发展起来的。要体现一个历史文化名镇（村）的风貌主要有两个方面：一是历史文化的遗存，包括格局、古建筑、文物古迹、传统文化等；二是新建筑物的风格，包括建筑形式、装饰艺术、色彩等。两者虽然截然不同，一是保护，一是创新，但它们之间又是密不可分的，彼此要协调，共同体现历史文化名镇（村）乡镇的风貌。风貌分区即是按不同等级、不同层次的要求加以区分。在文物古迹集中区域，对原有古建筑物的保护和新建的要求都要高些，新增建筑物的形式、体量、色彩都应与原来的环境相协调。而对一些原状已经改变很大的地区，则可放宽限制，有的地方已完全改观，就可更为放宽了，但总的要求仍然希望能够表现传统历史文化特色和历史文化名镇（村）风貌。

3. 历史文化名镇（村）空间格局整治

历史文化名镇（村）以其整体特性和价值而成为被集中保护的地区，并不意味着在历史文化名镇（村）中没有需要调整的要素。历史文化名镇（村）空间特征表现出广泛的多样性和复杂性，其中既包含应保留和继承的部分，也包括需要调整和重组的部分。各类要素在这里混杂和交织在一起，包括建筑物以及组织起这些建筑物的公共空间。如果被保护区中存在这类空间，则这类空间必须以一个整体的规划来进行整治，在规划中应标示，同时明确对该空间整治时必须遵守的规划原则。历史文化名镇（村）的保护规划必须坚持整治的方式，严禁采用大拆大建的改造方式。由于历史文化名镇（村）的特殊性，对历史文化名镇（村）公共空间的整治也就更具特殊意义。整治的效果不仅仅是景观性地有助于改善历史文化名镇（村）的形象，同时也对提升土地价值和优化土地使用效率有着重要作用，对空间的改善有助于恢复历史文化名镇（村）应有的土地价值。随着环境的改善，历史文化名镇（村）对居民的吸引力将会逐渐提高，吸引居民回迁，历史文化名镇（村）的活力也将随之增强。

在空间格局整治中按照传统空间格局分区块进行整治，将历史文化名镇（村）分为两类

地区：一类是传统风貌空间发生断裂的地区，如乱搭建的地区、不卫生的地区等，这类地区已经造成对空间环境的严重影响，并成为一些社会问题的根源，它们破坏了空间的连续性和整体性，阻碍了历史文化名镇（村）机能的进一步完善和发展；另一类是代表历史文化名镇（村）特色的空间，但这些特色空间往往还夹杂着其他外来要素。

（1）传统风貌空间发生断裂的地区。历史文化名镇（村）肌理发生断裂，导致这类地区与其周围传统景观不连续。出现这种情况一个原因是发展带来的历史文化名镇（村）功能变更对局部地段造成的影响；另一个原因是历史因素。古老建筑在建造之初是符合当时的使用功能的，但随着现代化的发展，这些建筑物越来越不适应现代生活，缺少独立的卫生设施，并在长期使用、缺乏维修的情况下变得残破不堪。随着居民生活需求的提高，这些建筑物越来越不适应居住的要求，这类地区的存在降低了生活环境的整体品质，对这些地区的改造完全是因为卫生状况已经严重影响了居民的健康，采光、通风等基本需求无法满足，因而成为必须被集中整治的对象。由于大多数房屋已经破旧不堪，难以维修，对这些地方的整治多为拆除破旧房屋，降低建筑密度。拆除后的成片用地为发展创造新的机会，尤其是具备了插入新公共活动空间的可能性，并使现代规划和建造观念得以体现。在传统风貌空间发生断裂的地区，新要素的介入可能性是存在的，规模也是最大的。在这类地区新要素的介入是弥合整体纹理缺陷的重要方式。对纹理断裂进行弥合并不意味着全部推倒重来，因为这些地区仍然有构成其存在基础的基本要素，包括个体的建筑物、空间组织方式等。纹理的断裂很大程度上来自于地区功能的改变，而不是失去功能效应的建筑物本身。建筑物作为功能的容器，许多情况下在重置使用功能后仍能成为新的载体，因而对某些建筑物保留和重新使用不仅是延续当地特征的一种方法，还有实际的使用价值。从这种意义上来说，纹理断裂地区的改造也需要界定被保留的要素。建设新建筑物和改造不卫生地区是改善居住条件的两个方面，都是为居民提供健康的生活环境，即使住宅适合现代生活。在进行规划和建设时，应为其发展找到一个所依托的空间基础，使新的发展成为整体演化过程中的有机环节，而不是一个凭空想象和一个随处可用的规划方案。必须通过对纹理特征的保持，去实现纹理的有序新旧更替。

（2）代表历史文化名镇（村）特色的空间。被保护的地区在实际操作中是以保护大多数有价值的乡镇要素为主，以保持乡镇风貌特征为目标，新的建设活动被不同层次的规定约束在一定范围之内。规划中界定被保护的要素，这些要素可以是建筑物、建筑物的一部分、庭院或绿地等代表该地区特征的各种要素，如提出将新建建筑物的高度限制在两层左右。在对历史的崇敬之下，人们似乎对当今的所有建筑物表示不满意，总是建议拆除现代的或高层的建筑物。而事实上这些建筑也成了今天历史文化名镇（村）建筑遗产的一部分，并使整个地区发展更具延续性、更完整、更富生气。

此外，还应注意对历史文化名镇（村）边缘地区的整治，历史文化名镇（村）保护的范围不是客观存在的，是人为划定的，不应将其理解为一条具体的、必然存在的界线，应从整体上统一考虑。历史文化名镇（村）的边缘是一个环境敏感区域，很容易由于对其外围地区的忽视而造成保护区外围环境的不协调。

与历史风貌保护相比，道路交通空间的重组更具有功能性目的。交通便捷是提高历史文化名镇（村）吸引力的一个重要方面，特别是公共交通，在保护区更为突出。这一方面是由于保护区大多拥有众多的步行区域，对车辆的进入和停泊都有一定的限制；另一方面是保护区吸引着大量人流。因而，必须依靠方便的交通来提高保护区的可达性，优化使用功能。除了功能要求外，保护区的道路交通规划还必须特别注意与周围环境的协调，应将其作为保护和改善空间形象的一个重要内容，在介入新要素时要考虑所处地区的特有纹理特征和历史价值。

2.3.12 历史文化名镇（村）传统文化的保护

保护不能简单地理解仅为对文物的保护，也不能只理解为对某些文化事业的保护，而应把它看作是民族文化系统传承与发展的保护。历史文化名镇（村）保护是否能够取得成效，除法规制定及大量具体操作以外，还必须对这项保护活动的意义有清晰的认识，特别是当前大量破坏性建设带来巨大损失，提高认识显得尤为重要。一个民族只有意识到自己文化的重要性和独特性，才可能提出保护和发展的主张。传统文化包括文字、戏剧、曲艺、诗歌、民俗风情、土特名产、风味饮食、工艺美术等。应注意对这些传统文化的保护，它们随着时代的步伐在不断地改革、发展，每一步改革、发展都在不断丰富它的内容。比如一些老的戏曲、曲艺的品种、唱腔，剧本虽然在不断改革，但是它们仍然是本地的、民族的，应作为文化财富保存下来，以便研究其发展。一些土特产的老生产作坊、生产工艺，如国家级历史文化名城宜宾明朝初期的五粮液老生产作坊——老窖是很重要的遗产，虽然现在已经改进了，但是作为五粮液的发展历史来说很重要，应特别加以重视。此外还有一种要重视保护的是老艺人、老匠师和他们的手艺、技术、艺术，在日本他们被称为“活文化财富”或“人间国宝”。有些人年事已高，还需要寻找接班人。任何文化的保护与发展均应建立在对所涉及文化范畴的基础上，当前有形和无形传统文化，更应该加以关注的是保护和发展兼顾，对尚存的濒危历史建筑物，应尽快进行抢救性修复，这样做不仅是对中国传统文化的抢救，还昭示着传统与现代和谐交融的一种展望。

要解决好历史文化名镇（村）的保护与利用问题，首先应解决传统文化和现代文化的接轨，以及思想观念和文化观念的继承、转变。只有这样保护工作才可能向深层次升华，才能从根本上接受历史的经验教训，处理好继承传统和走向现代化的关系等矛盾，真正解决好可持续发展的问题。历史文化名镇（村）代表着一段历史文化，这里涉及一个文化价值的问题，而且关系到对文化判断的标准。世界文化是多元的，每个文化有其存在的理由，有其优点也有其缺点，不能以某种文化价值来判断其他文化。因此在讨论历史文化名镇（村）保护和利用时，首先必须有一种平等的文化观，看到每种文化存在的合理性，以尊重的态度去努力发现其真实价值。价值是通过人们主观介入，将其潜在的、静态的意义加以开发，并赋予新的意义，使之呈现出表象鲜活、涵义久远的对象。对于历史文化名镇（村）的认知、保护、利用也同样如此。如果不能认识每个历史文化名镇（村）的特殊价值，历史文化名镇（村）的保护就无从谈起。因此，历史文化名镇（村）保护和利用仅沿着商业思路走的方向也就不可能明确。历史文化名镇（村）的保护和利用是文化和经济的有机结合，是两个文明建设的有机结合，做好这个工作必须统筹协调、形成合力。文化资源的利用，切忌目光短浅，只顾眼前有限的经济利益，忽视长远的根本利益和影响，或者盲目无限制地开发利用、消费、耗损，对不可再生的文化资源不注意保护。对于历史文化名镇（村），只有树立保护就是增值的观念，在利用中合理消费，将把损耗降到最低限度，历史的脉络才能够世代延续。

我们在做保护规划时也应对历史文化传统进行统一的保护、发掘、整理、研究和发展的规划。

2.3.13 历史文化名镇（村）的消防设施规划

近年来，我国连续发生烧毁古建筑的重大火灾事故，造成难以弥补的损失和不良影响。特别是 2003 年 1 月 19 日，湖北武当山的遇真宫因为使用单位私拉电线引发火灾，烧毁遇真宫主殿荷叶殿正殿三间，建筑面积 236m^2。

古建筑是历史文化名镇（村）珍贵历史文化遗产的重要组成部分，是不可再生的文化资源。由于古建筑多为木质结构，耐火等级低，特别是一些古建筑管理、使用单位擅自在古建筑内违章开办营业性场所，导致用火用电大量增加，消防安全管理混乱，火灾隐患十分突出。

在制定消防规划之前应以《中华人民共和国消防法》《中华人民共和国文物保护法》《古建筑消防管理规则》等法律法规为依据，以有效预防和遏止古建筑火灾事故为目标，认真、细致地对历史文化名镇（村）内的古建筑进行普遍、深入、细致的消防安全检查，对检查发现的火灾隐患要依法督促管理、使用单位彻底整改。

（1）清理在古建筑内设置的公共娱乐场所。

（2）拆除在古建筑之间及毗连古建筑私搭乱建的棚、房。

（3）清除在古建筑保护范围内堆放的易燃、易爆物品及柴草、木料等可燃物。

（4）改造在古建筑内未经穿管保护、私拉乱接的电气线路。

（5）增加和改善古建筑的消防水源和消防设施、器材。

同时，建章立制，明确责任，强化消防安全管理。督促古建筑管理、使用单位认真贯彻国家有关古建筑保护和消防安全管理的法律法规，加强消防基础设施建设，研制和配置适用于历史文化名镇（村）消防的小型消防车，改善历史文化名镇（村）的消防安全条件。明确历史文化名镇（村）消防安全管理人及其职责，成立消防安全组织，配备专、兼职消防管理人员，并结合历史文化名镇（村）的实际情况，建立健全消防安全管理制度，严格落实消防安全责任制，尤其必须严格用火、用电以及易燃、易爆物品管理。除宗教活动以外，严禁在古建筑安全范围内使用蜡烛等明火照明。对历史文化名镇（村）消防安全管理人、专/兼职消防管理人员等要普遍开展消防安全培训，同时加强消防教育，使他们切实掌握基本的防火知识以及报警、扑救初起火灾的技能和自救逃生常识。要督促历史文化名镇（村）管理、使用单位建立和落实防火巡查制度，制定灭火和应急疏散预案，定期组织演练等。针对本地区历史文化名镇（村）古建筑的分布情况，将保护历史文化名镇（村）的消防站、消防供水、消防车通道、消防通信、消防装备等基础设施的建设纳入建设规划之中。

2.3.14 历史文化名镇（村）的新区建设

我国的历史文化名镇（村）与文物保护单位中的古城遗址、古建筑遗址不同，它们不仅现在还在生活着，而且还在继续发展着。随着社会的发展、科技的进步以及人们生活方式和居住、交通等条件的改变，必然要对旧村落进行新建、扩建、改建。作为历史文化名镇（村）保护的古镇、历史文化名镇（村），绝大多数都是经历了这样的变化。

1. 建设新区的历史发展

建设新区在历史文化名城、历史文化名镇（村）保护上也并非新路，而是世界各国历史上几千年来已经有过的路子。在历史上古城的发展中另辟新区、另建新城的例子很多，国外如法国巴黎、意大利罗马、瑞士伯尔尼等历史文化名城早已是另辟新区或另建新城了；在我国，如3000多年前的丰京和镐京，是西周初期的都城，其位置在今西安市古沣河两岸。公元前11世纪商朝末年，周文王为了灭商，统一中国，便在沣河西岸建立国都丰京，但是由于地理条件限制和灭商后发展需要，周武王很快又在沣河东岸营建了新城镐京，这两座城市是结合为一体的。由于丰京是周王朝发祥之地，许多宗庙宫室建筑都在丰京之内，对周人来说十分重要。因此，不但没有将其废弃和破坏，而且把它很好地保护起来。这一座古城与新区相结合、相得益彰的王都存在了360多年，到东平王迁都才逐步衰落。另一个例子就是秦始皇咸阳宫殿的扩展和另辟新区，公元前221年，秦始皇统一天下之后，为增强国力，徙天下富豪12万户以充实咸阳并对他们进行控制。由于人口增加，加之原有的宫殿宗庙和新添宫殿等建筑已经非常拥挤了，秦始皇在统一中国之后必须营建更大的宫殿，但旧城中又不能拆除，因此只能采用另辟新区的办法。于是，公元前212年，于渭水南岸的上林苑中，另辟新区营建“朝宫”，这就是历史上有名的阿房宫所在。为使新区与咸阳旧区的建筑密切结合与协调，秦始皇还在渭水之上架了沟通南北的渭水三桥，据《三辅皇图》上记载，“桥广六丈，南北二百八十步，六十八间，八百五十柱，二百二十一梁”，以连接南岸的“诸庙及章台、上林”，使整个咸阳形成了“渭水贯都，以象天汉，横桥南渡，以法牵牛”的城市格局。

近代的历史文化名城、乡镇发展，特别是历史文化名城公布以来已有不少城市采取了这一办法，如山西的平遥、辽宁的兴城、陕西的韩城、云南的大理等都先后采取了开辟新区的办法；苏州、泉州两处第一批国家级历史文化名城采取保护古城、另辟新开发区的做法。苏州古城的格局是2000多年来形成的，“人家尽枕河”的小桥流水、河网水道，遍布的园林、寺庙、民居街巷等，如果不在古城外另辟新区，在城区内发展是没有出路的。因为古城区内的格局无法改变，文物古迹、古街巷民居已经布满，而这些东西正是历史文化名城的精华所在，正是需要保护的东西，全部拆除或是大部分改变，历史文化名城就不复存在了。苏州在对古城进行改造以适应新的发展方向方面，的确做了不少艰苦努力，但其结果却越来越走不通。因为旧城面积固定，即使全部拆除也不能满足苏州发展的需要。另辟新区使苏州走出了一条新路，苏州历史文化名城活了，苏州新的发展活了，保护与发展两全其美，相得益彰。

我国的历史文化名镇（村）的情况很不一致，人口、历史文化传统、文物古迹保存、经济基础情况等更是千差万别。所以绝对不能采取“一刀切”的保护办法，而是根据不同情况采取分级分等，分别按层次来进行保护。在现有基础上更多更好地进行保护则是有可能的。为解决保护与发展之间的矛盾，在总结教训的基础上另建新区，这种办法可使旧城的格局和城内的古老街区、文物古迹得到更多的保护。但是具备这样条件的城市不多，只能是个别的小乡镇。在已公布的历史文化名城中只有辽宁的兴城、山西的平遥等几处小城具备这样的条件，采取了另建新区的办法。

2. 建设新区的客观原因

历史文化名镇（村）存在的两个矛盾决定了建设新区的客观可能性：

（1）保护区范围内居住人口规模较大，势必导致人口的外迁。一方面居住空间需要改善，

另一方面，老区内文物古迹和传统古建筑的用地占历史文化名镇（村）土地面积的50%以上，已无能力提供多余土地作为建设用地，原居民不得不迁移到其他地方或另辟新区。

（2）原有的传统建筑功能已无法适应现代生活需求。历史文化名镇（村）里的老建筑许多破落不堪，亟待维修，而且卫生、水电、消防、道路等基础设施较差，安全性较低，迫切需要对建筑功能进行改善，在改善成本过高而政府又无力投入保护资金的情况下，居民多选择拆除旧房建新房。

3. 新区建设的两种类型

一般地，从新区建设的角度讲，历史文化名镇（村）的新区建设可以分为两种类型：

（1）经济利益驱动下的发展型。经济发展型一般具有可发展旅游资源和房产开发价值，特别是一些地理位置较好、旅游资源丰富的古镇、历史文化名镇（村）等。为了开发旅游资源，在历史文化名镇（村）内建景点、造宾馆、开商店等。目前，国内主要的工作重点在经济建设方面，全国各地都是一片建设高潮，开发区、工业园区、新居住区等占用了大量耕地。因此，中央政府出台了严格控制耕地使用的规定，这样新区开发基本停止了，而转为开始了旧城改造、乡镇整治的热潮。

（2）解决居民生活需求型。从解决居民生活需求来看，许多历史文化名镇（村）有成片的旧时代建筑，虽历史悠久，但建筑质量较差，长期以来得不到维修，且居住人口拥挤，缺乏现代化的基础设施，缺少适合现代生活的环境，与现代建筑之间造成了居民居住环境的事实差距。居住在旧房的居民迫切要求改善居住条件，提高居住水平。在保护区的传统风貌协调区外围开辟一块新地来发展新区，解决老百姓的生活和生产问题。

4. 新区与老区之间的协调

新区的建设一般都在历史文化名镇（村）的边缘地带，通常都是在保护区域范围之外，也有些是在传统风貌协调区内，总体来说是在景观视线控制范围之内。因此，在景观上必须考虑建筑色彩、样式、体量、高度等与保护区域的过渡，使新区建设与老区保护尽量在外观上协调，以展现优秀历史文化的传承和发展，同时在功能上必须考虑新区基础设施的建设和住宅现代生活功能的要求。

新区与老区之间的协调是历史文化名镇（村）保护中的一项重要内容，建设新区是为了更好地保护老区，适当疏散人口，是为了改善老区的居住环境，为繁荣老区创造条件。当前，一些历史文化名镇（村）的保护规划强调把新区建设远离老区，使得对老区的管理造成困难，再加上资金投入的困难，使得很多老区缺乏修缮，居住环境未能改变，难以适应现代生活的需要，形成了“小桥、流水、老人家”的景象。江苏苏州在同里古镇隔河建设同里新江南的新区，保护了同里古镇的风貌，新、旧区以河为界，新区建设既沿承了传统的江南水乡风貌，又赋予新的时代内容，为同里古镇增添了新的活力。福建邵武和平古镇的新区建设希望在明城墙的西门外，在规划布局中，新区道路与古街环境统一协调，鹅卵石步行小道及水系再现古镇风韵；古城和莲花池的布置增强文化延续和内涵；院落及院落之间的组织延续了与古镇民居的空间关系；青砖灰瓦、坡顶马头墙的运用，再现传统民居的风貌；过街亭的布置，加强了新区的文化氛围；五条景观连廊的设计，加强了新区与古城的联系。这些都是对历史文化名镇（村）新区建设的有益探索。

5. 历史文化名镇（村）保护区域范围内的新建住宅

除建设新区外，历史文化名镇（村）在解决建设土地与居住要求的矛盾上还有另外一种方法。如法国，在保护区中存在一些较大规模、需要被集中整治的公共活动空间，由于保护区规划只是在建筑与环境两者空间关系上制定了原则规定，在保护区中建设代表当代建筑技术和艺术的作品是被接受的。在我国许多历史文化名镇（村），特别是古镇，人口较多，然而建设土地缺乏，已经没有另建新区的可能了，或者因为建设用地的费用过高，超过了居民的经济承受能力。根据这些实际情况，我们采取另一种方法，即在保护区内建设。

历史文化名镇（村）的保护区域范围内虽然不提倡建设新建筑，但也并不限制新建房屋，而在审批程序合法的前提下，对建筑高度、体量、色彩等方面做了更严格的规定和限制。这种解决方式一般只适合下面两种情况：

（1）建设土地资源相对缺少，无法满足居民生活建房需求，或土地费用过高，超出居民经济承受能力。

（2）新建房屋设计水平较高，能够与古镇、历史文化名镇（村）历史风貌融合一体。居民建房增加了设计费用，这对于历史文化名镇（村）的建设显然成本太高，而且目前还没有专门的设计人员来研究古镇、历史文化名镇（村）新建房的设计。好的设计作品很难认定，而且由于处于被保护区的敏感地区，在保护区中建造一幢具有较强现代气息的建筑比按照传统样式建造复杂得多。

但作为历史文化名镇（村），只有历史的记忆而没有现代的痕迹也是很遗憾的，新的建筑应成为未来历史文化名镇（村）遗产的组成部分。法国在保护区中允许在新建的地块上建造现代建筑，关键是建筑设计如何适应其周围环境，并保持新建筑与周围建筑体量上的连续性。在建筑外观上，保护区的新建筑外观应是简洁的，同时又能使其与周围环境融合为一个整体，与周围环境的整体性和协调性同样体现在建筑材料和色彩上。与当地建筑毫无关系的标新立异的建筑在保护区中是不允许的。但对新建筑来说，现代建筑形式是受到鼓励的。保护区中建造新建筑必须注意其周围历史环境，尊重与街道空间的协调性，并将传统的当地典型建筑特征反映在新建筑的样式上。保护区的规划规定是以使新建筑具有与周围环境统一的文脉特征为目标，而实现这一目标的途径是多样的。现代历史文化名镇（村）更应与现代居民生活方式和对空间的使用要求相适应。

保护区域范围内建设与发展新区两种方法都是解决问题的方式，但是适用的情况不同。从目前的角度来说，保护区域范围内建设无论是资金投入还是对设计要求都相对较高，在条件允许的情况下，还是发展新区比较适合历史文化名镇（村）的保护与发展要求。

2.3.15 建筑高度、色彩等控制要求

《华盛顿宪章》拟订了较为合适的条文：如要求在保护地区建造新屋或协调现有建筑时，必须对现有空间布局做充分的考虑，只要增添历史地区的特色，并不一概否定用现代建筑协调环境，必须控制历史地区的交通，有计划地设置停车场，防止其破坏周围的环境，不允许建造宽敞的车行路穿越历史地区等。

历史文化名镇（村）作为一个整体，其价值主要体现在它所保留的历史文化环境，具有比较完整的历史风貌，能够反映一定历史时期该地区的传统风貌特征。因此，可以认为历史文化名镇（村）要保护的就是历史文化名镇（村）的历史文化环境，这种环境主要是指外观形象或称为历史文化景观，包括建筑的体量、色彩、风格，主要是从整体上把握整个历史文化名镇（村）的协调性，以及形成这种景观的历史文化内涵。

1. 新建筑高度的控制

目前，多层建筑是对历史文化名镇（村）风貌破坏最大的威胁因素，这并非多层建筑不好，而是在历史文化名镇（村）中，座座多层建筑崛起将历史文化名镇（村）的格局、古建筑、文物古迹全部淹没了，使得历史文化名镇（村）无传统风貌可言。因而在历史文化名镇（村）中限制新建筑的高度是一件十分重要的事情。当然也非历史文化名镇（村）内不许建造较高的建筑，而是要限制规定建造的地点，远离重点保护区高度可不受限制。新建筑的高度控制也要依据与重点保护区的远近距离采用分等分级、分层次的原则。

一般地，建筑高度控制是一个相对而言的概念，相对于整体风貌的协调性来说，一般控制在某一高度范围之内，但也不是绝对的教条，如果一座高楼可以与环境整体协调，这未尝不是一件好事。任何事物都是有例外的，新建筑高度的控制一刀切不一定是正确的，要看具体的情况而定，如浙江永嘉屿北历史文化名镇（村），全村风貌完整，仅有两座现代建筑，其中一座为四层楼，位于村主要入口，从高楼平台上俯瞰全村风貌，一览无遗，是观赏村貌的最佳处。这处建筑应保留，只要对外立面适当地处理一下，与周围环境保持协调即可。

2. “面控制”与“线控制”

对建筑环境（包括高度）的控制，主要是依据各级别保护等级的区别而不同，一般分为“面控制”划出重点保护区、传统风貌协调区两个层次和“线控制”划出视觉走廊两种形式。重点保护区内一般是文物古迹相对比较集中的地段，一般不在该地段内考虑新建、复建、扩建等项目。在传统风貌协调区内则必须注意对传统风貌的协调，新建、改建、扩建的建（构）筑物，必须在体量、色彩、尺度、高度、材质、比例、建筑符号的方面与历史建筑相协调，不得破坏原有环境风貌。在视觉走廊内应保持历史建筑不同要求的视觉欣赏效果。

另外，在文物保护单位的周围应划分出“面控制”保护范围和建设控制地带两个层次及“线控制”视觉走廊两种形式。由于每幢建筑的高度、形式、功能以及所处环境的不同，保护范围建设控制地带及视觉走廊等的确定必须在仔细分析历史建筑的特点、设计意图和环境因素的基础上，结合地区改造要求逐个研究确定。

历史文化名镇（村）和历史文化街区确定的保护区域范围内，都有较好的传统风貌，而一般在传统特色地段内建筑高度都不高。要保护这种宜人的尺度和空间轮廓线，就要在保护区内制定建筑高度的控制。在保护区外有时也有建筑高度的控制要求，这有的是整个历史环境景观的要求，有的是制高点视线的要求。

历史文化名镇（村）规划中，建筑高度的控制至关重要，许多地方由于没有控制住新建筑的高度，而使原有优美的历史传统风貌遭到破坏，教训极为沉痛。保护范围内高度控制的确定根据以下两个方面：

（1）根据保护规划总体要求和现状的具体情况以及大范围内的空间轮廓要求，提出几个高度的空间层次，如平遥古城现状高度为 10m 以下，一层建筑为主，局部二层。为全面保护古城风貌，对高度有严格的控制规定。绝对保护区及一级保护区内建筑维护、修复、重建必须按照原建筑高度及在详细规划指导下进行，不得建造二层楼房；二、三级保护区建筑高度要求坡顶低于视线范围内修建二层。苏州要求古城内建筑高度一律不得超过 24m，以保持古城良好的尺度感。

（2）通过视线分析，新建筑高度必须满足各个保护对象对周围环境的要求，使景区与周围环境协调统一。如古塔等高耸建筑物周围的高度控制，这些高耸建筑物往往是当地的标志性建筑，在其周围的一定范围，视线应不被遮挡，有视廊高度控制的要求。根据观赏塔的距离要求：距塔200m处，要求能够看到塔的1/3高度；距塔300m，要求能看到塔的1/2的高度，距塔600m处，要求能看到塔的2/3高度；当距塔高3倍的地方观塔时，要求能看到塔的全貌。由以上两个方面分析得出，塔周围建筑的综合高度控制。

对于大型古建筑群的周围高度控制，为突出大型古建筑，在用地上划出三级保护范围，高度控制为3、6、9m，但还应该按视线要求做出平面的视点至景物的视角圆锥面，这样的圆锥面能够满足对古建筑的观赏要求，又相应减少了高度控制的范围。

对于特色景观视廊高度控制，特色街巷河道两侧高度控制，在街道景观的空间构图中，建筑高度（H）与邻近建筑的间距（D）有以下关系：$D/H=1$ 感觉适中，$D/H<1$ 有紧迫感，$D/H>1$ 有远离感。在一些城中有河道的名城中，如苏州、绍兴等河道一般为4～6m宽，河道两岸近处应以一层为主（檐高为3m），两层为辅（檐高为6m）。一些名城的传统街巷宽度一般在3~4m。这些小巷两旁民居高度以一层为佳，高于两层则给人以紧迫感，也可以将两层楼房稍做退后处理。确定这些河道及街巷两旁的高度控制，以此作为控制性详细规划的依据。

建筑高度控制规定的指标，除了定出檐高外，还规定建（构）筑物的总高度限制，并注明包括屋顶上的附属设施的高度。建筑高度的总体控制是影响整个外部空间环境的关键因素。在完整的土地利用规划制度形成之前，早期的城市建设规定主要针对道路的宽度和建筑的建造界限，巴黎第一次对建筑高度制定统一的规定是在1668年，将巴黎的最大建筑高度控制在15.6m。建筑高度控制包括：

1）总体高度控制与局部高度控制相结合。根据城市设计的理念，应保持历史文化名镇（村）历史与空间的连续性，保持历史文化名镇（村）的形象、视觉空间和景观品质。从某个中心点仰视角为多少度作为总体控制的依据。针对历史文化名镇（村）和文物古迹的具体分布，同时设定局部的建筑高度控制线，在文物及其周围的视觉敏感区域内划定保护范围，修复与文物建筑毗邻的建筑，保护文物周边建筑及街道等外部空间特性。

2）重点文物和历史文化名镇（村）按照“点、线、面”分层次保护。点的保护——重要文物，尤其是被现代建筑包围、割裂的文物，应考虑在其周围划定一定的保护范围。线的保护——视廊的保护对残缺和破碎的历史片段，通过控制高度，争取在视觉上保持连贯性，以维持其在历史文化名镇（村）中的统治地位，即维持历史文化名镇（村）中的重要景观和地标建筑的视觉可达性。视觉感官对人们形成一个历史文化名镇（村）的意象十分重要。

2.3.16 历史文化名镇（村）内建筑的保护措施和整治方法

针对历史文化名镇（村）的保护内容，结合实际情况，应该制订相应的保护措施和整治方式。除对文物保护单位和文物保护点应依法进行保护和修缮外，对历史文化名镇（村）内其他建筑一般有以下几种保护措施和整治模式：

（1）保护。风貌、特色较为典型，质量较好的历史建筑，参照文物保护要求进行保护。

（2）改善。对建筑风貌和主体结构保存情况较好，但不适应现代生活需要的历史建筑，原建筑结构不动，保持历史外貌，并按照原有的特征进行修缮，重点对建筑内部进行装修改善，配置水电和卫生设施，改善居民生活条件。

（3）整饬。对于建筑质量较好，但风貌较差的现代建筑，通过立面整治达到与环境的协

调；对于立面局部被改动的历史建筑，进行立面的整饬，包括降低高度、改造屋顶形式、调整外观色彩以及对局部被改的历史建筑进行修复等，根据需要可对建筑内部进行整修改造。

（4）保留。建筑质量好，同时与历史环境较为协调的建筑，维持现状，予以保留。

（5）拆除。对于违章搭建或以后加建的，破坏原建筑布局和历史地段空间形态的建筑，应予拆除。

（6）重建。对于无法修缮的危房和与风貌冲突的建筑应予以拆除，再进行有依据地重建，包括外来建筑的迁入。

2.3.17 保护规划中的人口调整措施

在欧洲，德国的历史小镇，原来城里年轻力壮的居民几乎都离开家乡到大城市谋生，风烛残年的老人守候在家乡度过余生。即使在波斯坦这样的城市，商业也是一片萧条。特别是到了星期天，如坟墓般寂静。奥德河畔的施威德，全城有近三成的房屋空置，一半以上的年轻人外出工作，施威德成了一座空城，平均每家只有 1.3 口人，5 家咖啡馆有 2 家相继关门，城里还有一家邮局、一个储蓄所、一家医院、一家药店。国内的历史文化名镇（村）人口比例虽然基本趋向老龄化，但除了有些乡镇是人口稀少者外，大多数还是处在人口密度过多的状况，因此，有必要在规划中对人口的疏散进行规划，使历史文化名镇（村）人口达到合适的比例，同时采取措施鼓励有保护意识的青壮年搬迁入住。

2.3.18 近期实施规划和强制性内容

强制性内容是指省域乡镇体系规划、城市总体规划、城市详细规划中涉及区域协调发展、资源利用、环境保护、风景名胜资源管理、自然与文化遗产保护、公众利益和公共安全等方面的内容。城市规划强制性内容是对城市规划实施进行监督检查的基本依据。编制省域乡镇体系规划、城市总体规划和详细规划，必须明确强制性内容。城市规划强制性内容是省域乡镇体系规划、城市总体规划和详细规划的必备内容，应在图纸上有准确标明，在文本上有明确、规范的表述，并应提出相应的管理措施。

历史文化名镇（村）强制性内容包括历史文化保护区域范围内重点保护地段的建设控制指标和规定，建设控制地区的建设控制指标。调整详细规划强制性内容的，城乡规划行政主管部门必须就调整的必要性组织论证，其中直接涉及公众权益的，应进行公示。调整后的详细规划必须依法重新审批后方可执行。历史文化保护区详细规划强制性内容原则上不得调整。因保护工作的特殊要求确需调整的，必须组织专家进行论证，并依法重新组织编制和审批。

根据《国务院关于加强城乡规划监督管理的通知》的规定确定近期建设重点，提出对历史文化名城、历史文化名镇（村）、历史文化街区、风景名胜区等相应的保护措施。编制近期发展规划，必须遵循下述原则：

（1）处理好近期建设与长远发展，经济发展与资源环境条件的关系，注重生态环境与历史文化遗产的保护，实施可持续发展战略。

（2）与城市国民经济和社会发展计划相协调，符合资源、环境、财力的实际条件，并能适应市场经济发展的要求。

（3）坚持为最广大人民群众服务，维护公共利益，完善城市综合服务功能，改善人居环境。

（4）严格依据乡镇建设规划，不得违背总体规划的强制性内容。近期建设规划必须根据乡镇近期建设重点，提出对历史文化名镇（村）的相应保护措施。

2.3.19 保护规划的公众参与

关于民众在保护历史文化遗产中的地位，国际古迹遗址理事会全体大会于 1998 年 10 月通过的《保护历史乡镇与城区宪法》中有如下表述："居民参与对保护计划的成功起到重大的作用，应加以鼓励。历史乡镇和城区的保护首先涉及它们周围的居民"；"保护规划应该决定哪些建筑物必须保存，哪些在一定条件下应该保存以及哪些在极其例外的情况下可以拆毁。在进行任何治理之前，应对该地区的现状做出全面的记录。保护规划应得到该历史地区居民的支持。"历史文化名镇（村）的保护应鼓励公众参与，特别是居住在历史文化名镇（村）中的居民的参与，这不单是保护规划的编制要参与，而是应从推荐申报历史文化名镇（村）开始一直到保护规划的实施都需要公众的参与。如浙江仙居高迁历史文化名镇（村），举行村民民主选举决定是否申报历史文化名镇（村）。在这个过程中，政府负责组织引导居民加强保护意识，推动社会力量参与保护。

谈到历史文化遗产保护，一般人似乎认为这是政府的事情，是官员们该想的事情，与老百姓无关，还有人以为只有手握大权的党政官员才会从国家民族大局着眼，来考虑历史文化遗产保护这类谈不上近期经济效益的事情，而民众则是些只顾自身眼前利益的人，他们只能是宣传教育和进行普法的对象。人民群众是否在这些事务中就微不足道，没有发言权和参与权了呢？近些年发生在全国各地的文化遗产毁坏事件，告诉我们一个重要的真相：那些给历史文化遗产造成重大损失的往往不是普通百姓，而是党政官员和政府的行政行为。

建设部将开始推行阳光规划，要求每个规划必须通过各种媒体进行公示，征求公众意见，鼓励公众积极参与，浙江省湖州南浔古镇的保护规划为此建设部门和文物部门还与当地居民进行了面对面的意见反馈和沟通。历史文化名镇（村）对于当地居民来说是他们的家乡，是生活和工作的场所，有公众的参与，保护工作将朝更加有利的方向发展。

2.3.20 保护规划的实施

我们对历史文化名镇（村）的保护是自上而下的保护，不像西欧发达国家，特别是法国，属于自下而上的保护。因此我们在保护规划的实施上，更多的是作为一种政府行为来组织实施，同时，也应该积极发动当地住户投入到历史文化名镇（村）的保护之中。

3 传统聚落的文物古迹保护

“保存文物特别丰富并且具有重大历史价值或者革命纪念意义的城镇、街道、村庄，由省、自治区、直辖市人民政府核定公布为历史文化街区、村镇，并报国务院备案。”(《中华人民共和国文物保护法》第十四条第二款)。保存文物古迹特别丰富是推荐成为历史文化村镇的必要条件之一，因此，本章将对“文物古迹的保护”加以阐述。

3.1 传 统 建 筑

3.1.1 传统建筑保存至今的原因

古建筑的价值在过去漫长的岁月中虽然没有被充分认识，但从历史文献记载和现存古建筑实物的分析中，可以清晰地看到历史上的古建筑也都是经过人为重点保护和自然重点保存才留下来的。

1. 人为方面的重点保护

在两千多年漫长的封建社会中，封建统治阶级对为他们所使用的建筑物都是重点保护的。为封建帝王和各级官吏服务和享用的宫殿、苑囿、衙署、园林、城墙、陵墓等，无人敢破坏。坛庙、道观、佛寺等更是重点保护的对象。许多佛寺（如图3-1所示的唐代建筑——五台山佛光寺）、道观都是由帝王敕建，寺内甚至还竖立了刻有“圣旨”的石碑，任何人不得破坏。一个突出的例子就是山东曲阜孔庙，两千多年来除了农民起义之外，它一直受到历代王朝的重点保护，未受改朝更代的影响。这是因为孔丘的学说和思想对每个封建王朝的统治都是有利的。现存的许多大型古建筑和重要单体建筑物，如北京故宫（见图3-2）、天坛（见图3-3）、北海、颐和园（见图3-4）、十三陵、河北清东陵、清西陵、避暑山庄、外八庙、正定隆兴寺、山东曲阜孔庙、泰安岱庙、山西五台山显通寺等，也都是加以特殊保护才保存下来的。

图3-1 唐代建筑——五台山佛光寺

由于封建统治阶级只是从他们当时的利害关系、政治需要出发，保护的重点时常有变化，每一时期有每一时期的重点。比如某一朝代需要利用哪一种宗教为其统治服务，就重点保护哪一种宗教的寺院，对其他宗教不仅不保护，还下令破坏。佛教史上的“三武”之灾，就不知

图 3-2　故宫

图 3-3　天坛

毁去了多少古老的佛寺建筑。明朝灭元朝时，元大都主要的宫殿——大内、隆福、兴圣三宫，本来在战争中并未损毁，但是出于政治上的需要，明代统治者特别命令工部侍郎萧洵有计划地加以破坏，使这座具有高度建筑艺术价值的宫殿完全消失。金代统治者则派人拆毁了宋徽宗经营多年，凝聚了无数工匠血汗、指挥的园林杰作——宋徽宗艮嶽（见图 3-5）。因此，统治阶级重点保护的绝不是古建筑本身，而是为他们统治服务的工具，与我们今天所说的重点保护有本质上的区别。

图 3-4　颐和园

图 3-5　宋徽宗艮嶽

2. 自然方面的重点保存

古建筑的保存与自然条件有很大的关系。和北京周口店北京猿人同期生活的不知道有多少猿人，但是他们大多消失了。现在保存下来的许多古建筑，之所以能够保存下来，大约是因为具备了以下几个条件：

（1）建筑材料坚固。建筑材料坚固与否，同它们抵抗自然侵蚀的能力有很大关系。如砖、石建筑，较之木结构建筑抵抗风雨、水火侵袭的能力要大得多，所以保存的时间较长久。现存的汉、晋、南北朝、隋、唐时期的古建筑大都是砖石的，木构建筑很少。例如杭州六和塔（见图 3-6）、宁波北宋保国寺（见图 3-7）、天台国清寺隋塔（见图 3-8）。

图 3-6 杭州六和塔

图 3-7 宁波北宋保国寺

图 3-8 天台国清寺隋塔

（2）建筑结构合理、牢固。一座建筑物的结构合理与否，同其能否长期保存有密切关系。建筑材料建造起来的建筑，如果结构合理就能够较久地保存，结构不合理，新建起来的房屋就可能有危险，也就不可能长久保存。现存的古建筑中，能够长期保存下来的，其结构都是符合力学原理的。

（3）施工精密。建筑材料虽好，结构也合理，但是施工质量不好，建筑物也难以长久保存。现存的宫殿、坛庙等大型建筑较之一般民居建筑保存得长久，与建筑物的施工精密有很大关系。

（4）自然环境较好。一座古建筑能否长久地保存，除了本身的材料、结构、施工等原因之外，自然环境也起很大的作用。如气候潮湿的地区，一般木结构保存的时间就短，即使是铜、铁也会生锈。如果气候干燥，同样的建筑就会保存久一点。其他如风力、地震等，也都会影响建筑物的寿命。

总之，各种自然力量时时都在对每座建筑物的寿命进行着考验和选择，并把经得起考验得留下来。可以说，过去保存下来的古建筑，不管从人为的或是自然的角度，都是重点保护与重点保存的，这是一个客观规律。

3.1.2 保护古建筑的重要意义

古建筑是古代物质文化遗存中极其重要的一个组成部分，是历史文化遗产保护中重要的一项。建筑物不仅作为生产、生活的物质资料，它还具有作为一种政治表现、艺术欣赏、历史见证等的功能，而且这些作用并未随着社会的进步而落伍。我们要保护的不是古建筑作为物质资料的原有功能那一部分，这些已经随着时代的发展一去不返，而要保护的是后者，是作为政治表现、艺术欣赏、历史见证的那部分，从文物保护的角度讲，就是古建筑的历史价值、艺术价值、科学价值。现在仍然有许多古建筑直接被使用，有些至今发挥着原有的居住功能，但这不是主流。我们保护古建筑在没有经过鉴别之前，古物一般都应该加以保护，但也不可能将所有古物全部保护下来，如全国有古桥几十万座甚至几百万座，不是每一座桥梁都要作为文物来保护，而是从中选择一部分，如浙江义乌宋代古月桥（见图 3-9）。保护这部分古建筑有十分重要的意义，主要体现在以下几个方面：

（1）古建筑是启发爱国热情和民族自信心的实物。许多工程宏大、艺术精湛的古建筑，都是劳动人民血汗和智慧的结晶。例如，我国的万里长城和大运河都是古代伟大的工程，被列入人类历史史迹的行列；又如河北赵县隋代安济桥，在造桥技术上，早已走在世界桥梁科学前列；又如山西应县辽代佛宫寺木塔（见图 3-10）、北京故宫等，这些古建筑充分说明了中国人民是富于创造力的。

图 3-9　浙江义乌宋代古月桥

图 3-10　山西应县辽代佛宫寺木塔

（2）古代建筑是研究历史的实物例证。古代建筑和其他物质遗存一样，是社会不同发展阶段遗留下来的实物。它本身的发展常常取决于生产力发展的水平，并且反映出不同社会的阶级性。因此，古建筑对于社会发展史的研究是很好的实物凭证。从对原始社会到封建社会的每一个阶段的建筑遗物与遗迹的研究中可以明显地看出，每一个阶段的建筑在建筑布局、建筑材料、建筑技术上，都是在不断地发展、改进。这也证明了社会生产力是不断发展的。建筑科学是一门范围较广、综合性较强的科学，与其他科学的发展关系密切。从对古建筑的研究中，可以看出同时期其他科学发展的情况和当时技术所达到的水平。如元代建造的河南登封告成镇周公观星台（见图 3-11）是我国现存规模最大的古代天文观测建筑，当时在这里测出来的地球运行周率与近代最精密仪器所测出的地球运行周率几乎一致。据历史记载，我国元代天文学有极大的成就，而登封观星台的存在正证明了这一事实。其他许多科学技术史，特别是工程技术史也都与建筑有关，诸如水利工程、道路工程、军事工程、矿井等本身就是建筑物。对于古建筑史的研究来说，古建筑更是直接的实物例证。在社会发展阶段的不同时期，随着社会生产力和社会关系的发展，建筑的布局、造型、材料、结构、施工以及有关的科学技术等也都在发展变化着。我国是一个多民族国家，建筑形式多样，如果没有实物作证，这些是很难求证的。因此，研究中国建筑史，古建筑是最好的例证。

图 3-11　河南登封告成镇周公观星台

此外，建筑发展史也是艺术史的一部分。在古代建筑中，保存了大量的古代艺术品，如壁画、雕塑等，都是研究艺术史极为重要的资料。

（3）古建筑是新建筑设计和新艺术创作的重要借鉴。我国现存的古建筑大都是封建时期的，大多数已经远远不能满足今天现代化生产、生活的需要。简陋的小房和茅屋必将为阳光充足、设备完善、居住舒适的新式住宅所代替。即使是过去帝王显贵居住的宫殿和王府也不能满足今天生活的要求，它们只能被作为历史例证保存。但是在建筑布局、材料、施工、艺术装饰、传统风格等方面，几千年来无数工匠们在长期建筑实践中所积累下来的经验，仍然是我们应继承的一份宝贵财富。在建筑布局方面，我国的古代园林设计就有利用自然、顺应自然、缔造自然的独特手法，如无锡寄畅园（见图 3-12）、扬州徐园（见图 3-13）等。在布置园林时，尽量利用原来的山形、地势、水源、丘埠、平地等，千变万化，深邃幽静，再加上一些人工建造的亭榭、游廊、殿阁及林木、花草、假山等，构成一个完美的整体。在利用建筑材料方面，古代建筑工匠们在长期实践中也积累了丰富的经验。我国地域辽阔，物产丰富，建筑材料品类众多，为建筑工匠们提供了施展才华的天地。工匠们利用本地生产的原料，巧妙加工，取得了许多成功的经验，特别是在运用木材技术方面达到了世界最高水平。建筑材料的选取和运用，在进行建筑活动的重要环节，许多前人的经验值得吸取，而这些前人的经验都可以从古建筑物身上得到直接的反映。

在建筑工程技术方面，我国古代的匠师们也取得了丰富的经验。首先是创造了“斗拱”这种特有的构件，并完备了“梁柱式”与“穿斗式”两大木构架体系。从现存汉代墓葬、石祠、石阙等遗物中，可以看出两千年前我国的砖木建筑技术已达到了相当高的水平。福建泉州虎渡桥的石梁重达 200t，千年前的工匠们是如何将它们横架在波涛汹涌的急流上，至今

图 3-12　无锡寄畅园

图 3-13　扬州徐园

图 3-14　高层楼阁式塔

仍然是一个未解之谜。全国各地保存的自南北朝、隋、唐至清代的砖塔、石塔反映了古代工匠们在运用砖石技术上是非常成功的，高层楼阁式砖塔（见图 3-14）已经达到了 80 多米的高度。其他如铜、铁、琉璃瓦、灰泥、竹子等建筑材料，也都按照其性能创造出了与之相适应的结构，解决了几千年来建筑结构上的问题。这些建筑技术与施工经验至今仍然在广大建筑工匠中使用着。我们应对这些经验予以科学的总结，并加以继承和推广。

在过去长时期里，由于生活方式、风俗习惯、建筑材料、结构方法等因素的影响，中国建筑形成了自己独特的风格。以上所举的经验与成就，只是其中的一部分，但仅从这几方面来看，已有不少东西值得我们在创作新建筑时参考借鉴了。

除了完成居住、生产、工作、文娱等实际使用的功能外，建筑本身还是一件艺术品。特别是中国古代建筑的装饰艺术，如木雕、石刻、琉璃、彩画、壁画、塑饰、镶嵌、堆叠等，如图 3-15 所示，已经形成了独特的风格。其经验、技法都是在工匠们长期的艺术实践中积累起来的，很值得参考。

（a）

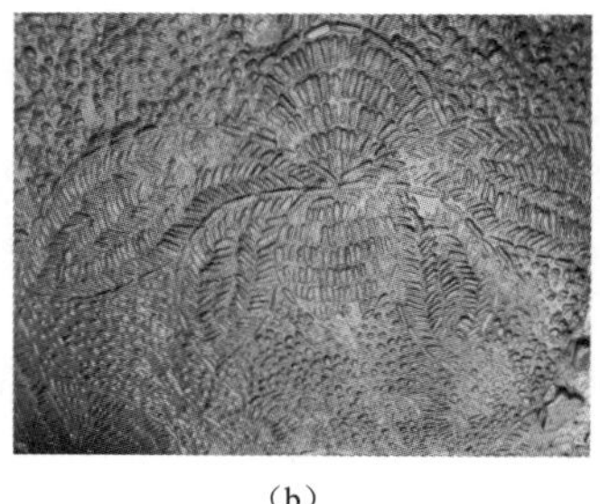

（b）

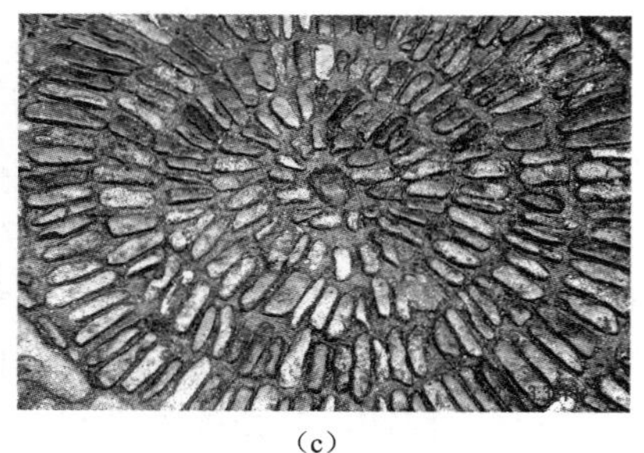

（c）

图 3-15　古代建筑的装饰艺术

（a）窗花；（b）建筑地面及山墙石头艺术；（c）铺地

由于过去生产力和科学技术落后，在作为创作的参考时，可以吸收其精华，再根据今天的科学技术水平和生活方式的需要来进行设计创造。即使是精华的部分也不能生搬硬套，照抄不等于创作，生搬硬套也不是继承传统。

（4）古建筑是人民文化、休息的好场所，是开展旅游事业的重要物质基础。在封建统治时期，帝王、官吏、地主、僧侣等将所有好地方都占取了。有名山胜景的地方便盖上了离宫别馆或是寺院、道观，所说的“天下名山僧占多”确是不假。现在保存下来的古建筑大部分是宫殿、寺观、园林等，它们是古建筑艺术与技术的精华。

我们在历史文化村镇保护中，应按照保护程序对保护规划范围内的所有实物遗存进行详实调查、价值评估、核定级别以及制订保护措施和整治方式。我们必须按照文物保护单位和文物保护点、拟推荐为文物保护单位或文物保护点的古建筑、传统古民居三个等级进行分析保护。

总的说来，我们保存的古建筑数量应该是“古”少“近”多，但绝不能把“少”误以为不要或不重视，这只是从数量上的比较而言。有时由于愈古的东西愈少，“古”恰是要加以选择保存的重要因素。罗哲文先生曾说过：“假如我们发现了一座唐代的三间小庙，与明代时期的一座五间大殿相比较取舍时，就宁可选择保存这座三间唐代小庙而舍去五间大殿。”因为明清的五间大殿还有很多，但是唐代的三间小庙已不可多得了。

3.2　文物保护单位和文物保护点的保护

3.2.1　文物保护单位和文物保护点保护程序

对文物古迹的保护在我国按照保护对象的历史、艺术、科学三大价值高低，分等级进行保护，根据《中华人民共和国文物保护法》第十三条规定，“文物保护单位可以分为全国重点文物保护单位、省级文物保护单位及市、县级文物保护单位三个等级，分别由国务院，省、自治区、直辖市人民政府，设区的市、自治州和县级人民政府核定公布，文物保护点由县级人民政府文物行政部门予以登记并公布。”文物保护单位、文物保护点在保护等级上有所差别，但我们应遵循的保护原则和保护要求是一致的。因为这些文物保护点有可能升级为文物保护单位，市、县级文物保护单位有可能升为省级文物保护单位，省级文物保护单位也有可能升为全国重点文物保护单位，因此，我们从保护要求上不应对它们存在等级差别，并非全国重点文物保护单位保护要求高，文物保护点保护要求低。此外，还有确定保护的传统古民居及其他历史文化遗产等，这些在保护要求上没有如文物保护单位和文物保护点有固定的法律保护依据。对各个等级的保护对象应根据实际情况，采取不同的保护措施和整治方式。

文物保护单位和文物保护点的保护一般可以分为调查、价值评估和核定保护级别、制订保护措施和整治方式三个程序。

（1）调查是基础性的工作，在文物古迹保护三个程序中起到关键的作用。调查的翔实、认真与否直接决定了保护对象的真实性、保护内容的完整性。建筑具有物质资料和上层建筑两方面的作用，需要经过鉴别和选择，加以妥善保护、保存。我们所要保护、保存的主要是作为上层建筑意识形态方面作用的古建筑，因此，不是所有的传统建筑都需要保存，而是要经过鉴别和选择。在建国初期，由于许多传统建筑没有经过鉴别、评价，需要保护的范围就要广一些，以免有价值的传统建筑遭到破坏。随着国民经济建设有计划地发展，我国对传统建筑进行了全面的调查和评价，选择了一大批需要保护、保存的传统建筑作为文物保护单位和文物保护点，重点加以保护。新中国成立以来，我国的文物保护工作就包括多次调查，2005年又公布了第六批国保单位，省一级的如浙江省就开展了三次全省性的文物普查。经过一次次调查选择之后，许多传统建筑的保管条件改善了，特别重要的建筑还设立了博物馆（院）、保管所、研究所，并由政府拨款修缮。图 3-16 是浙江东阳市卢宅文物保护管理所。经过维修整理之后，不少重要的传统建筑已对外开放。然而，这不是意味着未公布为文物保护单位的传统建筑就不用保护了，因为调查可能遗漏价值较高的传统建筑，特别是历史文化村镇内的文物古迹，如果调查出现遗漏，那么从一开始就对保护造成了缺失。

图 3-16　浙江东阳市卢宅文物保护管理所

（2）价值评估和核定保护级别是三个程序里最重要的环节，准确客观地评估文物古迹的价值，核定其级别是制订保护措施和整治方式的根本依据，也是做好保护工作的准绳。对古建筑在经过普查、复查之后，予以评价、鉴别，选择其中有作为文物保存价值的，分批、分期列为文物保护单位，予以重点保存和保护。这是建国以后广大文物工作者在参考国外经验的基础上，从实践中总结出的一条重要原则。同时，还要按照传统建筑历史、艺术、科学价值的大小，分为全国重点和省（自治区、直辖市）级及市、县级三级公布文物保护单位和文物保护点，分级管理，使有价值的传统建筑得到妥善保护。这样经过反复的鉴别和选择，逐步地将应该保存的传统建筑保护起来。从长远来看，这个选择过程永远不会完结，因为有些传统建筑的价值还会被新的科学方法所揭示，又有许多新的遗产经过时间和历史赋予的内容而变成具有保存价值的文物建筑，因此，需要定期对历史文化遗产进行价值评估。

（3）制订保护措施和整治方式是最有创造性的环节，在文物保护原则的指导下，在一定的现实条件限制下，发挥人们的聪明才智，分析保护的利弊因素，运用当今的各种材料、技术（包括传统技术和新技术），保护好文物古迹，充分展示其价值。有些重要的文物保护单位

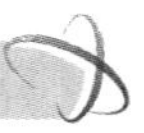

还必须编制保护规划。

3.2.2 保护原则

公布为文物保护单位和文物保护点从法律上分等级保护只是反映了公布当时对其文物价值的评价和管理权限的区别，对各级文物保护单位、文物保护点的保护原则是相同的，无区别的。根据《中华人民共和国文物保护法》《中华人民共和国文物保护法实施条例》《中国文物古迹保护准则》等文物保护法规、准则，主要有以下内容的保护原则：

（1）原址保护原则。原址保护是指不迁移异地保护。建设工程选址时应尽可能避开文物保护单位，但也并非绝对，只有在发生不可抗拒的自然灾害或因为国家重大建设项目的需要，使迁移保护成为唯一有效的手段时，才可以原状迁移，易地保护。易地保护要依法报批，在获得批准后方可实施。目前对异地搬迁保护管理要求比较高，根据《中华人民共和国文物保护法》第二十条规定，“无法实施原址保护，必须迁移异地保护或者拆除的，应报省、自治区、直辖市人民政府批准；迁移或者拆除省级文物保护单位的，批准前须征得国务院文物行政部门同意。全国重点文物保护单位不得拆除；需要迁移的，须由省、自治区、直辖市人民政府报国务院批准。”图 3-17 是经浙江省政府批准搬迁的湖州永丰塘桥。

（2）尽可能减少干预原则。凡是近期没有重大危险的部分，除日常保养维护以外不应进行更多的干预，必须干预时，附加的手段只用在最必要的部分，并减少到最低限度。采用的保护措施应以延续现状、缓解损伤为主要目的。

（3）日常保养为主的原则。把日常保养维护作为最基本和最重要的保护手段，制定日常保养维护制度，定期监测，并及时排除不安全因素和轻微损伤。

（4）不改变文物原状，保留历史信息的原则。修复应以现存有价值的实物为主要依据，并必须保存重要事件和重要人物遗留的痕迹。一切技术措施应不妨碍再次对原物进行保护处理；经过处理部分要和原物或前一次处理的部分既相协调，又可以识别。不允许为为了追求完整、华丽而改变文物原状。

（5）按照保护要求使用保护技术。一方面独特的传统工艺技术必须保留，另一方面所采用的新材料和新工艺都必须经过前期试验和研究，证明是最有效的，对文物保护单位是无害的，才可以使用。

（6）保护历史环境的原则。与文物古迹价值关联的自然和人文景观构成文物古迹的环境，应与文物古迹统一进行保护。必须要清除影响安全和破坏景观的环境因素，加强监督管理，提出保护措施。

（7）已不存在的建筑不应重建的原则。文物保护单位中已不存在的少量建筑，经特殊批准，可以在原址重建的，应具备确实依据，经过充分论证，依法按程序报批，获准后方可实施。

（8）预防灾害侵袭。要充分估计各类灾害对文物和游人造成的危害，制定应付突发灾害的周密抢救方案，配置防灾设施。

3.3 保护范围和建设控制地带

对现有的文物保护单位根据其本身价值和环境的特点，一般设置保护范围和建设控制地带两个等级进行保护。对文物保护点没有这么严格，但可根据实际需要划定建设控制地带进行保护。

3.3.1 保护范围的概念和保护要求

保护范围是根据保护实际需要，在文物保护单位周围根据实际情况划出一定范围以确保文物本体的安全。文物保护单位的保护范围内不得进行其他工程建设。如因特殊情况需要在文物保护单位的保护范围内进行其他建设工程或者爆破、钻探、挖掘等作业的，"必须保证文物保护单位的安全，并经核定公布该文物保护单位的人民政府批准，在批准前应征得上一级人民政府文物行政部门同意；在全国重点文物保护单位的保护范围内进行其他建设工程或者爆破、钻探、挖掘等作业的，必须经省、自治区、直辖市人民政府批准，在批准前应征得国务院文物行政部门同意"（《中华人民共和国文物保护法》第十七条）。

3.3.2 建设控制地带的概念和保护要求

根据保护文物的实际需要，经省、自治区、直辖市人民政府的批准，可以在文物保护单位周围划出一定的建设控制地带。在这个地带新建建（构）筑物，不得破坏文物保护单位的环境风貌。这是为了保护文物本身的完整和安全所必须控制的周围地段，即在文物保护单位的保护范围外划一道保护范围，一般以现存建筑、街区布局等具体情况而定，用以控制文物保护单位周围的环境，使这里的建设活动不对文物本体造成干扰，一般是控制建筑的高度、体量、形式、色彩等。

此外，对有用重要价值或对环境要求十分严格的文物保护单位，在其建设控制地带的外围可再划一道界线，并对这里的环境提出进一步的保护控制要求，以求得保护对象与现代建筑的合理空间与景观过渡。

3.4 文物保护工程

3.4.1 文物建筑遭到破坏的原因

在对古建筑实施保护工程之前，首先必须对古建筑遭破坏的原因进行认真分析，这样才能有的放矢，对症下药，针对古建筑遭受破坏的根由，采取有效的保护措施。古建筑遭破坏的原因很多，但归结起来不外乎人为的破坏和自然的破坏两个主要方面。

（1）人为的破坏。人为的破坏是古建筑遭受破坏的一个非常重要的原因。古往今来不知道有多少高楼崇阁、弥山别宫、跨谷离宫以及梵刹宫观、坛庙、陵园在人为破坏之下，顷刻之间化为灰烬。其中最严重的是改朝换代的需要和战争的破坏。"楚人一炬，可怜焦土"，佛教史上"三武之灾"则使许多古刹变成了废墟。有些帝王宫殿本来在战争中没有损坏，但是新的王朝却为了政治的需要将它拆除了，如金代统治者在打败宋人以后，专门派人去汴梁将宋徽宗经营多年的汴京宫殿和万岁山艮岳拆到中都，用以兴建殿宇。焚烧、拆毁是历史上许多建筑物遭受破坏的一个重要原因。

另一个破坏来自"乐善好施"的财主们对寺庙、宫殿的重修殿宇、再塑金身，许多具有重大历史价值的古建筑、塑像和壁画就是因此而被破坏了。今天峨眉山、五台山、九华山等

已经很难找到早期的古建筑，就是因为肯花钱的施主太多了，重要的殿宇、佛像不到几年就要重装或是拆了重建。而位置偏僻的寺庙则反而因无钱修理得以保全。我国现存有历史可考的两座唐代建筑——南禅寺和佛光寺，就是在偏僻的地方保存下来。还有一种重大的人为破坏，即新建筑与旧建筑的矛盾引起的破坏。在历史上，从来没有人把古建筑当成文物保存，因此，也就根本谈不上对古建筑的保护。

虽然目前把古建筑保护作为文物保护工作中的一项重要内容来对待，情况已有所改善，但随着人们对传统建筑的重视，出现了一种修复性破坏。在维修过程中不能按照文物保护的原则来进行修缮，从而导致破坏。此外，还有过度利用造成的旅游性破坏以及城市化快速发展下的建设性破坏。尤其是新建设与保护文物古建筑之间的矛盾、对古建筑的乱拆乱改及好心办了错事的情况，今天仍然存在，今后还将存在。这需要在文物保护和新建设工作中认真分析，正确处理，以达到两全其美、相得益彰的效果。

（2）自然的破坏。古建筑的自然破坏是一个客观规律，一切物质都在新陈代谢，古建筑的材料也因自然的侵蚀而不断老化。木材会被雨水、潮湿等侵蚀而糟烂，被虫蛀、蚁咬而空朽，砖石会风化，就是铜墙铁壁也会锈损。另外，还有人们目前无法控制的自然灾害，如地震、风暴、雷电、洪水等。然而自然的物质老化毕竟非常缓慢，只要我们采取科学的保护措施，是能够加以遏制的。即使是对地震、风暴、雷电等也还可以采取一些科学的办法减少或防止其破坏。

每处历史文化村镇均面临着古建筑的修缮问题，而历史文化村镇中的古建筑保护级别又各不相同，有些是文物保护单位，有些是文物保护点，有些是文物建筑，有些是传统古民居。这些建筑在具体修缮中必须区分开来，按照不同的修缮标准进行维修。文物保护单位和文物保护点是受法律保护的，必须严格按照《中华人民共和国文物保护法》的保护要求来进行修缮。

3.4.2 文物保护工程的分类

文物的保护必须严格遵守文物保护法规的有关规定，按照法律程序进行报批。在历史文化村镇中，基本涉及文物保护单位和文物保护点的保护多为古建筑维修。

文物保护工程是对文物古迹进行修缮和相关环境进行整治的技术措施。文物保护工程分为：保养维护工程、抢险加固工程、修缮工程、保护性设施建设工程、迁移工程等。

（1）保养维护工程，系针对文物的轻微损害所做的日常性、季节性的养护。日常性保养是及时化解外力侵害可能造成损伤的预防性措施，适用于任何保护对象。必须制订相应的保养制度，主要工作是对有隐患的部分实行连续监测，记录存档，并按照有关规范实施保养工程。这是文物保护单位和文物保护点最主要的保护措施。

（2）抢险加固工程，系文物突发严重危险时，由于时间、技术、经费等条件的限制，不能进行彻底修缮而对文物采取具有可逆性的临时抢险加固措施的工程，是为了防止文物古迹损伤而采取的加固措施。所有的措施都不得对原有实物造成损伤，并尽可能保持原有的环境特征。

（3）修缮工程，系为保护文物本体所必需的结构加固处理和维修，包括结合结构加固而进行的局部复原工程。是在不扰动现有结构、不增添新构件、基本保持现状的前提下进行的一般性工程措施。修缮工程主要工程有：归整歪闪、坍塌、错乱的构件，修补少量残损的部分，消除无价值的近代添加物等。修整中清除和补配的部分应保留详细记录。修缮工程是保护工程中对原物干预最多的重大工程措施，主要工程有：恢复结构的稳定状态、增加必要的加固结构、修补损坏的构件、添配缺失的部分等。要慎重使用全部解体修复的方法，经过解体后修复的结构，应全面减除隐患，保证较长时期不再修缮。修复工程应尽量多保存各时期有价值的痕迹，恢复的部分应以现存实物为依据。附属的文物在有可能遭受损伤的情况下才允许拆卸，并在修复后按原状归安。经核准易地保护的工程也属此类。

（4）保护性设施建设工程，系为保护文物而附加安全防护设施的工程，新增加的建（构）筑物应朴素实用，尽量淡化外观。保护性建筑兼作陈列馆、博物馆的，应首先满足保护功能的要求。

（5）迁移工程，系因保护工作特别需要，并无其他更为有效的手段时所采取的将文物整体或局部搬迁、异地保护的工程。

另外，原址重建是保护工程中极特殊的个别措施。经依法核准在原址重建时，首先应保护现存遗址不受损伤。重建应有直接的证据，不允许违背原有形式和原格局的主观设计。

对于文物保护单位的保护，有人认为，政府既然已经公布为文物保护单位了，它的保护维修就是政府的事情，古建筑因为年久失修而朽坏坍塌，就产生“等、靠、要”的思想，希望政府拨款维修。相关法律规定，“一切机关、组织和个人都有依法保护文物的义务。”政府在财力允许的范围内，应拨专款维修，但这不是唯一的方法。总之，对文物保护单位和文物保护点的保护应依法进行，按照法律要求实施保护工作。

4 村庄整治与风貌保护规划

我国现有的广大村镇，大多数是在过去的小农经济条件下产生的。落后的生产力和交通条件等基础设施深刻地反映在每一个村庄的建设中。这些村镇布点零乱，内部结构不合理、缺少公共服务设施与公用设施，严重地阻碍了农业机械化、现代化生产的发展，影响了农村新生活的建设。因此，迅速地改善村庄的生产、生活条件是当前新农村建设的重要任务。

4.1 村庄整治的意义和目标

有一些村镇受经济条件的影响和技术条件的限制，未进行过规划，它们是在小农经济基础上自发形成的，存在不少问题，不能满足农业现代化和生活水平提高的需要，迫切需要改造。村庄中带普遍性的问题有以下几个方面：村镇规模小，分布分散、零乱；村镇建设布局混乱，建筑密度不合理；过境交通对村镇内部活动严重干扰；基础设施简陋不全；村镇环境“脏、乱、差”。

4.1.1 村庄整治的意义

村庄进行整治具有以下意义：

（1）可充分利用现有建设，节约资金。现有村镇大多是多年形成的，必然具有一些可利用的条件，如避风向阳、适于居住、地势高爽、排水通畅等，这些条件均可充分利用，避免造成不必要的浪费。

（2）村庄内现有四旁绿化可以在统一规划下充分利用，从而使村镇内绿化体系尽快形成，以利在较短时间内美化村容，改变面貌。

（3）由于改造是在原有村镇上进行的，可使原有村镇风貌得到保护，符合群众对往昔的依恋之情。

（4）可不另占大片耕地。新选址建村镇，一般来说需要几年的时间才能建成，因此村庄不能很快还田，形成新址旧基两处占地，不仅荒废了土地资源，有碍景观，还往往成为环境污染源。

4.1.2 村庄整治的目标

村庄环境整治是指与农村生产、生活相结合，以开展环境和景观综合整治为重点，以落实“七好”（村庄规划好、建筑风貌好、环境卫生好、配套设施好、绿化美化好、自然生态好、管理机制好）为工作要求，治理规划建设无序、环境“脏、乱、差”和配套不完善等突出问题，打造房屋美观、环境整洁、配套完善、自然生态的宜居新村，明显改善村庄景观面貌的系列工作。

4.2 村庄分类与整治要求

4.2.1 村庄分类

（1）按城乡区位划分：按村庄区位、经济发展水平和周边地区城镇化推进策略等因素，现状村庄一般可分为乡村型、城郊型、城镇型等。

1）乡村型是指距离城镇较远，主要处于第一产业区域的基本农田保护区域或林区范围内的村庄，是最常见又最基本的村庄类型。

2）城郊型是指位于城镇规划建设用地外围近郊区的村庄，仍保留着一定的耕作用地，但真正从事农业生产的人口比例比乡村型村庄低，许多村民的经济收入主要来自二、三产业。

3）城镇型主要是指城镇规划建设用地范围的村庄，已经受到城镇经济、产业、文化等各方面的综合影响，村民一般不再从事第一产业，居住形式较远郊村庄更为接近城镇形式，村庄空间已经（或即将）与城镇结合在一起，常常难以鲜明区别。

（2）按特色划分：按生产活动特点划分，现状村庄可分为种植业型、林果花木业型、水产业型、旅游型等。按地形地貌特征划分，又可分为平原地区型、丘陵山区型、海岛型、水网地区型等。

4.2.2 整治要求

村庄整治要求包括以下内容：

（1）村庄整治应重点解决农民群众最迫切、最现实的问题，加强环境卫生治理。营造整洁、自然的村容村貌。

（2）城郊型、城镇型村庄应按照城镇社区的标准进行村庄环境整治，其公共服务设施配套应纳入城镇公共设施配套体系，配套内容和规模应考虑远期由于城镇发展而带来的服务人口和范围的变化。垃圾消纳运输、给水排水、电力通信等基础设施由于与城（镇）区无缝对接，共建共享。村庄环境和景观综合整治、建筑风貌整治还应充分考虑城镇生活方式的影响。乡村型村庄应配置基本的公共服务设施，并更加慎重地对待村庄乡土风情与地方特色的保护与彰显。规模较小的村庄鼓励与相邻村庄共建共享。

（3）特色村庄既要关注基本的整治内容，更要充分结合村庄的资源禀赋、地形地貌、生产活动特点、发展优势等条件，针对特色类型提出能强化其特色的重点建设项目和行动计划，目标明确地整治、提升，使其特色更加鲜明。

（4）公路铁路交通沿线两侧的村庄，是展示城乡容貌的窗口，应保持风貌整体协调、观瞻整洁有序、环境生态自然，达到房前屋后整齐干净、广告招牌布置有序、绿化景观层次丰富、建筑造型风貌协调，形成“村在林中”的沿线景观。

4.3 村庄整治的原则

村庄整治是一项十分复杂的工作，既要照顾村镇现状条件，又要考虑远景发展；既要合理利用现有基础，又要改变村庄不合理的现象。因此，村庄整治的指导思想是很重要的，指导思想正确，整治就能够顺利完成，指导思想“左”倾或“右”倾，都会适得其反，功亏一篑。

4.3.1 规划要远近结合，建设要分期分批

村庄整治一方面要立足现状，从目前现实的可能性出发，拟定出近期整治的内容和具体项目，另一方面又要符合村镇建设的长远利益，体现出远期规划的意图。近期整治的项目应避免成为远期建设和发展的障碍。同时，为了达到远期规划的目标，村庄整治要有详细的计划和周密的安排，并分期分批，逐步实现，保证整个整治过程的连续性和一贯性。

4.3.2 改建规划要因地制宜、量力而行

村庄整治应本着因地制宜、量力而行的方针。在决定改建规划的方式、规模、速度时，应充分了解当地的实际情况，如村民的经济实力、经济来源、有无拆旧房盖新房的愿望和能力。条件好的尽量盖楼房，条件差一些的也可以先盖一层，待条件改善以后再盖楼房。在改建过程中应避免几种错误做法：一是大拆大建，不顾村民的经济状况，强人所难，这样对村民的生活非常不利，也是难以实现的；二是不管实际情况、地形地貌、家庭构成、生产方式如何，强调千篇一律，导致千村一面、百镇同貌，没有地方特色；三是修修补补，没有远见。

4.3.3 贯彻合理利用、逐步改善的原则

村庄整治应合理利用原有村镇的基础条件。凡属既不妨碍生产发展用地，又不妨碍交通、水利、居民生活的建设用地，且建筑质量比较好的，应给予保留或按规划要求改建、改用；对近几年新建的住宅、公共建筑以及一些公用设施等要尽量利用，并注意与整个布局相协调。但是对那些破烂不堪、有碍村镇发展、有碍交通且位置不当、影响整体布局和村容镇貌的建筑，应拆的就拆，必须迁的就迁，并先迁条件差的、远的、小的，后迁条件较好的。此外，如有果园、池塘等有保留和发展价值的应结合自然条件，给予保留，这样既有利生产，又丰富了村镇景观。

4.4 村庄整治的内容

村庄整治的内容应根据村镇的现状情况，包括该村镇及周围的经济水平、发展速度、现有建筑物的数量、质量、位置、街道网的质量等因素而定。由于各村镇的实际情况不同，故整治的内容、侧重点也就不同。整治规划的任务包括以下几个方面：

（1）确定村镇的用地标准：包括人均建设用地标准、建设用地构成比例、人均各项建设用地标准，是否需要调整，如何调整。

（2）确定各项建筑物的数量和等级标准，如考虑长远利益和远景规划，哪些建筑因质量不好或位置不当而需拆除，哪些建筑物需要补充新建等。

（3）提出调整村庄布局的任务，如确定生产建筑用地、住宅建筑用地和公共建筑用地的

范围界限，改变原来相互干扰的混杂现象，修改道路骨架，调整村镇功能布局。

（4）根据需要与可能，适当调整村庄用地，根据功能布局和村庄的发展方向，把村庄不规则的用地变为整齐规则用地，把破碎、零乱的村庄用地变为完整、紧凑的用地。

（5）根据改建规划的总体要求，改变某些建筑物的用途，调整某些建筑物的具体位置。

（6）分清轻重缓急，做出近期改建地段的规划方案，安排近期建设项目。

（7）根据现状条件，改善村庄环境，并逐步完善绿化系统、给水、排水和供电等公用设施。

4.5 村庄整治的方式

村庄整治，其内容主要是编绘整治规划设计图，它是在已经实测好的现状图和对其他资料分析的基础上进行的。由于整治对象的要求与内容不同，整治规划的深度也有差别，村庄整治牵涉内容多，影响因素复杂，进行整治规划时应按一定的顺序，逐个予以解决。

4.5.1 调整用地布局，使之尽量合理紧凑

村庄整治，有的可能不存在重新进行功能分区的问题，而有的则可能因为原来生产建筑（及其地段）分布很乱，不利生产和卫生，且考虑到今后生产发展，需要新增较多的生产建设项目，则根据用地布局的原则及当地具体条件进行用地调整，此时，通常采用以下几种方法。

（1）以现有的某一位于适宜地段的生产建筑为基础，发展集中其他零散的生产建筑于此处，形成生产区。

（2）在村庄某一侧方向新选一生产区，同时将原来混杂、分散在住宅建筑群中的生产建筑迁出，并合理安排新增生产项目。这样使整个村庄的功能结构有了较为合理的范围和界限。

（3）适当地集中旧公共建筑项目，形成村庄中心。

4.5.2 调整道路，完善交通网

对村庄现有道路加以分析研究，使每条道路功能明确，宽度和坡度适宜。注意拓宽窄路，收缩宽路，延伸原路，开拓新路，封闭无用之路，正确处理过境道路等。

道路改造应在总体规划指导下进行，从全局通盘考虑。对于道路改造引起的拆迁建筑问题，要慎重对待。街道的拓宽、取直或延伸应根据道路的性质、作用和被拆建筑物的质量、数量等来考虑，分清轻重缓急。应避免过早拆迁尚可利用的建筑物，同时，要使道路改造与各建筑用地组织、设计要求等密切配合。

4.5.3 改造旧的建筑群，满足新的功能要求

建筑群改建的任务是对村庄现有建筑物决定取舍，调整旧建筑，安排布置新建筑，创造功能合理、面貌良好的建筑群。对建筑群改建时，首先要分析村庄现状图和建筑物等级分布图，务必对村庄内原有的各种建筑物的分布位置和建筑密度是否合适、建筑物质量的好坏做到心中有数。其次是根据当地经济情况和发展需要，初步确定各种建筑地段的用地面积。旧建筑群的改建通常采用调、改、建三者兼施的办法。

（1）调。调就是调整建筑物的密度，使之满足改建规划的要求。其办法是“填空补实，酌情拆迁”。“填空补实”是在原来建筑密度较小的地段上，适当配置新的建筑物，以充分、有效地利用土地。如黑龙江某地住宅建筑庭院面积高达 $1000m^2$，而适宜庭院面积在 $300m^2$ 左右，因此可新辟两个庭院，变一为三，提高建筑密度。反之，对原来密度大的建筑地段或有碍交通的建筑物，则应考虑适当拆除，这就叫“酌情拆迁”。

（2）改。改就是改变建筑物的功能性质。对现状中有些在功能上的位置不合理，但建筑质量尚好的建筑物，可以用改变建筑物的用途来处理。如为了充分利用原有建筑，按改建要求，可以把原来公共建筑改为住宅建筑，把原有生产建筑改为仓库，以调整各种建筑物在功能上的布局。

（3）建。按照发展的需要，对将来新建的建筑物或改建拆去的部分民宅和外地迁来的村民住宅等，进行合理的布置（或留出地方），以便按计划建设。

4.5.4 村庄用地形状的改造

村庄用地的形状应根据当地的地形、地貌及对外交通网分布情况等因素而定。不能追求形式主义，强调用地形状的规整。但是，在有条件的地方，应尽可能地使用地形状规整一些，这有利于村镇的各项建设。用地形状改造的方法有：

（1）外形规整：即将原来不规整的零碎用地外形加以整理，使之规整，便于道路和管线的布置。

（2）向外扩展：根据村庄的形状、当地的地形条件以及村庄改造规划布局的要求，决定用地扩展的方向和方式。

4.5.5 完善绿化系统、改善环境、美化村镇面貌

利用村镇内坡地、零星边角地等栽花育苗，把一切可以利用的地方都绿化起来，建设“园林村镇”。

4.6 村庄风貌的保护

我国是一个具有5000年历史的文明古国，中华文明是世界上四个具有独立体系的古文明中，唯一未被中断和散失的古文明，不仅是中国人民的瑰宝，也是全人类的共同财富。保护好中华文明的历史就是保护中华民族的根。

遍布在祖国大地的乡镇和村落，尽管历经沧桑，但依然遗留着丰富的历史遗产，每个乡镇和村落都有着其形成和发展的历史痕迹，通过文物、古迹、古树名木，都可以让人们在直观地认识历史、理解历史的同时，聆听到历史文明的远远回声，激发人们的民族自豪感。这不但可以弘扬祖国的文化，还可以为新农村建设增辉。

在相当长的一段时间内，由于种种原因，使得很多旧乡镇和古村落已发生不同的变化，尤其是在经济比较发达的地区，不少已完全是旧貌换新颜，少量的遗存更应该珍惜。因此，在村庄的整治中，千万不能再采取“三光”（见房推光、见水填光、见树砍光）政策。

村庄整治中的风貌保护，是对村庄聚落在历史的变迁中，大量历史遗产已遭破坏，未能进行较为完整的古村落保护的，应对其尚存的局部的历史遗产和历史文化进行挽救性的保护，

并做好保护规划。

4.6.1 深入调查研究，做好遗存保护

每个乡镇和村庄无论其历史如何久远，都有着自身形成和发展的过程，在这历史历程中各个时期都有其历史的遗存，在村庄的整治中，必须特别重视对各种遗存进行深入细致的调查分析和研究，对凡能保存继续使用的建筑物，必须根据其安全质量和使用特点，认真研究，分别采取修缮、加固和整修等措施，严加保护。对于古树名木严禁砍伐，并采取有效的保护措施，其他反映村庄风貌的广场、水流、古街巷也都应严加保护。浙江省三门县亭旁镇的下叶村在整治规划设计中，对其叶家祠堂稽核卵石的古街巷、小河流、古樟树以及原有的村民休闲小广场都提出了加以保护的措施，以确保古村落的风貌。

4.6.2 加强重点规划，留住历史文化

对于村庄中一些有代表性的重要节点、古建筑和以古树名木为主的休闲广场应在保护中进行重点规划设计，使其历史文化风貌得到保留和延伸。浙江省三门县亭旁镇的下叶村，在保护叶家祠堂和古街巷的同时，组织以原有村民交往的休闲空间为主的“十”字形绿化补充，既留住历史文化，又加强了绿化系统的组织，使其展现出时代的精神。

4.6.3 协调新旧建筑，形成地方面貌

在村庄的整治中，首先应该努力吸取传统民居的精华，创造适应现代生活需要、具有地方风貌的住宅设计，并以此作为基本风貌。对已建的新建筑进行修缮和改造，使其新旧融为一体，形成各具特色的地方风貌。

4.6.4 优化环境建设，融入自然环境

村庄的每一个聚落在历史上都是遵循着我国传统建筑文化，进行选址和营造，在适应小农经济的条件下，形成依山傍水独具特色的生态环境和田园风光。在村庄的整治和风貌保护规划设计中，必须弘扬这种融于自然环境的设计观念，使村庄与自然环境更好地融为一体。浙江省三门县亭旁镇的下叶村，在整治规划中，通过补充“十”字形绿化带，加强了与山、水、田的密切关系，使得山村融入自然环境之中。

4.7 村庄整治规划的编制和管理

村庄整治规划要因地制宜，切合实际，突出特色，要体现村民意愿，形成村规民约，让全体村民共同遵守。

4.7.1 规范村庄规划编制

1. 村庄规划编制框架

村庄规划编制框架示意图见图 4-1。

2. 村庄规划成果要求

（1）简洁的成果构成。村庄规划成果的构成应简洁，基本要求为“五图二书三表”，见图 4-2。

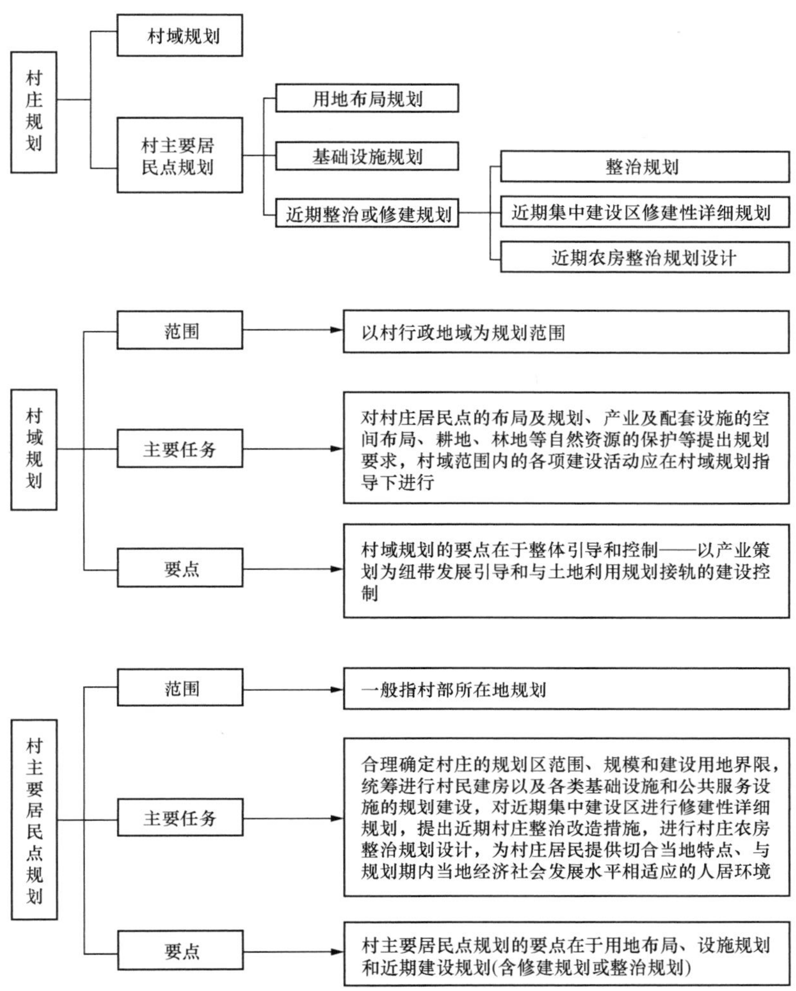

图 4-1　村庄规划编制框架示意图

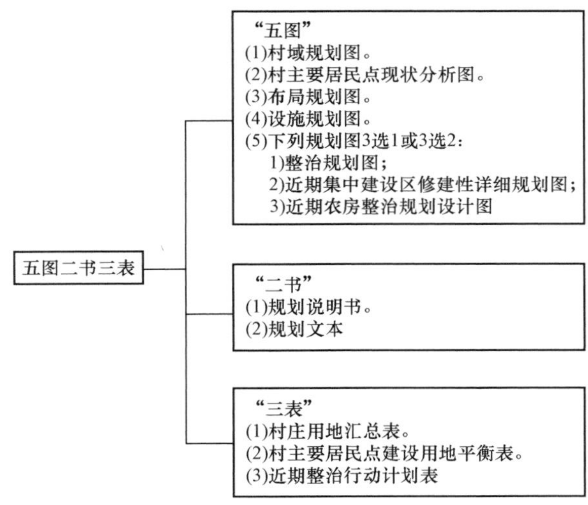

图 4-2　五图二书三表

（2）直观的成果表达。村庄规划的使用对象为基层工作人员和广大村民，规划成果的图文表达方式应在保证规范的前提下，力求简明扼要、平实直观。方案完成后，规划人员应以形象直观的展板、探讨互动的形式、通俗易懂的语言向村民宣讲整治规划方案，便于广大村民关心规划、了解规划、支持规划，进而保障规划的顺利实施。

4.7.2 重视编制整治规划

1. 整治规划的主要任务

村庄整治规划是指导和规范村庄居民点旧设施和旧面貌的修建性详细规划，是对现有村庄各要素进行整体规划与设计，保护乡村地域和文化特色，挖掘经济发展潜力，保护生态环境，推动农村的社会、经济和生态持续协调发展的综合规划。整治规划是村主要居民点规划的重要组成部分。当村庄规模较大、需整治项目较多、情况较复杂时，可编制村庄整治的专项规划。村庄整治建设应在整治规划或近期整治行动计划的基础上进行。

2. 整治规划的编制原则

（1）切合村庄实际，注重因地制宜。一切从村庄实际出发，结合当地地形地貌特点，因地制宜进行村庄整治。应避免超越当地农村发展实际，大拆大建、急于求成、盲目照搬城镇建设模式的做法，防止出现“负债搞建设”、“夸大搞新村建设”等不良现象。

福建省安溪县湖头镇山都村的用地布局规划，遵照“大分散小集中”和保护原生态肌理的原则，如图 4-3 所示。对现状的五阆山森林群落和石钟溪等自然地貌形态予以充分重视，不进行大规模人工干预。保持了原有村落的基本格局，突出“大分散、小集中”现代乡村空间结构特征。尽量减少对耕作用地的占用，以居住与农业生产紧密结合的串珠状空间结构来保持山、林、茶、溪、宅之间相对和谐的关系。

图 4-3 福建省安溪县湖头镇山都村规划效果图

（2）强化产业支撑，凸显村庄特色。村庄规划整治建设应充分依托区位和资源优势，强

化主导产业，鼓励发展特色农业、精品农业、观光农业及生态、休闲、观光旅游业，围绕主导产业需求统筹配置土地、调整布局、整修房屋、完善设施、整治环境、塑造风貌，倡导“一村一品”、“一村一特色”。

福建省福安市穆云乡溪塔村地处峡谷、群山环抱。村中有溪涧交汇南流，茂密生长的葡萄藤蔓覆盖溪面，连绵数里，形成南国独有的“葡萄沟”景观。村庄依托此资源优势，强化主导产业，塑造村庄特色。

（3）科学功能分区，合理调整结构。在整治过程中应充分利用原有用地，尽量不占用耕地和林地，根据需要为农民生产生活配置作业场地（如晒场、打谷场、堆场等）、公共设施和活动场地，促进村庄各项功能的合理集聚，做到“两个分离”——生活区与养殖区分离、居住区与工业区分离，通过规划引导分散的农户养殖区向村庄集中养殖区集中，把分散的农村工业企业向乡镇以上的工业集中区集中。

广东省云浮市云安县横洞和谐宜居名村（见图 4-4）实现“三分两无”（雨污分流、人禽分离、垃圾分类，路无尘土、墙无残壁），农村环境综合整治获得明显的成效，其重要举措之一是规划和建设了家禽圈养区。

图 4-4　广东省云浮市云安县横洞和谐宜居名村

（4）村落精心布局，避免单调模式。村落整体布局应结合地形地貌、山形水系等自然环境条件，延续传统肌理及空间格局，处理好山形、水体、道路、建筑的关系，不应“大开挖、高切坡、深填方”，并应避免把城市居住区的布局方式简单复制到农村；村落建筑布局应结合地形和农民生产生活需求，采用多样化的组织方式（如自由式、院落式、集中式、错落式等），避免单调乏味的行列式。

过于统一的排列、城镇小区化的组群布局方式会失去村庄固有的自然生态特色，但精巧的行列布局也可以获得现代文化意义上的良好村庄布局形态。如三江村规划，结合山地特征，提出几种住宅组合模式，如单排式、双排式、院落式、台地式、综合式等，见图 4-5，来适用于不同坡度和不同宽度的需求，村民建房时可根据实际情况灵活选择。

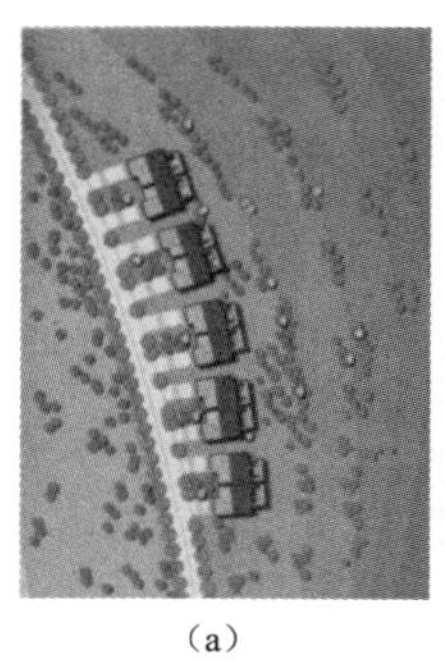
（a）

（b）

（c）

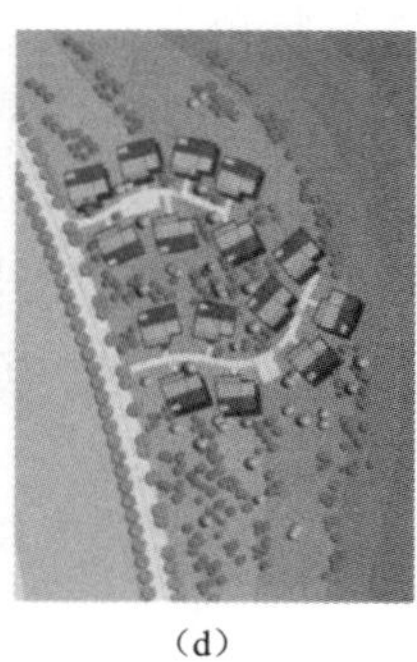
（d）

（e）

图 4-5　三江村规划方案

（a）单排式；（b）双排式；（c）院落式；（d）台地式；（e）综合式

（5）完善配套设施，构建宜居环境。因地制宜地完善村庄公共服务设施体系，满足村民最迫切的需求，为构建村庄宜居环境奠定良好的物质基础。各类设施整治应做到安全、经济、方便使用与管理，注重实效，不应简单套用城镇模式大兴土木、铺张浪费。同时，通过整治乱搭乱建、提升美化绿化等措施，全面构建宜居环境。

通过整治的村庄应建成包含村委会、医疗室、文化室、村广播站、老人活动室、公共活动场地、公厕等村庄公共服务设施。

（6）保护传统文化，体现乡土气息。具有地方风貌的农村景观是千年历史传承下来的文化痕迹，村庄整治应在不破坏当地民族特色、传统文化、人文风俗、自然风貌的基础上进行和完善，并应尽量做到不推山、不砍树、不填塘、不盲目改直道路、不改变河流的自然流向，同时还应注意保护古树名木和名人故居、古建筑、古村落等历史文化遗址。整治规划方案应保护传统文化，体现乡土气息。

宁德上金贝村（见图 4-6）是一个具有悠久人文历史的少数民族村落，这里畲族风情浓郁，植被景观和自然田园风光优美。在规划中保护了历史村落，留住了田园风光。

图 4-6　宁德上金贝村

（7）整治闲置用地，坚持一户一宅。闲置房屋与闲置用地整治，应坚持一户一宅的基本

政策，对一户多宅、空置破旧住宅造成的空心村，应合理规划、民主决策，拆除质量面貌较差或有安全隐患的旧宅。农村危房属整体危险（D 级）的应拆除重建，属局部危险（C 级）的应修缮加固，图 4-7 所示为拆除农村危房。村庄内部废弃的农民住宅、闲置房屋与建设用地，可采取下列措施改造利用：闲置且安全可靠的村办企业、仓库、教学楼等集体用房应根据其特点加以改造利用；图 4-8 所示为徐江新村将村内闲置且安全可靠的小学教学楼改造为村庄活动中心；原有建筑与新功能要求不符时，可进行局部改造；废弃的破旧农民住宅应根据一户一宅和村民自愿的原则合理整治利用：暂时不能利用的村庄内部闲置建设用地，应整治绿化。

图 4-7 拆除农村危房

（8）体现村民意愿，形成村规民约。村庄整治必须充分发挥村民的参与作用，在整治规划过程中必须广泛听取村民意见，规划方案必须通过村民会议或村民代表大会决议，以体现村民意愿、符合村庄实际，并形成村规民约，建立长效的管理维护制度。

图 4-8 徐江新村将村内闲置且安全可靠的小学教学楼改造为村庄活动中心

4.8 村庄整治的规划设计

4.8.1 建筑风貌整治

保护历史建筑，整治旧房，统一住房格调，体现乡村风貌和地域特色，做到人畜分离、墙无残壁，形成比较好的整体建筑风貌。新建住房要结合实施“造福工程”，引导集中建设“三统一特”（统一规划、统一设计、统一配套、特色明显）的村镇住宅小区；符合规划要求的零星建房，应进行科学设计。

1. 建筑整治原则

（1）体现村庄乡土韵味，注重与环境的协调。

（2）强调地域文化的保留与传承。

（3）因地制宜，鼓励就地取材。

（4）技术与经济相结合，采用适用且易实施的技术手段。

（5）根据村庄实际情况，相应制订具有针对性的整治措施。

2. 一般性建筑整治及提升性建筑整治

（1）一般性建筑整治。一般性建筑整治措施具有广泛适应性，根据建筑的历史价值、建筑品质、与环境的关系、结构安全性等，采用不同的方法。

1）具有较高历史价值的建筑。对于具有较高历史价值的建筑应进行重点保护，保留建筑原始结构与风貌，适当清洁、修复，修旧如旧。图 4-9 是修葺一新的武夷山市下梅镇邹氏家祠，图 4-10 是修复后的三明市大田县土堡，图 4-11 是修旧如旧的传统闽南某民居。

2）具有一定历史价值的建筑及品质较好、与环境较协调的新近建设的建筑，仅需对外立面进行必要的清理、修整，大体上保留建筑原貌，图 4-14 是依山地地势的新建民居。

图 4-9 修葺一新的武夷山市下梅镇邹氏家祠

图 4-10 修复后的三明市大田县土堡

图 4-11 修旧如旧的传统闽南某民居

图 4-12 依山地地势的新建民居

3）整体品质一般，与环境没有明显不协调的建筑，可基本维持现状，局部适当调整，修饰更新，如图 4-13（a）整治前立面颜色杂乱，门窗各异，形体部分凹凸不一；图 4-13（b）整治后统一立面颜色，添补缺漏立面。屋顶加建半坡屋檐，门窗统一规格布置。图 4-14（a）

整治前墙面及柱子暴露，影响美观及使用；图 4-14（b）整治后拆除金属隔断，加砌墙体，墙面柱子加贴面砖，底部设勒脚。

（a）

（b）

图 4-13 整治前、后比较（一）

（a）整治前；（b）整治后

（a）

（b）

图 4-14 整治前、后比较（二）

（a）整治前；（b）整治后

4）完成度不高、与环境不太协调的建筑，建筑外立面大部分需要重新修饰，局部进行必要建筑处理，如适当增加装饰构件。图 4-15（a）为整治前，墙体结构裸露，私自搭建雨棚影响美观，外底层商业杂乱不一；图 4-15（b）为整治后，对影响立面的雨棚等构件进行拆除，墙面进行统一粉刷处理，檐部在儿女墙处局部增加坡檐。

（a）

（b）

图 4-15 整治前、后比较（三）

（a）整治前；（b）整治后

5）少量整体品质差、与环境很不协调、存在安全性问题、无保留价值的建筑，建议结合村庄规划拆除。图 4-16（a）为整治前，简易搭建的木屋破败不堪；图 4-16（b）为整治后，拆除破旧搭建木屋，在原立面上新贴面砖。

（a）

（b）

图 4-16　整治前、后比较（四）

（a）整治前；（b）整治后

（2）提升性建筑整治。在一般性建筑整治基础上，针对特色村庄、近城村庄中的重点区域以及村庄重点公共建筑等可采取相应的提升性建筑整治，制定特定建筑或建筑局部的相应整治方案，提升村庄风貌，使其具有示范意义。

1）根据建筑所处村庄总体改造目标要求，对影响村庄整体风貌具有特殊作用的建筑物或公共建筑，可采取屋面平改坡、立面整体整治等方法提升建筑风貌，图 4-17（a）是屋面平改坡整治前，整体布局上平屋面与坡屋面混杂，屋面材料、做法、完成程度上各有差异，村落建筑群第五立面（屋面）景观杂乱。图 4-17（b）是屋面平改坡整治后，统一坡屋面的颜色、材质及构造做法，在一定程度上提升了村落的整体风貌，改造后的坡屋面与环境关系较好协调。图 4-18（a）是立面整体整治前，墙面裸露，加建二层立面与底层立面完成度均不高。图 4-18（b）是立面整体整治后，墙面加贴面砖，使用同一规格门窗，使上、下两层立面统一，墙面原有裸露的混凝土结构层补做粉刷处理。

（a）

（b）

图 4-17　屋面平改坡整治前、后比较

（a）屋面平改坡整治前；（b）屋面平改坡整治后

2）各地独特的地理与历史环境积淀着深厚的建筑文化传统，造就了众多具有浓烈地域特色的传统村落，依据其相应地域性对建筑色彩、屋顶、细部统筹，制定特定的村庄整治方案。图 4-19 是宁德上金贝村改造后景观，图 4-20 是永春大羽村改造后景观。

(a)

(b)

图 4-18 立面整体改造前、后比较
(a) 立面整体改造前；(b) 立面整体改造后

图 4-19 宁德上金贝村改造后景观

图 4-20 永春大羽村改造后景观

3. 整治参考措施

(1) 外墙：①清洗、修补；②墙面改造；③外墙勒脚处理；④注意色彩的协调，建筑单体立面色彩不应超过三种颜色。

(2) 屋顶：①清理杂乱；②修补；③平改坡。

(3) 其他构件：①窗户可加窗套处理、采用一些传统窗扇形式进行装饰；②在腰线部位可适当地增加些装饰线条；③栏杆可采用弘扬传统民居的处理手法，可采用仿古栏杆或较简洁的栏杆形式。

(4) 地域特色。根据各地建筑风格的明显特征、各异形态和深厚的优秀传统建筑文化，特归纳以下几种建筑立面造型要素，按地域特色分类阐述，以供提升性整治实施时参考。

1) 建筑色彩，以福建省村庄整治为例，见表 4-1。

表 4-1　　福建省村庄建筑色彩整治表

地区	建议选用颜色搭配		地域建筑风貌的色彩选择建议
闽南地区	墙体颜色	砖红色为主，缀灰白石色	闽南民居装饰丰富，色彩浓艳，“红砖古厝”是闽南传统建筑所独具的鲜明特色。红砖与白石强烈的色彩对比，使之更显华丽
	墙裙颜色	灰白石色	
	屋顶颜色	砖红色	
	燕尾颜色	灰色 灰白色	

续表

地区	建议选用颜色搭配		地域建筑风貌的色彩选择建议
莆田地区	墙体颜色	砖红色 青色 白色	莆田民居通常砌筑红砖护墙以防水，并规则地镶嵌小条石（俗称“护墙石”）拉结，这种以护墙石点缀、红白相间的外墙是莆田地区独特的做法，具有很强的识别性。仙游民居的外墙装饰有别于莆田民居，其柱间墙的勒脚用方形青石斜砌，并用白粉勾缝。墙面用红砖砌筑，红砖与白粉墙拼贴成精美的图案
	墙裙颜色	灰色	
	屋脊颜色	白色	
	燕尾颜色	砖红色 黑灰色	
闽西地区	墙体颜色	白色 土黄色	闽西民居的色彩中以两坡的黑瓦屋顶和土黄色夯土墙为基本要素，灰砖墙与土黄色墙面构成了闽西客家民居建筑的色彩基调
	墙裙颜色	灰色	
	屋顶颜色	深灰色	
闽北地区	墙体颜色	灰色 白色 棕褐色 （穿斗式木架）	闽北民居受江南建筑风格的影响，建筑色彩以粉墙黛瓦的白墙、灰砖、黑瓦为基调
	墙裙颜色	灰色 土黄色	
闽东地区（福州市）	墙体颜色	白色	闽东地区的福州一带民居建筑色彩多以白墙灰瓦为主，形成了独特的建筑风貌
	墙裙颜色	灰色	
	屋顶颜色	灰色 黑灰色	
闽东地区（宁德市）	墙体颜色	白色	闽东地区的宁德一带民居建筑色彩多为白墙灰瓦，但其特别重视在屋脊、檐口等增加白色的装饰以及突出棕褐色穿斗式木构架的装饰
	墙裙颜色	灰色	
	屋顶颜色	灰色 白色 棕褐色 （穿斗式木架）	
海岛地区	墙体颜色	灰色 黄色	海岛地区的民居因环境条件的影响，更多的崇尚闽南沿海一带色彩艳丽的装饰，因此常用黄墙红瓦的暖色调，使得海岛建筑风貌更为突出
	墙裙颜色	灰色	
	屋顶颜色	红色	

2）建筑风格，以福建省村庄整治为例，见表4-2。

表 4-2　　福建省村庄建筑风格整治表

地区	示　意　图	建　筑　风　格
闽南地区		闽南古民居多以土木为材料，砖石结构的闽南民居俗称“皇宫起”。“红砖古厝”是闽南传统建筑所独具的鲜明特色，其中“出砖入石”和“角隅石”为其独具特色的墙体形式。屋顶分段错落处理，形成丰富的天际轮廓线，屋顶为“燕尾式”或“马背式”。民居装饰丰富、色彩浓艳。其石刻的柜台脚、石雕的壁饰、木雕的吊筒、红砖壁画、水车堵以及山尖的悬鱼饰，都独具地域特色

续表

地区	示 意 图	建 筑 风 格
莆田地区		莆田仙游城镇传统民居为纵向多进合院式布局，近代中西合璧的民居大量涌现，墙面布满装饰，异常华丽。民居的屋顶形式最具地域性特色，歇山或悬山屋顶常分三段，中段最高，两侧跌落。屋面呈双曲面翘起，屋脊成弓形，筒瓦屋面在两端升起的最高处加贴一片平瓦。外墙通常砌筑红砖护墙以防水，并镶嵌小条石，俗称“护墙石”拉结
闽西地区		闽西民居有其特有的建筑形式，如土楼、围龙楼、五凤楼、九厅十八井、殿堂民居等。古朴的灰砖空斗墙带色差的不同拼砌方式以及灰砖墙配砖红色漏花的做法是客家民居特有的装饰形式。灰砖墙与土黄色墙面构成了闽西客家民居建筑的色彩基调
闽北地区		闽北民居受江南建筑风格的影响，周围外墙封闭、天井窄小，常采用马头墙的形式，马头墙呈阶梯形层层跌落。常见砖雕牌楼式门楼，精致、华丽
闽东地区	 	福州传统民居主落多为纵向组合的多进式布局。屋顶通常不采用跌落的处理方式，两坡直檐。屋脊平直，以翘起的鹊尾收头。两侧封火山墙夹峙。 宁德地区民居以福安民居最具特色，布局常用“一明两暗”三开间带前后天井的形式。陡峭的悬山屋顶悬挂着修长的木悬鱼。层层出挑的山墙披檐，造成丰富的光影变化。高高扬起的曲线形封火山墙，造型变化极其丰富
闽中地区		闽中地区民居按平面布局可以分为“一明两暗”、“三合天井”、“连排屋”和“土堡”几种类型。“土堡”是闽中民居最为独特的形式。它是由生土夯筑厚实的“城墙”环绕中心合院式民居构成，具有很强的防卫功能。环周的防卫走廊，前方后圆，后部依山就势高高升起，屋顶层层迭落，独具个性
海岛地区	 	海岛民居因其所处的地理环境和气候条件特殊，形成了渗透着海洋文化底蕴的海岛建筑风格。其中最有代表性的是平潭岛、马祖岛和东山岛。平潭岛民居以石头厝为主体的聚居村落，多依山而建，次第上升，建筑外观古朴，没有过多装饰，花岗石外墙上只开小窗，并以条石作竖棂，屋顶通常不出檐，最突出的特点是屋顶红瓦面上均匀地压上块石以防强风。东山岛民居则是红瓦石墙或抹灰墙，屋顶出檐很小。正立面设外廊，栏杆采用西式宝瓶装饰。窗眉及窗边灰塑的装饰独具一格。建筑多采用硬山形式，山墙线条硬朗。外墙只开小窗洞，并辅以条石竖棂

3）建筑细部，以福建省村庄整治为例，见表 4-3。

表 4-3　　福建省村庄建筑细部整治表

地区	建筑细部			
闽南地区	山墙	出砖入石	燕尾	归垂

	两侧山墙如山形，形状变化诸多，有金木水火土五行之象征意义，俗称“马背”	利用形状各异的石材、红砖和瓦砾的交错堆叠，构筑墙体，交垒叠砌	屋顶主脊向两端延伸并超过垂脊，向上翘起，在尾端分叉，俗称“燕尾脊”，有轻灵飞动之势	闽南民居山尖处均泥塑浮雕式悬鱼，俗称“归垂”、“脊坠”，图案题材丰富、色彩鲜艳、极富装饰性
莆田地区	屋顶	架梁斗拱	外墙做法	墙身

	莆田地区屋顶形式常见歇山和悬山的做法。屋脊、武脊或文脊粗壮有力。屋面分段跌落。双曲屋面在升起的端部，在筒瓦屋面上又贴板瓦，形成莆田民居独特的屋面装饰	梁架斗栱雕饰彩绘繁复，好用刺眼强烈的色彩，形成莆田民居的装饰风格	莆田传统民居外墙在土墙体外又包砌红砖墙，土墙与砖墙之间以条石拉结，形成红砖墙面上均匀分布的白石点块	侧墙多以毛石砌筑墙脚，有的高达一层、二层为砖墙。石砌墙面常做侧脚
闽西地区	屋顶	木构架	门窗漏花	门楼

	合院式民居，两坡瓦屋面、马头墙等多种元素形成丰富多样的群体效果	木穿斗结构形式质朴。大型府第中厅其月梁及雀替的雕刻彩绘精美	门窗漏花雕刻精美，形式多样，题材丰富	永定、长汀、宁化、连城各地的门楼造型独具个性

续表

地区	建筑细部			
闽北地区	门楼	封火墙	柱础	青砖墙面

	闽北地区民居砖雕牌楼式门楼雕刻精致、个性独特	有曲线形封火山墙，也有类似徽州民居的阶梯形封火山墙，形式多样	泰宁民居覆盆式柱础，建瓯民居阁楼式石雕柱础及木质柱础都独具地域特色	闽北地区民居墙体大多是灰砖空斗墙，或下部灰砖墙，上部夯土墙泥灰粉面
闽东（福州地区）	封火山墙	屋顶	门楼	山水头

	封火山墙有马鞍形、国公帽形、圆弧形、尖形，其起伏的高低适应瓦屋面的坡度，往往可以体现其时代特征	福州民居屋顶坡度平缓，常见悬山和硬山两种做法，歇山做法比较少见	福州地区民居门楼简洁、朴实，常见单坡披檐门罩，由大门两侧墙体中伸出的木栱支撑，也有用两片山墙与披檐组成入口门廊	福州地区封火山墙头作燕尾翘起，且灰塑彩绘精美的线脚及堵框，彩塑狮子、山水等装饰
闽东（宁德地区）	封火山墙	屋顶悬鱼	门窗镂花	门楼

	封火山墙常见弧线形、弓形、马鞍形、折线形等，曲线优美舒展，大起大伏，成为民居形体造型的重要元素	福安民居修长的木悬鱼独具特色，悬鱼长达1～1.5m，刻有花卉图案及吉祥文字，隐含余（鱼）庆及以水治火等寓意	门窗漏花镂空木雕精细。阴雕、镂雕等手法结合，精心布局，构成丰富的拼字、人物、花鸟或几何形图案花饰，且各个县市各具特色	宁德民居门楼只在门头墙上出挑装饰华丽的墀头墙，青瓦披檐。福安民居门楼则是在门头墙面上出挑泥塑屋脊及门匾装饰。各个县市门楼形式各不相同

续表

地区	建筑细部			
闽中地区	屋顶	穿斗山墙	门楼	墙身
	屋顶形式多为双坡悬山顶，坡度平缓。大型土堡或民居常顺应地形，屋顶层层迭落。屋脊端部弧形隆起的收头造型独具地域特色	木穿斗结构构架完全暴露，清水木构立柱与横梁完美组合。本色的木构件与白粉墙之间鲜明的质感、色彩对比，形成极富个性的立面形象	闽中各县民居的入口门楼简洁、朴实。各不相同，各具特色	灰砖空斗墙仍是闽中民居常见的外墙形式。闽中土堡外墙均为厚实的夯土墙。墙基石砌或底层外包石墙，外观稳固坚实
海岛地区	屋顶	穿斗山墙	门楼	墙身
	屋顶形式多为硬山顶，屋面坡度较缓；屋面为红板瓦，面上多有压瓦石，强调屋面与墙身的色彩对比；屋脊线条硬朗，屋面无明显的起翘、升起	墙体多就地取材，以规则条石和不规则的毛石作为外墙材料，有些并在外墙抹灰。朴实的外观不做过多的修饰与装饰	檐口做法明显区别于其他地区，没有深远的出檐，在外立面上常常有沿廊相连	建筑多采用硬山形式，平潭岛建筑山墙多采用毛石砌筑，山墙曲线相对东山岛柔和。东山岛建筑山墙线条较硬朗，脊头处理独具特色

4.8.2 村庄构筑物整治

1. 围墙、菜园隔断

围墙主要包括住宅建筑、公共建筑的围墙，以及路边、水边、菜园、绿地、活动场地等的周边围墙。围墙为丰富村庄空间层次、展现乡村风貌和乡土风情以及地域特色，起着极为重要的作用。因此，提倡采用乡土材料，达到做法简洁朴实、尺度适宜、风貌自然的显明效果。

（1）实围墙。

1）保持青砖围墙清水风格，无需粉刷。

2）常见的白墙黑瓦的闽东建筑围墙。

3）红砖砌筑的围墙，底部采用石材墙裙。

4）墙头结合入口大门和里面造型形成高低错落的形式。

5）用石材砌墙，展现乡土地方特性的围墙。

6）采用地方石材堆垒的围墙，体现地域特色。

7）实围墙与爬藤类经济作物有机结合，生机盎然。

8）围墙与植物相融合，丰富了院落景观。

（2）花窗围墙。在围墙上开设花窗，有利通风、采光和透景，图 4-21 为花窗围墙的几种形式。

（a）　（b）　（c）　（d）　（e）　（f）

图 4-21　花窗围墙的几种形式

（a）简洁的十字形镂空花窗围墙；（b）圆组合形式的花窗围墙；（c）同一墙上采用圆形组合花窗与花蕾窗花两种形式；（d）冰裂纹形式的花窗围墙；（e）大窗花的围墙更有利于将院落中的景色透出来；（f）围墙结合绿化统一设计

2. 栅栏

栅栏有竹篱笆和木栅栏等，竹篱笆体现乡土气息，很好地将院落景色透露出来，丰富视觉景观；木栅栏适用于农家庭院周边，富有韵律感，能很好地展现出田园风光，见图 4-22。

（a）

（b）

图 4-22 栅栏

（a）竹篱笆；（b）木栅栏

3. 菜园周边围合

菜园周边围合的围栏做法有如图 4-23 所示的几种。

（a） （b）

（c） （d）

图 4-23 菜园周边围合的几种围栏做法（一）

（a）植草空心砖用作围栏材料，既简单又美观；（b）将碎石块堆垒在菜地边，富有乡土气息与地方特色；（c）简单竹篱笆，制作方便，效果较好；（d）栅栏用于菜地周边，较好地展现出田园风光

（e）

（f）

图 4-23　菜园周边围合的几种围栏做法（二）

（e）木栅栏上爬满牵牛花等乡土爬藤植物，形成自然乡土的绿篱；（f）小木桩围合在菜地周边，富有田园气息

4. 禽舍

农村中禽畜散养的情况较为普遍，对村庄环境与卫生防疫状况带来很大的影响。家庭散养禽畜应做到人畜分离，结合沼气池建设，改造分散的禽畜圈舍，确保环境卫生，合理集中布置养殖点，逐步实现家养禽畜集中圈养。对于禽畜饲养场（点），均应建立并严格执行及时清扫和消毒等防控疫病管理制度，对村中禽畜房可以通过绿化植物对它们进行适当的遮挡。对于废弃的猪圈、禽舍，应进行拆除。

5. 安全网

安全网应充分考虑沿街的立面感观效果，尽量做到统一设计、统一风格；安全网不应凸出建筑物和构造物外（如阳台、飘窗等）。拆除违章安全网，建议用户将安全网改装到居室的窗内侧。对不明显影响建筑外立面感观效果的安全网，可给予保留并做防锈和油漆翻新处理，图 4-24 是几种安全网的做法。

安全网设计和使用中的一些参考意见：

（1）最好采用隐形安全网，有利于建筑外立面保持简洁性，利于展现沿街建筑的造型效果。

（2）安全网的设计应尽量采用统一的款式，保持建筑外立面的统一外观。

（a）

（b）

图 4-24　几种安全网的做法（一）

（a）采用廉价的铁质喷漆安全网；（b）中式铁艺不锈钢安全网

（c）

（d）

图 4-24 几种安全网的做法（二）

（c）复合钢铝安全网；（d）铝合金安全网

（3）安全网的设计尽量使用不锈钢、铝合金材质，以免锈迹斑斑，有碍观瞻且不利于使用。

（4）安全网不适合大面积安装，可在必要的阳台、窗等位置适当地安装使用。

6. 广告招牌

广告招牌布置原则：统一、整齐、协调。做到沿街的广告牌位统一设计，保证建筑立面完整性。广告牌位布置整齐，保持建筑立面造型的简洁性和有机组合；广告招牌的设计风格（包括颜色、字体）应与建筑风格相协调。在具有旅游功能的村庄中，多采用地方材料来制作广告招牌，木制的、竹制的，都是不错的选择；不要盲目照抄城市里的招牌样式，越是乡土的便越有特色；招牌的大小要与悬挂的建筑体量相适应；悬挂的位置要注意不要挡住窗户，影响通风采光建筑立面造型，放在屋顶也是不妥当的；颜色和建筑的颜色要协调。

4.8.3 环境卫生整治

合理选用雨水排放和生活污水处理方式，实施雨污分流，生活污水和养殖业污水应处理达标排放，不得暴露或污染村庄生活环境。结合农村环境连片整治，深化“农村家园清洁行动”，推行垃圾分拣，分类收集，做到环境净化、路无浮土。进行无害化卫生户厕建设或整治。按需求建设水冲式公厕，梳理、规范村庄各种缆线。

1. 环境卫生整治原则

（1）城乡一体化原则。按照“户分类、村收集、镇中转、县处理”四级联动的城乡垃圾处理一体化管理原则，进行环境卫生整治。鼓励“以城带乡、纳管优先”，城镇生活污水管网尽可能向周边村庄延伸，优先考虑“纳管”集中处理。

（2）综合利用、设施共享原则。积极回收可利用的废弃物；提倡垃圾、污水处理设施的共建共享。

（3）重点和专项整治原则。对生态环境较脆弱和环境卫生要求较高的村庄，应重点进行整治。针对有时效性、临时产生的垃圾进行专项整治。

（4）完善机制、设施配套原则。建立日常保洁的乡规民约、责任包干、督促检查、考核评比、经费保障等长效机制。配套生活垃圾清扫、收集、运输等设施设备。

（5）群众参与、自我完善原则。积极整合社会力量和资源，发动群众，引导群众出资或投工投劳，增强群众参与的责任感和主人翁意识。

2. 垃圾收集与处理

（1）整治生活垃圾。建立生活垃圾收集——清运配套设施。提倡直接清运，尽量减少垃圾落地，防止蚊蝇滋生，带来二次污染。

（2）整治粪便垃圾。

（3）整治禽畜粪便。逐步减少村内散户养殖，鼓励建设生态养殖场和养殖小区，通过发展沼气、生产有机肥和无害化畜禽粪便还田等综合利用方式，形成生态养殖—沼气—有机肥料—种植的循环经济模式。

（4）整治农业垃圾。农业生产过程中产生的固体废弃物，主要来自植物种植业、农用塑料残膜等，如秸秆、棚膜、地膜等。

1）提倡秸秆综合利用，堆腐还田、饲料化、沼气发酵。

2）提倡选用厚度不小于0.008mm，耐老化、低毒性或无毒性、可降解的树脂农膜；“一膜两用、多用”，提高地膜利用率。

（5）整治河道垃圾。定期对河道、渠道等水上垃圾打捞清淤，保证水系的行洪安全。

（6）整治建筑垃圾。居民自建房产生的建筑渣土应定点堆放，不应影响道路通行及村庄景观。

3. 整治排水设施

（1）理清沟渠功能。弄清各类排水沟渠的功能，主要分三类：雨污合流沟渠、排内部雨水的沟渠、排洪沟渠（包括兼排内部雨污水的排洪沟渠）。

（2）疏通整治排水沟（管）渠及河流水系。

（3）建设一套污水收集管网。

（4）建设污水处理设施：

1）城镇周边和邻近城镇污水管网的村庄应优先选择接入城镇污水处理系统统一处理；居住相对集中的村庄，应选择建设小型污水处理设施相对集中处理；地形地貌复杂、居住分散、污水不易集中收集的村庄，可采用相对分散的处理方式处理生活污水。

2）污水处理设施的处理工艺应经济有效、简便易行、资源节约、工艺可靠，可按照相关农村生活污水处理技术，进行具体工艺选择。

（5）污泥处置和资源化。为避免污水处理产生的污泥对环境产生二次污染，应对污泥进行合理处置，利用农村优势将其农业利用和林业利用。

1）农业利用：以“还田堆肥”为目标，在适宜地点设置污泥堆肥场地，将脱水污泥进行堆肥发酵处理后用于农业生产。但污泥农用有害物质含量应符合国家现行标准的规定。

2）林业利用：林地不是食物链作物，公共健康的考虑及土地利用的规定不像农田那样严格，通过施用污泥提供树木生长所需的营养元素，是污泥处置的一条理想途径，此外林地需要更新时，也可充分利用污泥的作用。

4.8.4　配套设施整治

合理配套公共管理、公共消防、日常便民、医疗保健、义务教育、文化体育、养老幼托、安全饮水等设施，硬化修整村内主要道路，设置排水设施，次要道路和入户道路路面平整完

好，满足村民基本公共服务需求。

1. 道路桥梁及交通安全设施

村庄道路桥梁及交通安全设施整治要因地制宜，结合当地的实际条件和经济发展状况，实事求是，量力而行。应充分利用现有条件和设施，从便利生产、方便生活的需要出发，凡是能用的和经改造整治后能用的都应继续使用，并在原有基础上得到改善。

（1）畅通进村公路。

1）提高道路通达水平。进村道路既要保证村民出入的方便，又要满足生产需求，还应考虑未来小汽车发展的趋势。对宽度不满足会车要求的进村道路可根据实际情况设置会车段，选择较开阔地段将道路向侧局部拓宽。

2）完善城乡客运网络。围绕基本实现城乡客运一体化的目标。加快城乡客运基础设施建设，完善城乡客运网络，方便村民生产、生活，促进农村地区的繁荣。

（2）改善村内道路。

1）线形自然。村庄道路走向应顺应地形，尽量做到不推山、不填塘、不砍树。以现有道路为基础，顺应现有村庄格局和建筑肌理，延续村庄乡土气息，传承传统文化脉络。

2）宽度适宜。根据村庄的不同规模和集聚程度，选择相应的道路等级与宽度。规模较大的村庄可按照干路、支路、巷路进行布置，规模过大的村庄干路可适当拓宽，旅游型村庄应满足旅游车辆的通行和停放。

3）断面合理。村庄道路从横断面上可以划分为路面、路肩、边沟几个部分。路面主要是满足道路的通行畅通的需要。路肩和边沟则满足保护道路路面的需要，道路后退红线则满足在建筑物与路面间形成一个安全缓冲区的需要。道路路肩在实际使用中主要用来保护路基、种植树木和花草、铺装成为人行道。道路边沟在实际使用中主要用来排放雨水、保护路基。

4）桥梁安全美观。村庄内部桥梁在功能上有别于农村公路桥梁，其建设标准低于公路桥梁的技术标准，按照受力方式，桥梁结构简单、外形平直。桥梁的建设与维护，除了应满足设计规范，还应遵循经济合理、结构安全、造型美观的原则。可通过加固基础、新铺桥面、增加护栏等措施，对桥梁进行维护、改造。重视古桥的保护，特别是历史悠久的古桥，已经成为村庄乡土特色中不可忽略的重要部分。廊桥造型优美，结构严谨，既可保护桥梁，又可供人休憩、交流、聚会等。

（3）设置停车场地。

1）集中停车。充分利用村庄零散空地，结合村庄人口和主要道路，开辟集中停车场，使动态交通与静态交通相适应，同时也减少机动车辆进入村庄内部对村民生活的干扰。有旅游等功能的村庄应根据旅游线路设置旅游车辆集中停放场地。

2）路边停靠。沿村庄道路，在不影响道路通行的情况下，选择合适位置设置路边停车位。路边停靠不应影响道路通行，遵循简易生态和节约用地原则。

（4）地面铺装生态。村庄交通流量较大的道路宜采用硬质材料路面，一般情况下使用水泥路面，也可采用沥青、块石、混凝土砖等材质路面。还应根据地区的资源特点，优先考虑选用合适的天然材料，如卵石、石板、废旧砖、砂石路面等，既体现乡土性和生态性，也有利于雨水的渗透，又节省造价。具有历史文化传统的村庄道路路面宜采用传统建筑材料，保留和修复现状中富有特色的石板路、青砖路等传统街巷道。

（5）配置道路交通设施。

1）道路安全设施。对现有农村道路进行全面的通车安全条件验收，对存在安全隐患的农村道路，要设置交通标志、标线和醒目的安全警告标志等措施保障通车安全。遇有滨河路及路侧地形陡峭等危险路段时，应根据实际情况设置护栏。道路平面交叉时应尽量正交，斜交时应通过加大交叉口锐角一侧转弯半径、清除锐角内障碍物等方式保证车辆通行安全。村庄尽端式道路应预留一块相对较大的空间，便于回车。

2）道路排水。路面排水应充分利用地形并与地表排水系统配合，当道路周边有水体时，应就近排入附近水体；道路周边无水体时，根据实际需要布置道路排水沟渠。道路排水可采用暗排形式，或采用干砌片石、浆砌片石、混凝土预制块等明排形式。

3）路灯照明。路灯一般布置在村庄道路一侧、丁字路口、十字路口等位置，具体形式应根据道路宽度和等级确定。路灯架设方式主要有单独架设、随杆架设和随山墙架设三种方式，应根据现状情况灵活布置。路灯应使用节能灯具，在一些经济条件较好的村庄，可以考虑使用太阳能路灯或风光互补路灯，节省常规电能。

4）路肩设置。路肩是为保持车行道的功能和临时停车使用，并作为路面的横向支承，对路面起到保护作用。当道路路面高于两侧地面时，可考虑设置路肩。路肩设置应“宁软勿硬”，宜优先采用土质或简易铺装，不必过于强调设置硬路肩。

路缘石及道牙将雨水阻止在排水槽内，以保护路面边缘，维持各种铺砌层，防止道路横向伸展而形成结构缝，控制路面排水和车辆，保护行人和边界。路面低于周边场地，道路排水采取漫排的不可做道牙；路面高于周边场地，设有排水边沟、暗渠的可根据情况设置道牙。

2. 公共服务设施

（1）公共活动场地。公共活动场地宜设置在村庄居民活动最频繁的区域，一般位于村庄的中心或交通比较便利的位置，宜靠近村委会、文化站及祠堂等公共活动集中的地段，也可根据自然环境特点，选择村庄内水体周边、现状大树、村口、坡地等处的宽阔位置设置。注意保护村庄的特色文化景观，特色村庄应结合旅游线路、景观需求精心打造。

公共活动场地应以改造利用村内现有闲置建设用地为主要整治方式，严禁以侵占农田、毁林填塘等方式大面积新建公共活动场地；建设规模应适中，不宜过大；建设内容应紧扣村民生活需求，不可求大求洋。公共活动场地可通过建（构）筑物或自然地形地物围合构成，公共服务设施、住宅、绿化、水体、山体等建筑物、自然地形地物都可以用作围合形成场地。

公共活动场地可配套设置座凳、儿童游玩设施、健身器材、村务公开栏、科普宣传栏及阅报栏等设施，提高综合使用功能。公共活动场地可根据村民使用需要，与打谷场、晒场、非危险物品临时堆场、小型运动场地及避灾疏散场地等合并设置。公共活动场地兼作村庄避灾疏散场地，应符合有关规定。

（2）公共服务中心。村庄公共服务设施应尽量集中布置在方便村民使用的地带，形成具有活力的村庄公共活动场所，根据公共设施的配置规模，其布局可以采用点状和带状等不同形式。

（3）学校。小学、幼儿园应合理布置在村庄中心的位置，方便学生上下学，学校建筑应注意结构安全、规模适度、功能实用，配置相应的活动场地，与村庄整体建筑风貌相协调，并进行适度的绿化与美化。

（4）卫生所。通过标准化村卫生所建设、仪器配置和系统的培训，改善农村医疗机构服务条件，进一步规范和完善基层卫生服务体系。卫生所位置应方便村民就医，并配置一定的床位、医药设备和医务人员。

（5）公厕。结合村庄公共设施布局，合理配建公共厕所。每个主要居民点至少设置 1 处，特大型村庄（3000 人以上）宜设置两处以上。公厕建设标准应达到或超过三类水冲式标准。

结合村庄公共服务中心、公共活动与健身场地，合理配建公共厕所。有旅游功能的特色村庄应结合旅游线路，适度增加公厕数量，并提出建筑风貌控制要求。公厕应与村庄整体建筑风貌相协调。

（6）其他。其他公共服务设施包括集贸市场农家店、农资农家店等经营性公共服务设施，参考指标为 200～600m^2/千人，有旅游功能的村庄规模可增加，配置内容和指标值的确定应以市场需求为依据。

3. 给水设施

（1）优先实施区域供水。临近城镇的村庄，应优先实行城乡供水一体化。实施区域供水，城镇供水工程服务范围覆盖周边村庄，管网供水到户。在城镇供水工程服务范围之外的村庄，有条件的倡导建设联村联片的集中式供水工程。

（2）保障农村饮水安全。

（3）加强水源地保护。

4. 安全与防灾设施

村庄整治应综合考虑火灾、洪灾、震灾、风灾、地质灾害、雪灾和冻融灾害等的影响，贯彻预防为主，防、抗、避、救相结合的方针，综合整治、平灾结合，保障村庄可持续发展和村民生命财产安全。

（1）保障村庄重要设施和建筑安全。村庄生命线工程、学校和村民集中活动场所等重要设施和建筑，应按照国家有关标准进行设计和建造。村庄整治中必须关注建造年代较长、存在安全隐患的建筑，并对村庄供电、供水、交通、通信、医疗、消防等系统的重要设施，根据其在防灾救灾中的重要性和薄弱环节，进行加固改造整治。

（2）合理设置应急避难场所。避震疏散场所可分为紧急避震疏散场所、固定避震疏散场所和中心避震疏散场所三类，应根据平灾结合原则进行规划建设，平时可用于村民教育、体育、文娱和粮食晾晒等生活、生产活动。用作避震疏散场所的场地、建筑物应保证在地震时的抗震安全性，避免二次震害带来更多的人员伤亡。要设立避震疏散标志，引导避难疏散人群安全到达防灾疏散场地。

（3）完善安全与防灾设施。

1）消防安全设施。民用建筑和村庄（厂）房屋应符合农村房屋防火规定，并满足消防间距和通道的要求。消防供水宜采用消防、生产、生活合一的供水系统，设置室外消防栓，间距不超过 120m，保护半径不超过 150m，承担消防给水的管网管径不小于 100mm，如灭火用水量不能保证时宜设置消防水池。应根据村庄实际情况明确是否需要设置消防站，并配置相应的消防车辆，并保证消防车辆通行顺利，发展包括专职消防队、义务消防队等多种形式的消防队伍。

2） 防洪排涝工程。沿海平原村庄，其防洪排涝工程建设应和所在流域协调一致。严禁在行洪河道内进行各种建设活动，应逐步组织外迁居住在行洪河道内的村民，限期清除河道、湖泊中阻碍行洪的障碍物。村庄防洪排涝整治措施包括修筑堤防、整治河道、修建水库、修建分洪区（或滞洪、蓄洪区）、扩建排涝泵站等。受台风、暴雨、潮汐威胁的村庄，整治时应符合防御台风、暴雨、潮汐的要求。

3）地质灾害工程。地质灾害包括滑坡、崩塌、泥石流、地面塌陷、地裂缝、地面沉降等，村庄建设应对场区做出必要的工程地质和水文地质评价，避开地质灾害多发区。

目前常用的滑坡防治措施有地表排水、地下排水、减重及支挡工程等；崩塌防治措施有绕避、加固边坡、采用拦挡建筑物、清除危岩以及做好排水工程等；泥石流的防治宜对形成区（上游）、流通区（中游）、堆积区（下游）统一规划和采取生物与工程措施相结合的综合治理方案；地面沉降与塌陷防治措施包括限制地下水开采，杜绝不合理采矿行为，治理黄土湿陷。

4）地震灾害工程。对新建筑物进行抗震设防，对现有工程进行抗震加固是减轻地震灾害行之有效的措施。提高交通、供水、电力等基础设施系统抗震等级，强化基础设施抗震能力。避免引起火灾、水灾、海啸、山体滑坡、泥石流、毒气泄漏、流行病、放射性污染等次生灾害。

（4）生活用能设备。当前，我国一些省份的大部分农村地区还存在能源利用效率低、利用方式落后等问题，重视节约能源，充分开发利用可再生能源，改善用能紧张状况，保护生态环境，是村庄整治的重点内容之一。各村庄应结合当地实际条件选择经济合理的供能方式及类型。

1）提高常规能源利用率。

2）积极发展可再生能源。可再生能源主要包括太阳能、风能、生物质能和地热能等。发展可再生能源，有利于保护环境，并可增加能源供应，改善能源结构，保障能源安全。

3）家庭独立使用的新型秸秆气化炉可以解决烟雾大、火力不稳定、加料不方便、保暖性能差等难题。

4）可利用太阳能为建筑物提供生活热水、冬季采暖和夏季空调，并结合光伏电池技术为建筑物供电。太阳能热水器安装要整齐划一，美观安全。

5）使用太阳能、风能作公共照明的能源，风光互补路灯可以弥补风能和太阳能各自的不足。

6）提倡使用节能减排设备，采用综合考虑建筑物的通风、遮阳、自然采光等建筑围护结构优化集成节能技术。通过屋面遮阳隔热技术，墙体采用岩棉、玻璃棉、聚苯乙烯塑料、聚氨酯泡沫塑料及聚乙烯塑料等新型高效保温绝热材料以及复合墙体，采取增加窗玻璃层数、窗上加贴透明聚酯膜、加装门窗密封条及使用低辐射玻璃、封装玻璃和绝热性能好的塑料窗等措施，有效降低室内空气与室外空气的热传导。同时，垂直绿化也是实现建筑节能的技术手段之一。

使用符合国家能效标准要求的高效节能灯具、水具、洗浴设备、空调、冰箱等，都可以降低生活用能的消耗，减少温室气体排放。

4.8.5 绿化美化整治

积极创建绿色村庄，大力开发“四旁四地”（村旁、宅旁、水旁、路旁；宜林荒山荒地、低质低效林地、坡耕地、抛荒地）等林地和非规划林地，种植珍贵和优良乡土树种，大幅增加村庄绿化量；有条件的村庄应建设面积适宜、乡土气息浓郁的小型休闲广场和公共绿地。

1. 绿化美化原则

规划以尊重农民意愿、增进农民福祉为宗旨，以经济适用为指导，通过见缝插绿、拆

违建绿、能绿则绿的方式，构建“村在林中、路在花中、房在树中、人在景中”的绿色田园风光。

2. 四旁四地绿化美化

（1）路旁绿化美化。

1）进村道路绿化。进村道路主要处于村庄生活区外围，周边多是农田、菜地、果园、林地，局部可能因道路施工而形成突地、边坡或不利景观的道路结构。建议结合不同的路段特点提出相应的整治方案。

2）村内道路绿化。农村村内道路可绿化用地有限，村内道路景观主要结合宅旁绿地进行综合整治。宅间道路由于用地局限难以绿化、建议做垂直绿化、弱化挡墙的硬质景观。

（2）水旁绿化美化。水是村庄景观的重要组成部分，与村民的生活息息相关。实现河道两岸绿化美化，能全面提升河道的引排功能、生态功能和景观功能，实现“水清、畅通、岸绿”的农村水环境。

1）水塘绿化美化。水塘水位较稳定，是乡村景观的重要元素。杜绝在池塘内丢弃垃圾，及时清理垃圾杂物及漂浮物；清除岸边堆放杂物，防止杂物腐烂，影响水质；定时清理池塘内淤泥，保证水质清澈。浅水塘可种植荷花、莲花等水生植物提高池塘自净能力；池塘边以亲水植物为主，多种植开花或色叶乔木。

2）河流绿化美化。河流以防洪防汛的安全功能优先，河流护岸水利部门多采取硬质驳岸处理，景观生硬、单调，不作为理想的河岸景观处理方式。对于用地条件允许的区域尽量使用自然的驳岸形式，既美观又满足生态需求。对已形成硬质驳岸的河道景观，后期通过多层绿化、垂直绿化的形式进行弥补。

3）沟渠绿化美化。乡村沟渠与村民生活息息相关，乡村沟渠的整治，首先满足行洪排涝通道的畅通；其次应满足日常安全防护，保证村民安全生产、生活，最后应美化沟渠两岸景观，能绿则绿。

（3）宅旁绿化美化。宅旁绿化主要指房前屋后的绿化美化，充分利用闲置地和不宜建设用地，做到见缝插绿。宅旁绿地绿化美化，以适宜的瓜果蔬菜和果树为主，既美观又经济适用，不宜追求城市园林绿化的设计手法，以致增加成本及后期养护费用。

1）公共设施绿化美化。强化公共设施内院及周边绿化水平，是提升村庄绿化水平的主要途径，主要包括学校、宗祠、村委会、公共活动中心、老年活动中心等。提升公共设施的绿化水平，完善内部服务设施，如增设休息座椅、健身器材等，作为村民的主要活动场所。

2）住宅四周绿化美化。宅前屋后依场地而定，以菜地为主，配植适宜的果树，如柑橘、柿子、枇杷、枣树等，达到绿化美化效果的同时，提高土地经济及实用性；宅侧可种植爬藤植物，增加绿量，倡导绿色、节能环保。

3）特殊用地绿化美化。对于有安全防护需求、景观隔离需求的市政公用设施，如变压器、垃圾处理设施、牲畜饲养区等，用大量植物进行景观分隔。

（4）村旁绿化美化。

1）村旁山体绿化美化。村庄外围一重山的绿化美化是形成村庄良好自然环境的基础，首先，保证一重山视线范围内能绿则绿，重点对宜林荒山荒地、低质低效林地、坡耕地、抛荒地进行绿化；其次，在条件允许的情况下，对一重山进行林相的美化处理，凸显四季变化，种植开花或是变色树种。

2）村旁农田菜地绿化美化。村庄外围多与农田菜地衔接，应保护好周边的农田景观，禁止随意围田造房。提高农田的利用率，利用植物的季节特征，提高土地复垦率，发挥最大的土地价值，尽量避免农田空置、裸露。

3）村旁林地绿化美化。村头村尾的树林是村庄与外围环境很好的衔接与过渡，对树林的保护不仅能达到很好的景观效果，同时也起到很好的生态效益，对调节村内小气候起到重要作用。

4）村旁园地绿化美化。果园是乡村绿化美化的重要形式，既能达到绿化美化的效果，又能为村民带来经济效益，且极富季相变化，既能观花、观果，还能开展农家的采摘活动。

（5）公共绿地绿化美化。

1）扩充公共绿地空间。对于乡村的财力而言，成规模的公园绿地建设存在一定的难度，主要问题在于公园用地与建设资金筹措。尽量利用村内不可建设用地、废弃地的改造，作为村民的主要活动场所，绿化配置应简洁实用，以本土的乔木为主，减少后期养护成本。

2）丰富公共绿地类型。作为乡村的公共绿地可根据村庄的实际情况设置，一般村庄可化整为零，多设置小游园、村头绿地、村民集结点，作为村庄绿地的主要类型。对于经济条件好、用地许可的村庄，可进行一定规模的公园绿地建设，其植物配置提倡以乡土乔木为主，避免大草坪、模纹色块等城市绿化造景形式，创造亲切的乡村色彩。

3）完善公共绿地设施。村庄公共绿地在考虑绿化美化的同时，需兼顾公共绿地的实用性，多考虑村民休闲活动设施，如儿童活动设施、休息座椅、户外健身器材、花架亭廊等，完善村民交流、活动的空间。

3. 绿化树种选择及应用

村庄绿化美化应重点突出乡村地方特色，有别于城市公园绿化，绿化品种应选用季相鲜明、乡土气息浓郁的适生作物和植物，既方便养护，又能产生经济效益。

4. 整治乱堆乱放

（1）整治杂物堆放。村庄杂物类型多样，主要有柴草、建筑材料、劳动工具、生产成果等，该部分以整治为主、清理为辅，在方便村民的前提下，对堆放场地和堆放形式做出定限定，降低其对村庄环境的影响。

（2）治理乱搭乱建。拆除村内露天厕所及严重影响乡村风貌的违章建（构）筑物及其他设施，对暂时不能拆除的设施进行绿化遮挡处理。

（3）规范广告招贴。广告与宣传语应选用固定地点设置，大小适宜、色彩协调。对影响村庄风貌、与环境不协调的墙体广告应及时清除。店面招牌样式宜具有乡村特色，多采用地方材料，位置需固定，大小适中、色彩协调。

4.8.6 管理机制整治

结合村规民约的制定，建立健全农村社区（村庄）环境综合整治长效管理机制，配足规划建设执法和设施维护养护管理人员，落实长效管理经费，巩固规划整治建设成果。

1. 管理方面

（1）加强宣传动员。要加强宣传发动，全面动员，让群众感受到村庄整治实实在在的变化，得到实实在在的好处。进一步提升村庄管理水平，最大限度尊重群众意愿，最大限度扩大社会参与面，使工作深入人心、氛围浓厚、群众理解。

（2）制定村规民约。引导制定农民群众普遍接受和遵守的村规民约；实行“门前三包”（包卫生、包绿化、包治安）责任制，细化垃圾处理、污水排放、公园绿地、公共设施等长效管理办法，以制度规范行为。

2. 人员方面

（1）村民成为主体。尊重和突出农民的主体地位，让农民担当村庄整治的决策主体、实施主体、受益主体，营造人人参与、自觉维护的浓厚氛围，最大限度调动和发挥农民的积极性、创造性。动员广大农民亲手参与到自己居住环境的改善、生活水平的提高中来，投工投劳自觉维护环境卫生。

（2）组建管护队伍。组建设施维护、渠道管护、绿化养护、垃圾收运、公厕保洁等队伍，实现事事有人管、事事有人抓，保持干净整洁的村容村貌。要配足规划卫生执法人员，对有技术要求的管护项目，如道路桥梁、污水处理设施、供水设施等，应选择专业人员进行管护；对一般管护项目，可根据村庄经济状况，选择市场化运作，或采取专、兼职相结合的方式组建管护队伍。

（3）注重长效管理。加强日常监控，定时间、定路段、定人员、包责任、强督查，做到运行有序、管理到位、群众满意。建立健全管护项目和管护队伍的专项管理制度，要尽可能明确要求量化标准指标，以便于检查、评比和考核奖惩，使村庄环境管理逐步走上规范化、制度化、长效化轨道，确保环境整治有成效、不反弹。

3. 经费方面

（1）落实经费来源。采取政府投入为重点和“一事一议”的筹集资金办法，最大限度减轻群众负担，保障运转经费采用多种投融资渠道，动员组织各行各业、社会各界尽其所能为村庄整治提供支持和服务，形成全社会支持、关爱、服务村庄整治的浓厚氛围。

（2）厉行节俭节约。坚持有机改造、绿色改造，不大拆大建、大挖大变，能省则省、能简则简、能用则用，做到人尽其才、财尽其力、物尽其用，让有限的人力、物力、财力发挥最大的效用。

（3）强调实用利民。注重配套设施的实用性，以群众所需、产业发展为出发点。加快完善各类配套设施。将环境整治与发展现代农业、乡村旅游等结合起来，将村庄环境整治与推动产业发展有效融合，促进农业增效，农民增收。

4. 监督方面

（1）建立管理机制。要建立“政府主导、农民主体、部门协调、社会参与”的工作机制。建立强有力的组织协调机构将农办、国土、规划、建设、农业、交通、水利、卫生、林业等涉及村庄整治工作的相关部门整合起来，明确各部门责任分工形成合力搞好服务。

（2）加强巡查督察。坚持治理与巩固并举，全面开展村庄环境整治巡查工作。在巡查中发现问题的责令限期整改。对整改不力的，在新闻媒体上曝光，建立约谈制度。

（3）强化农宅监管。加快村庄规划编制，强化村民住房新建、扩建、改建的监管，强化村民参与监督制度，从源头制止抢建、乱建等行为，确保各项管理机制落实到位。

5 建设美丽乡村

坚持以科学发展观为统领，按照社会主义新农村建设“生产发展、生活宽裕、乡风文明、村容整洁、管理民主”20字的总体要求，以“宜居环境整治工程”、“强村富民增收工程”、“公共服务保障工程”、“乡风文明和谐工程”为抓手，强化规划龙头作用，大力开展农村环境整治，深化农村体制改革和机制创新，提升农村经济发展水平，提高农民生活质量和幸福指数。

5.1 总体目标

建设美丽乡村的总体目标是努力把广大农村建设成为“村庄秀美、村建有序、村风文明、村民幸福”的美丽乡村，打造富有地域特色、田园风光、彰显地方文化、宜居宜业宜游的“美丽乡村”。“美丽乡村”建设的总体目标包括以下内容：

5.1.1 村庄秀美

村庄秀美就是通过自然环境的生态保护和人居环境的整治提升，达到绿化、美化、亮化、净化、硬化的“五化”要求，实现村容村貌整洁优美，农村垃圾、污水得到有效治理，农村家禽家畜圈养，村内无卫生死角，农户自来水和无害化卫生户厕基本普及，乡村工业污染、农业面源污染得到有效整治；村庄道路通达、绿树成荫、水清流畅，农村房屋外观协调、立面整洁，体现地方特色。

5.1.2 村建有序

村建有序就是通过村庄科学规划，实施村庄建设规划和土地利用规划合一，村庄布局科学合理、建设有序、管理到位，让每个村庄汽车开得进去；农村土地制度改革有新举措，农村危旧房、“空心村”得到有效整治，“一户一宅”（农村一户村民只能拥有一处宅基地）政策落实到位，没有“两违两非”（违法占地、违法建设、非法采砂、非法采矿）现象。

5.1.3 村风文明

村风文明就是通过文明乡风的培育和农民素质的提升，繁荣农村文化，促进精神文明建设，提升农民文明观念。农村各项民主管理制度健全、运作规范有序，社会风气良好，安全保障有力，干群关系和谐，村民之间和睦相处。村级组织凝聚力、战斗力强。

5.1.4 村民幸福

村民幸福就是通过农民就业多元化拓展、村集体经济实力提升，实现农民收入逐年增长。

农村社区综合服务中心建设规范，农民生活便利、文化体育活动丰富，新农合、新农保等社会保障水平不断提升，农民在农村就可以享受与城镇一样的公共服务。

5.2 基本原则

5.2.1 党政引导，群众主体

加强各级党委、政府的“政策指导、宣传引导、协调服务、监督管理和督促推进”作用，最大限度调动广大群众的积极性、主动性和创造性，鼓励和吸引社会力量自发参与“美丽乡村”建设行动，充分发挥群众主体作用。

5.2.2 分类指导，示范带动

根据全县城乡协调发展战略要求，分类型安排年度创建任务，重点选择沿溪、沿海、沿交通主干道及基础条件好、基层组织战斗力强、农民群众积极性高的村庄开展创建活动，创建示范典型，分步推进，辐射全县。

5.2.3 因地制宜，注重特色

立足村情实际，不搞大拆大建、不照搬城镇标准、不搞千篇一律，注重挖掘农村历史遗迹、风土人情、风俗习惯、文化传承、特色产业等，选择建拆结合、资源整合或整饰治理等不同创建方式，着力打造特色明显、浓郁个性品位的魅力村庄。

5.2.4 以人为本，创造创新

坚持以提高农民素质、提升农村群众幸福指数为根本，统筹美丽乡村建设的资源、资本和资金要素，大胆突破村庄规划建设、农村土地使用制度、发展现代农业等遇到的体制机制障碍，建立农民与土地的新型关系，通过盘活农村土地资源，壮大农村集体经济，增强“美丽乡村”建设的财力和动力，保障美丽乡村建设持续健康发展。

5.3 建设任务

建设任务为主要实施宜居环境整治、强村富民增收、公共服务保障、乡村文明和谐“四大工程”。

5.3.1 宜居环境整治工程

开展村庄环境综合整治、农村土地整理、旧村居改造，改善农村生活居住条件，着力构建舒适的农村生态人居体系和生态环境体系。

（1）环境综合整治。把村庄环境综合整治作为建设“美丽乡村”的基础性工作，根据省、市提出的村庄环境综合整治“七个好”（村庄规划好、建筑风貌好、环境卫生好、配套设施好、绿化美化好、自然生态好、管理机制好）目标，突出“点、线、面”综合整治，切实抓好农村环境综合整治试点工作。

（2）农村土地整理。按照“宜耕则耕、宜林则林、宜整则整、宜建则建”的原则，对杂农用地、集体建设用地（宅基地）、未利用地进行土地开发整理复垦，提高土地整理补偿标准。对于规模较小、地理位置偏僻、存在地质灾害隐患的自然村，实施整村分期搬迁到中心村，在中心村整理土地集中建设，原自然村通过土地整理复垦。按照“谁治理、谁受益”的原则，对废弃矿区土地整理利用给予一定资金奖励和优先承包经营权。

（3）旧村居改造。有计划、有步骤地开展农村危旧房、石结构房改造和“空心村”整治，通过危旧村居拆迁复垦和整理新宅基地用地的办法，有力、有序、有效开展村庄建设。严格实行“建一退一”，即农民居民（析产户除外）新申请一块宅基地，原有宅基地必须归还村集体所有。

5.3.2 强村富民增收工程

坚持农业产业化、特色化发展和农民增收多元化拓展，着力构建高效生态的农村产业体系。

（1）发展特色产业。发挥资源优势，把发展地方特色产业同“一村一品”相结合，加快培育特色鲜明、竞争力强的特色产业村。

（2）提高村财收入。一是推进土地承包经营权流转，鼓励村集体以农户土地承包经营权（林权）入股发展现代农业、农家乐等产业。二是探索村级留用地政策，征用村集体土地，要划拨一定比例土地作为村级发展留用地，主要用于村级公用服务设施和文化设施建设。三是探索发展物业经济，在符合村庄规划的前提下，鼓励村集体利用集体建设用地和村级留用地，通过自主开发、合资合作、产权租赁、物业回购、使用权入股等方式，建设标准厂房、农贸市场、商铺店面、乡村宾馆等除商品房以外的村级物业项目。

（3）促进农民增收。认真落实各项强农惠农政策，确保各项政策性补助依规及时兑现到农民手中。发展壮大农村新型经济合作组织，拓宽农民增收致富渠道。

5.3.3 公共服务保障工程

加快发展农村公共事业，为广大农村居民提供基本而有保障的公共设施，推进城乡基本公共服务均等化。

（1）完善农村公共设施。继续实施通自然村主干道硬化和危桥改造，加快规划建设农村客运站，积极推进城市公共交通向乡镇、中心村延伸，加大农村交通安全隐患的排查和整治力度，完善交通安全基础设施建设，确保道路交通安全畅通；继续开展农村电网改造升级，加快农村有线电视数字化转换，加快农村饮水安全工程建设，积极开展防灾减灾工程和农田水利基础设施建设。实施农村社区综合服务中心建设工程，合理设置各为农服务站点，完善党员服务、为民服务、社会事务、社会保障、卫生医疗、文体娱乐、综合治理等方面的服务功能。

（2）发展农村社会事业。继续推进乡镇综合文化站和村文化室等重点文化惠民工程建设。继续建设农村中小学校舍安全工程，完善农村卫生室配套建设，健全新农合、新农保运行管理机制。

（3）健全农村保障体系。推进农村社会救助体系，将农村低收入家庭中60周岁以上的老年人、重症患者和重度残疾人纳入农村医疗救助范围，加大对农村残疾人生产扶助和生活救助力度，农村各项社会保障政策优先覆盖残疾人。大力发展以扶老、助残、救孤、济困、赈

灾为重点的社会福利和慈善事业，以“五保”供养服务为主，社会养老、社会救济为辅的农村敬老院。继续推进农村扶贫开发。

5.3.4 乡风文明和谐工程

以提高农民群众生态文明素养、形成农村生态文明新风尚为目标，积极引导村民追求科学、健康、文明、低碳的生产生活和行为方式，构建和谐的农村生态文化体系。注重制定保护政策，合理布局、适度开发乡村文化旅游业。加强农村社会治安防控体系建设，定期开展集中整治，大力推进平安乡村建设，深入开展平安家庭创建活动。

5.4 步骤方法

美丽乡村建设工作分示范村、重点村、达标村三种类型分类推进，先向示范村、重点村集中投入，形成示范带动效应，再逐步扩大建设面，滚动推进。当年建设成效较好的达标村可列入下年度重点村或示范村，充分调动各村参与美丽乡村建设的积极性，逐步实现美丽乡村建设全覆盖。

5.4.1 实施步骤

（1）宣传发动、试点启动阶段。全面部署创建美丽乡村工作，组建工作机构，深入乡镇、村开展调查摸底，上下互动，共同讨论，做好前期准备工作。选择部分村作为试点，逐步推开。

（2）突出重点、全面实施阶段。重点选择试点，连片、持续开展环境综合整治，打造一批示范村、重点村。

（3）显著改善、整体提升阶段。全面开展美丽乡村创建工作，建成一批具有特色的美丽乡村。

5.4.2 工作方法

由行政村申报，乡镇推荐，县美丽乡村建设指挥部征求上下意见，筛选确认创建村。鼓励符合条件的行政村自主创建。

5.5 保障措施

美丽乡村建设是一项艰巨、复杂、长期的系统工程，创建工作成效好坏，关键在于党政引导、政策创新和资金投入，以及在于上下合力、工作持续、群众积极。

5.5.1 加强组织领导

进行美丽乡村建设试点的村及所在的乡（镇）、县（区、市）均应在各级党委、政府的直接领导下，建立美丽乡村建设领导小组，负责美丽乡村建设的统筹发展和具体工作指导，以确保美丽乡村建设的顺利开展。

5.5.2 科学合理规划

（1）编制村庄规划。村庄规划要在城镇总体规划的指导下，结合美丽乡村建设需要，注重与土地利用总体规划、产业发展规划和农村土地综合整治规划相衔接。对纳入城镇和产业发展规划、靠近核心城区周边的农村区域，以城镇的标准来建设集中居住区、配套公共服务，鼓励农民逐步转为城镇居民。对距离城镇较远，没有纳入城镇规划范围，但人口规模较大、工业发达的村，通过中心村带动若干自然村，或者村庄撤并，重点开展基础设施和公共服务建设，让农民不离开本乡本土，就过上现代的生活。距离较近或连接成片的行政村，可推行农民集中居住试点，突破村域限制，统一规划建设多层或小高层农民新社区，促进农村土地集约利用。

（2）策划创建项目。创建村要根据美丽乡村建设五个层次要求，结合村庄规划和群众需求，制定旧村居改造项目、土地综合整治项目、环境综合整治项目（绿化、美化、亮化、净化、硬化“五化”项目）、立面整饰项目、公共服务设施配套项目、农村社区综合服务中心建设项目（建设规范另行下发）、农村文化建设项目 7 种类型项目；重点村要策划旧村居改造项目、环境综合整治项目（绿化、美化、亮化、净化、硬化“五化”项目）、公共服务设施配套项目、农村社区综合服务中心建设项目、农村文化建设项目 5 种类型项目；达标村要策划生成环境综合整治项目（绿化、美化、亮化、净化、硬化“五化”项目）、公共服务设施配套项目 2 种类型项目。

5.5.3 加大资金投入

（1）财政投入。注重建立资金投入的长效机制。

（2）广泛发动。结合回归工程，积极探索通过村企共建、商业开发、市场化运作等形式，多渠道筹集美丽乡村建设资金。

5.5.4 落实政策支持

（1）加快推进农村宅基地土地登记发证。在严格执行农村宅基地有关政策规定的前提下，参照房屋所有权证和集体土地使用权证办理办法，区别不同情况制定办理土地登记和处置办法。

（2）用好农村土地政策措施。一是城乡建设用地增减挂钩政策。鼓励偏远、规模较小的农村土地整治以旧村复垦为主，通过复垦增加耕地指标，实施城乡建设用地增减挂钩，获取指标交易收益用于美丽乡村建设。二是耕地占补平衡政策。鼓励有条件的农村开展荒草地、裸地、采矿用地开垦，为美丽乡村建设开辟资金来源。三是“三旧”（旧城镇、旧厂房、旧村居）改造政策。鼓励镇区农村土地整治以盘活存量为主，通过土地整治节余建设用地，征收为国有后，重新进行规划，实施招标、拍卖、挂牌公开出让，用于发展二、三产业项目，土地出让收益按一定比例返还农村，用于农村公共基础配套建设。

（3）合理确定农村土地增值收益在政府、集体和个人之间的分配比例。

5.5.5 创新体制机制

（1）建立奖补机制。为推动和激励美丽乡村建设的积极性，各级党委、政府可根据各地

具体情况制定奖励和补偿办法。

（2）用活土地政策。进一步完善农村土地承包经营权流转机制，建立政府主导、市场化运作服务的流转市场和服务体系。细化完善宅基地置换相关配套政策，开展“两分两换”（宅基地与承包地分开、搬迁与土地流转分开，以宅基地转换城镇房产、以土地承包经营权转换社会保障）改革，鼓励有地农民以土地承包经营权置换社会保障，有地居民土地被全部征收或全部放弃土地承包经营后，和无地居民一样享受相应的各项社会保障和公共服务等政策，有效引导农村人口向城镇转移、向规划布局点村集聚。

（3）加快金融对接。深化农村新型金融组织创新，鼓励工商资本通过联合、股份合作等形式，发起组建村镇银行和适应“三农”需求的小额贷款公司、涉农信贷担保公司；鼓励和引导农民专业合作社通过联合、合作，组建跨产业、跨区域的农村资金互助合作社，开展信用合作。加快农村金融产品创新，推进确权发证后的农民住房和宅基地使用权、依法取得的农村集体经营性建设用地使用权、生态项目特许经营权、污水和垃圾处理收费权、矿山使用权等抵押贷款；深化完善林权抵押贷款；大力发展农村小额信用贷款，加大对美丽乡村重点建设项目金融支持。

（4）完善机构建设。健全村镇规划建设、土地管理机构。

5.5.6 加强基层建设

结合村级换届，进一步配强村级领导班子，充分发挥村级组织在创建活动中的带头作用，形成政府主导、村级主体、部门协作、社会参与的工作机制。认真落实工作制度，整合村务监督委员会、农村经济合作社等农村社会力量，充分发挥其在村务管理和民主监督等方面的作用。组建党员志愿者服务队等形式，引导农村（社区）党员服务美丽乡村建设。

5.5.7 注重宣传引导

加大舆论宣传力度，充分发挥电视、广播、报刊、网络等主流媒体的作用，开展形式多样、生动活泼的宣传教育活动，大力宣传美丽乡村建设的目的意义、政策措施，总结宣传一批鲜活典型，形成全社会关心、支持和监督美丽乡村建设的浓厚氛围。切实发挥好农民的主体作用，积极倡导自力更生、艰苦奋斗精神，鼓励和引导农民群众自助自愿投工投劳投资，全面激发村民群众参与和支持美丽乡村建设的积极性、主动性和创造性。

5.5.8 强化考核管理

把创建美丽乡村作为各级党政主要领导干部实绩等考核的重要内容，并纳入党委、政府年度农村工作责任考核体系。

5.6 建 设 案 例

5.6.1 永春县的美丽乡村建设

1. 概况

2011 年，福建省省委提出要“建设更加优美更加和谐更加幸福的福建”，泉州市市委提出

“因地制宜建设一批城市人向往、农村人留恋的示范村”的要求，根据这一精神，永春县在深入调研的基础上，提出按照“山水名城、特色乡镇、美丽乡村”的格局推进城乡一体化发展，并着手推进美丽乡村建设。2012 年 2 月初制定实施《关于开展“百村整治、十村示范”美丽乡村三年行动的工作意见》和《2012 年美丽乡村建设实施方案》。把美丽乡村建设作为推进社会主义新农村建设的重要载体，作为建设泉州“中心城市后花园”的重要举措，结合实施桃溪流域综合治理和村庄环境综合整治，从一些容易见效、能够示范的村庄入手，拉开新一轮新农村建设大幕。工作中树立“顺应自然、顺应规律、顺应民意”的全新理念。坚持“一村一策、突出特色”的基本原则，坚持做到“三个不”，即不搞大拆大建、不套用城市标准、不拘一个建设模式。制订行动计划，明确近、中、远期工作目标。每年抓好 10 个县级示范村和一批乡镇级示范村，落实联动措施，将美丽乡村创建工作与桃溪流域综合治理、旧村复垦、旧村居改造、家园清洁行动、农村环境污染连片整治、造福工程、亮化工程、绿色村庄创建和文化示范村、无诉讼生态村等工作相结合，统筹集中相关项目资金，捆绑建设，层级推进，滚动发展。建设内容包括实施“治污、美化、绿化、创新、致富、和谐”六大工程，主要目标是通过实施“百村整治、十村示范”五年行动，实现“环境优美、生活甜美、社会和美”的目标。

在建设过程中，注重整合资源，科学运作，有序推进，滚动发展。一是强化项目支撑；二是强化资金投入；三是强化示范引导，坚持层级推进，初步打造了特色文化型、田园风貌型、滨溪休闲型、生态旅游型、造福新村型和产业带动型 6 种类型的美丽乡村；四是强化工作机制。经过一年多来的实践，永春县美丽乡村行动初见成效，打造了一批具有永春田园风光、山水特色的美丽乡村，道路变宽了，村子变绿了，房子变美了，卫生变好了，生活也变甜了，效应开始逐步显现出来。永春县的美丽乡村建设初步打造了特色文化型、田园风貌型、滨溪休闲型、生态旅游型、造福新村型和产业带动型 6 种类型的美丽乡村。

2. 永春县美丽乡村建设的类型

（1）田园风貌型，见图 5-1～图 5-4。

南幢村有 900 多户，总人口 3900 多人。该村立足山区自然条件实际，科学规划，依山就势而建，形成错落有致、层次分明的农村建筑风格，素有“小重庆村”之称。共完成村庄绿化、农村垃圾收集处理、村容村貌整治等 10 个美丽乡村创建项目，呈现出清新、整洁、气派、优雅的农村风貌景象，如图 5-1 所示。

山后村山清水秀、乡风淳朴、乡韵浓厚，具有永春典型的乡村风貌，全村现有人口 1080 人。该村加大山水田林路的综合改造提升，实施主题亲水公园建设、环村公路及村中道路拓宽硬化、拆旧建新和房屋立面装修、生活污水分散高效处理示范工程等，初步建成一个村美、家和、人谐的生态宜居美丽侨村。该村入选 2012 年度 10 个“泉州美丽乡村入围村”，如图 5-2 所示。

姜莲村位于桃城镇东北部，人口 1183 人。该村通过开展田园风貌型美丽乡村建设活动，实施环境卫生保洁、拆杂拆废、古厝修整等村容村貌整治项目，建设观光休闲亲水公园和生活污水高效分散处理示范工程，努力建成城市人向往、农村人留恋的具有田园风光、山水特色的美丽乡村，如图 5-3 所示。

图 5-1 蓬壶镇南幢村

图 5-2 仙夹镇山后村

云台村是省级重点帮扶贫困村，该村把美丽乡村建设与扶贫工作结合起来，共完成通村公路硬化，村居民宅立面装修，禽畜集中圈养以及生态茶园、名优水果采摘园建设等项目，积极开展农家乐等乡村旅游，农民收入和村集体收入显著增加，初步呈现出绿树成荫、树在林中的田园风光村貌，如图 5-4 所示。

图 5-3　桃城镇姜莲村

图 5-4　玉斗镇云台村

（2）特色文化型，见图 5-5、图 5-6。

楚安村充分发挥篾香产业的优势，着力构建“篾香特色文化”的美丽乡村。依托篾香产业城、篾香文化展示中心建设，积极推广《永春县美丽乡村住宅设计图集》，实施农村生活污水高效分散处理示范工程，并抓好主题文化公园、道路硬化等项目，把楚安村打造成中国篾香产业第一村，如图 5-5 所示。

图 5-5　达埔镇楚安村

大羽村是永春白鹤拳的故乡，毗邻永春县城，山清水秀，空气清新。该村立足原有的自然生态，凸显永春白鹤拳文化主题，以建设宜居农村为目标，以增加农民收入为根本，以新农村精品工程建设为抓手，把大羽村建设成为融合自然生态和武术文化的美丽乡村。该村入选 2012 年度 10 个“泉州美丽乡村”，如图 5-6 所示。

图 5-6　五里街镇大羽村

（3）滨溪休闲型。文峰村是造福工程整村搬迁村。该村结合永春县桃溪流域综合治理示范工程建设，致力把新文峰村打造成为桃溪流域上一道亮丽的风景线。聘请西北综合勘察设计研究院福建分院对整村进行规划编制，组织实施了房屋立面改造，庭院绿化，垃圾处理，滨溪公园建设等项目，构建现代特色、滨溪休闲的美丽乡村，如图 5-7 所示。

图 5-7 东平镇文峰村

（4）生态旅游型。北溪村结合北溪旅游区建设，全面推进生态旅游型美丽乡村建设，实施了包括村庄规划、村庄整理、村容美化、溪流整治、垃圾处理、村庄绿化、村庄亮化、道路基础设施建设以及村级老人文化综合楼和文化活动中心休闲场所建设等项目，创建国家级生态村，提升北溪村生态旅游的档次，如图 5-8 所示。

图 5-8 岵山镇北溪村

（5）造福新村型。新村村坚持统一规划、设计、施工的原则，实施造福工程建设，形成

美观大方、风格特色的村貌。通过拆除旧厝、建设家禽集中圈养区，建设知青公园、入村景观大道等项目，绿化美化村容村貌；通过发展旅游经济、能源经济等，拓宽农民就业渠道；通过盘活电站、茶果场等集体资产，拓宽集体收入，着力打造一个环境优雅、现代富庶的美丽乡村。该村入选2012年度10个"泉州美丽乡村"，如图5-9所示。

图5-9　下洋镇新村村

（6）产业带动型。蒿山村是永春佛手茶生产规模最大的专业村，现有人口4576人，农民人均纯收入9344元。该村以佛手茶特色产业为支撑，按照"茶产业带动型"的规划，实施改旧建新、溪流整治、休闲公园建设、房前屋后绿化美化、古厝修整和保护、道路拓宽硬化、拆旧拆杂、环境卫生保洁等项目，着力打造集采茶、制茶、品茶以及茶叶休闲观光为一体的美丽乡村。该村入选2012年度10个"泉州美丽乡村入围村"，如图5-10所示。

5.6.2　"四美"愿景下的晋江美丽乡村实践——以顶溪园自然村为例

晋江市紫帽山脚有顶溪园村，是王姓村民聚族而居的自然村落。村北有福安古道连省会福州和茶乡安溪，曾为泉州、晋江和南安三县交界的交通要道；村南沿紫溪古港，舟船可达晋江，入泉州湾，自东海而下南洋。民国《南安县志》卷一载："三十三都，在县西南十五里。……乡有十八，曰深坑、曰溪园……"明代理学家，泉州四大名书之一的《四书达解》的作者王振熙是顶溪园村人；顶溪园村还出过"公孙五举三知州，兄弟一朝两大夫"；菲律宾民族英雄罗曼王彬、原国军中将参谋王台炳、都是顶溪园村人。村庄后有紫溪水库，紫溪、金溪在村南交汇，带状参差分布的村落如小舟静卧于紫溪湖畔。

图 5-10 苏坑镇蒿山村

1. 村庄发展现状及存在的问题

顶溪园村曾是一个交通便利、花果飘香、富裕安宁的历史村落。近代由于国道兴建，交通南迁，造成福安古道荒废，顶溪园村失去了交通要道的区位。改革开放后随着村南晋江磁灶小陶瓷工业的大规模发展，烟囱林立，烟尘飘浮，顶溪园村果树遭污染而不能挂果，村民失去了生活来源，不得不走南闯北、进厂务工或开店经商，美丽的田园成了荒郊野岭，人烟罕至。

近年来，晋江市禁煤窑、拨烟囱，着力整治陶瓷产业的环境污染，顶溪园村重现了昔日的碧水蓝天、鸟语花香，村旁的紫帽山又成了名副其实的“花果山”。随着紫帽山风景名胜区和国家级泉州经济技术开发区的建设，位于产业区和旅游区之间的顶溪园村，迎来了发展绿色农业旅游、构建美丽乡村的大好时机。

目前晋江市正着力培育 20 个市级美丽乡村示范村，力争到 2016 年底，晋江 30%以上的村庄基本达到美丽乡村建设要求，努力建设一批“村庄秀美、环境优美、生活甜美、社会和美”的宜居、宜业、宜游美丽乡村。顶溪园村是晋江市级美丽乡村示范村，在晋江市委、市政府的统一部署下，顶溪园村依托自然、生态、人文优势，在“四美”的愿景下，因地制宜发动全村村民积极参与美丽乡村创建活动，努力建设“生态旅游、文化保护型”的美丽乡村。

2. 创建美丽乡村的实践路径

四美包括村庄秀美、环境优美、生活甜美、社会和美。

（1）村庄秀美。“村庄秀美”要求村庄规划建设管理到位，“两违”得到有效遏制，农民房屋建设有序，有效推进危旧房、石结构房改造，“空心村”及旧村居得到有效整治，无乱搭乱盖现象。

顶溪园村村民代表、党员、老协会及社会贤达多次召开民主恳谈会，研究美丽乡村创建工作，发动村民出谋献策，出钱出力编制村庄规划，保证规划建设管理有蓝图。充分利用村

旁荒坡地在村西集中建设居住新村，村东集中建设农家乐会所和游客服务中心，使村民房屋建设有出路，发展有空间，设施能配套，环境有改观。

对村内所有未外装修及正在外装修的房屋统一形式、统一风格、统一颜色、统一装修标准，未围围墙的统一采用篱笆墙，新建翻建的房屋统一留出 3～4m 的入户道路。以保证村宅与村落整体景观风貌相协调，达到村庄秀美的目的，如图 5-11、图 5-12 所示。

图 5-11　村宅美化效果图

图 5-12　村落鸟瞰图

（2）环境优美。“环境优美”要求农村垃圾、污水得到有效治理，村内无卫生死角，100% 村庄建立长效保洁机制，常年清洁卫生。家禽家畜圈养，农户庭院整洁，自来水和无害化卫生户厕基本普及，消灭旱厕。农村工业污染、农业面源污染得到有效整治。村庄道路通达、绿树成荫、水清流畅。

顶溪园村目前已出动近千辆钩机、农用车对村内所有旱厕、猪圈进行清除，共清除 200

个旱厕、猪圈及6间废旧房屋。开展卫生大扫除，清除房前屋后的垃圾、杂石、杂草，村内设置垃圾收集站，村道旁配置垃圾桶。对村中古大树、福安桥古迹、阿弥陀佛石刻及王紫南墓碑等进行保护，清除古物周边杂草，对碑刻字进行描红。

对于轿车无法到门口的房屋尽量给予修通道路，用到村民的地，村民无偿贡献出来，形成村庄干路、支路、巷路三级路网体系。

对村中农田灌渠和村前金溪进行综合整治，保证河道、沟渠、水塘净化整洁，水体清澈，无淤泥、无白色污染、无垃圾等杂物。在保证溪流行洪安全的前提下，整修和建设亲水型、生态型河道，岸边设置游步道、休闲广场、休息凉亭，形成滨溪风光带，为村民提供游息休闲场所。金溪河道整治效果图见图5-13。

图5-13　金溪河道整治效果图

结合农用林网建设，对村庄周边、入村道路以及村间道路两侧进行绿化，更新生长弱势的小杂树，种植生长快和经济价值高的树种，美化村容村貌。保护环村小山包生态环境，建设环村步道，形成绿链串珠状环村公园。实施村庄道路、庭院绿化工程，发展小竹园、小果园、小茶园、花卉苗圃园，形成村落内靓丽的风景线。

为了彻底改变村庄环境卫生面貌，治理污水根源，村庄户户建设卫生厕所、三格式封闭式化粪池，卫生间污水逐层过滤后用于庭院绿化灌溉。村庄生活污水处理引进“生活用水湿地处理池”新技术，经过层层净化，排水达到环保要求。在村庄内新添农户家用小垃圾桶和活动垃圾桶，建设大型垃圾收集房，由农户进行初次垃圾分类，可回收垃圾进行回收利用，其他垃圾集中收集由保洁人员送到垃圾中转站，彻底改变了过去村庄环境脏、乱、差的状况。

（3）生活甜美。“生活甜美”要求农民增收渠道增多，到2016年，晋江农民人均纯收入将达15500元以上。农村教育、卫生、医疗等社会事业大力发展，公共服务设施健全，95%以上村宣传文化阵地达到“五有一所”（有阅报栏、宣传栏、科普栏、广播室、文化科技卫生服务站和农民文化娱乐场所）要求，农民文明观念提升、生活便利、文化体育活动丰富。

顶溪园村有山，村前有鸭母山，村后有紫帽山，均为风景名胜区；有水，村前有金溪，村后有紫溪和紫溪水库，村内有溪流，村民饮用水是山上流下的山泉水；有田园风光，村周围有田园和果园，房前屋后有果树；有生态，村中有两对夫妻树，一片榕树林，一棵茂榕磐石，一片200多年的相思树和杉树，一棵数百年的大樟树和大松树；有历史，村中有刻于明永乐八年阿弥陀佛石刻、紫南公墓碑群、紫南公墓、王部爷墓、乌龟驮大碑、福安古桥、泉安桥、泉山桥、洋后桥、福安桥石刻、古厝群、陀螺石、鸳鸯石、风动石、王公庙、土地公庙、沟口古井、王台炳故居；有名人，古代名人有“公孙五举三知州，兄弟一朝两大夫”，理学家王振熙，现代名人有王台炳、罗曼王彬；有传说，柿子石、夫妻树、顺正王、土地公、“云水洞”、老爹公、福安古桥、阿弥陀佛传说等；有园区，村东南和西南有国家级泉州开发区的官桥园和出口加工区。

多年来，村里一直非常重视生态保护，坚持不开山炸石、不推山填地办厂。生态好了，村民却没有富裕起来。顶溪园村人口 800 多人，是经济欠发达村之一，低保户、五保户 10 多户，村财政收入为零，村民主要收入靠外出打工。发展产业为村民提供就业岗位，减少长年在外奔波，让村民安居乐业，是美丽乡村建设要解决的首要问题。

充分利用村庄资源优势和位于城郊的区位条件，开展乡村生态农业体验活动，草莓种植品尝体验活动，水果采摘、欢乐亲子度假旅游活动，农家乐、运动健身延寿旅游活动等四季不同的半日、一日和两日游活动，大力发展休闲农业，为旅游者提供观赏、品尝等服务，从而为村庄创造广阔的就业机会，尤其是为村庄家庭妇女和尚不具备技术专长的青年以及中老年农民等农村剩余劳动力提供就业岗位。大力提高村庄农产品的商品转化率，把农业的生态效益和民俗文化等无形产品转化为合理的经济收入，拓宽农民创收的渠道，增大村民增收潜力。大力发展旅游服务产业、异地养老休闲产业，推动村庄第三产业发展和村级集体经济的壮大。争取泉州开发区的支持，实施现代家庭工业集聚区建设，新建标准厂房，利用厂房出租引进企业入村，鼓励村民创业，增加就业岗位，促进农民增收。

另外在村中心利用空闲地和旧宅院建设村健身场地、幼儿园、村公建设施，形成村级公共服务中心，为村民提供公共活动空间，丰富乡村文化生活，满足村民对社会服务和精神文化的需求，促进村庄经济社会、物质文明和精神文明协调发展。村落公共中心效果图见图5-14。

图 5-14　村落公共中心效果图

（4）社会和美。“社会和美”要求基层组织健全，村级组织战斗力强，群众对村级班子的满意率达到90%以上。农村治安良好，无发生重大刑事案件和群体性事件。农村精神文明创建活动深入开展，邻里和睦，尊老爱幼，移风易俗，社会和谐。

顶溪园美丽乡村建设得到了村民大力支持，也涌现了一批感人的事迹。在村庄环境综合整治过程中，村民所有旱厕、猪圈的条石及房前屋后没用条石全部无偿贡献村里用于乡村公益建设，对于旱厕、猪圈的拆除未要求一分补偿；涌现了为建设美丽乡村无偿工作的身残心美的英雄王家著、主持公道的王金条、人老心不老的王声塔、无言英雄王木桂、拆迁英雄王诗河及慷慨解囊的王扁头、王振富等。

通过美丽乡村建设，顶溪园村尊老爱幼、扶弱济贫、团结互助、爱护公物等社会公德得到发扬，维护村庄环境卫生，搞好家庭清洁卫生，种树栽花等成为村民时尚，逐步养成清洁、卫生、健康、科学的生活习惯，环境意识、卫生意识、文明意识不断增强。另外村务管理民主化程序也逐步提高，由村民公推直选建立村委会，由村民小组推选村民代表建立村民代表会议制度，村委会内部机构分工职责明确，组织健全，重大事务以及村民关注的热点、难点问题都由村民代表会议讨论决定。

3. 取得的成效

顶溪园美丽乡村建设结合“四美”愿景，已实施了生态、美化、平安、民生和文明五大工程。其中生态工程通过推动村庄土地整理、流转，发展现代农业，实施规模经营，高起点建设了多个生态特色农庄。美化工程通过深入开展“家园清洁行动”，成立了一支环卫队伍，全面做好村庄路面清扫、垃圾转运等村级日常保洁工作；硬化了村间道路，同步进行了排雨管道、排污管道建设，改变了路面积水的现状；对村中建筑、围墙进行统一规划设计及立面改造，改变了村貌杂乱的现状；修建了夫妻树公园和茂榕磐石公园；采用生态型旅游方式对金溪进行了综合整治。平安工程通过成立专职治安巡逻队，配备巡逻摩托车，实行24h巡逻；新建了治安岗亭，增设了全球眼，提升了村庄治安防控能力。民生工程普及了村庄自来水，建起了2处无公害公厕。文明工程使太极拳、广场舞、车鼓队日常化；建设了规划广告牌，建立了村民QQ交流群方便了村民宣传、沟通；请村贤整理了民间传说，保护了文物古迹。

顶溪园村通过美丽乡村建设，村庄社会事业得到了发展，基础设施大大改善，绿化工程大大提升，彻底改变了村容村貌，提高了村庄的整体影响力，实现了“村庄秀美、环境优美、生活甜美、社会和美”的美丽乡村建设目标。

6 新农村特色风貌规划

改革开放给中国城乡经济发展带来了蓬勃的生机，城镇和乡村的建设也随之发生了日新月异的变化。特别是在沿海较发达地区，星罗棋布的新农村生机勃勃，如雨后春笋，迅速成长。从一度封闭状态下开放的人们，无论是城市、城镇或者是乡村最敏感、最关注、最热衷、最向往的发展形象标志就是现代化，盲目地追求“国际化”，很多城市从规划、决策到实施处处沉溺于靠“国际化”来摘除“地方落后帽子”的宏伟规划，不切实际地一味与国外城市的国际化攀比，而新农村的建设又盲目地照搬城市的发展模式，导致了在对历史文化和自然环境、生态环境严重破坏的同时，大广场、大马路、大草坪的“政绩工程”，不切实际高速度、赶进度的“献礼工程”，缺乏文化内涵的“欧陆风”和片面的追求“仿古复古”之风盛行。这使得很多新农村都失去原有的特色风貌，失去了应有的地方性和可识别性，破坏了环境景观，进而严重影响新农村的经济发展。因此，努力营造各具特色的新农村风貌，便成为当前新农村建设的热门话题。

新农村特色风貌是一种文化，是智慧的结晶，是社会、经济、地理、自然和历史文化的综合表现。新农村也如同人一样是一个具有生命的物质载体。因此，新农村的特色风貌也就是新农村精、气、神的展现。

确实加强包括自然环境和人文环境在内的生态保护以及落实全面统筹综合经济发展，是确保新农村建设的关键所在，是形成新农村精气的根源，是营造新农村特色风貌的“精”。

建立和完善新农村的综合管理措施，是确保新农村建设有序运行的重要保证，这正如只有确保人体的气血运行通畅，才能维护身体的健康，因此有效地管理措施是实现新农村特色风貌的“气”。

在借助、调谐自然景观和人文环境景观的基础上，新农村的规划、设计和建设还应努力塑造新农村环境景观，以展现新农村充满活力的艺术形象，形成新农村的独具魅力。因此，新农村环境景观的塑造是新农村特色风貌的“神”。

6.1 传统村镇聚落的形成和布局特点

在中国传统文化中，“和谐”是最高的理想追求，强调与天地、自然的融合，形成各具特色风貌的村镇聚落，令世人瞩目。

6.1.1 传统村镇聚落的形成

聚落也称为居民点，它是人们定居的场所，是配置各类建筑群、道路网、绿化系统、对外交通设施以及其他各种公用工程设施的综合基地。

聚落是社会生产力发展到一定历史阶段的产物，它是人们按照生活与生产的需要而形成的聚居地方。在原始社会，人类过着完全依附于自然采集和猎取的生活，当时还没有形成固定的住所。人类在长期与自然的斗争中，发现并发展了种植业和养殖业，于是出现了人类社会第一次劳动大分工，即渔业、牧业同农业开始分工，从而出现了以农业为主的固定居民点——村庄。

随着生产工具的进步，生产力的不断发展，劳动产品有了剩余，人们将剩余的劳动产品用来交换，进而出现了商品通商贸易，商业、手工业与农业、牧业劳动开始分离，出现了人类社会第二次劳动大分工。这次劳动大分工使居民点开始分化，形成了以农业生产为主的居民点——村庄；以商业、手工业生产为主的居民点——城镇。目前我国根据居民点在社会经济建设中所担负的任务和人口规模的不同，把以农业人口为主，从事农、牧、副、渔业生产的居民点称为乡村；把具有一定规模的，以非农业人口为主，从事工、商业和手工业的居民点称为城镇。

6.1.2 传统村镇聚落的布局特点

不只是我们人类，即使是动物，也懂得选择适当的环境居留，因为环境与其安危有密切的关系。一般的动物总会选择最安全的地方作为其栖息之处，而且该地方一定能让它们吃得饱并养育下一代，像我们常说的“狡兔三窟”、“牛羊择水草而居”、“鸟择高而居”等就包含着这层意思。

人类从风餐露宿、穴居野外或巢居树上逐渐发展到聚落、村庄直到城市，正是人类创造生存环境的漫长历史变迁。中国传统民居聚落产生于以农为主、自给自足的封建经济历史条件下，世代繁衍生息于农业社会循规蹈矩的模式之中。先民们奉行着“天人合一”、“人与自然共存”的传统宇宙观创造生存环境，是受儒、道教传统思想的影响，多以“礼”这一特定的伦理精神和文化意识为核心的传统社会观、审美观来指导建设村寨，从而构成了千百年传统民居聚落发展的文化脉络。尽管我国幅员辽阔，分布各地且多姿多彩的民居聚落因不同的地域条件和生活习俗而各具特色，同时又同受中国历史条件的制约和“伦理”、“天人合一”这两个特殊因素的影响而具有共性之处。

在传统的村镇聚落中，先民们不仅注重住宅本身的建造，还特别重视居住环境的质量。

在《黄帝宅经》总论的修宅次第法中，称“宅以形势为身体，以泉水为血脉，以土地为皮肉，以草木为毛皮，以舍室为衣服，以门户为冠带。若得如斯，是为俨雅，乃为上堂，”极为精辟地阐明了住宅与自然环境的亲密关系，以及居室对于人类来说有如穿衣的作用。

“地灵人杰”即是人们对风景秀丽、物产富饶、人才聚集的环境的赞美。安居乐业是人类的共同追求，人们常说的“地利人和”，道出优越的地理条件和良好的邻里关系是营造和谐家居环境的关键所在。“远亲不如近邻”以及“百万买宅、千万买邻”的说法都说明了构建密切邻里关系的重要。《南史·吕僧珍传》记载：“宋季雅罢南康郡，市宅居僧珍宅侧。僧珍问宅价，曰‘一千一百万’怪其贵。季雅曰：一百万买宅，千万买邻。”因以“百万买宅，千万买邻”比喻好邻居千金难买。

在总体布局上，民居建筑一般都能根据自然环境的特点，充分利用地形地势，并在不同的条件下，组织成各种不同的群体和聚落。

1. 村镇聚落民居的布局形态

（1）乡村民居常沿河流或自然地形而灵活布置。村内道路曲折蜿蜒，建筑布局较为自由、不拘一格。一般村内都有一条热闹的集市街或商业街，并以此形成村落的中心。再从这个中心延伸出几条小街巷，沿街巷两侧布置住宅。此外，在村入口处往往建有小型庙宇，为村民提供举行宗教活动和休息的场所，图 6-1 所示为新泉桥头民居总体布置及村口透视。总体布局有时沿河滨溪建宅，如图 6-2 所示；有时傍桥靠路筑屋，如图 6-3 所示。

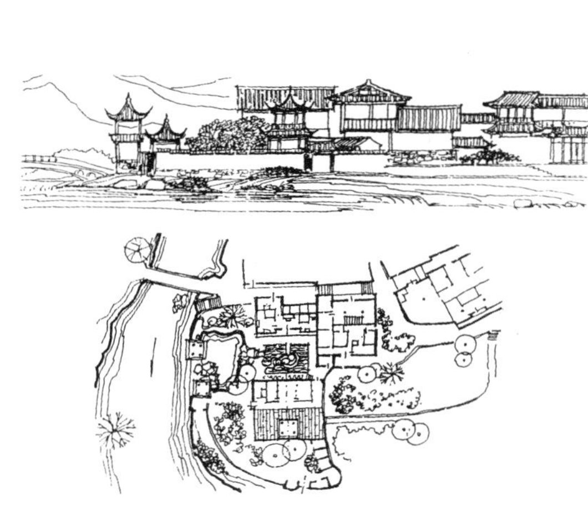

图 6-1 新泉桥头民居总体布置及村口透视

图 6-2 新泉村水边住宅

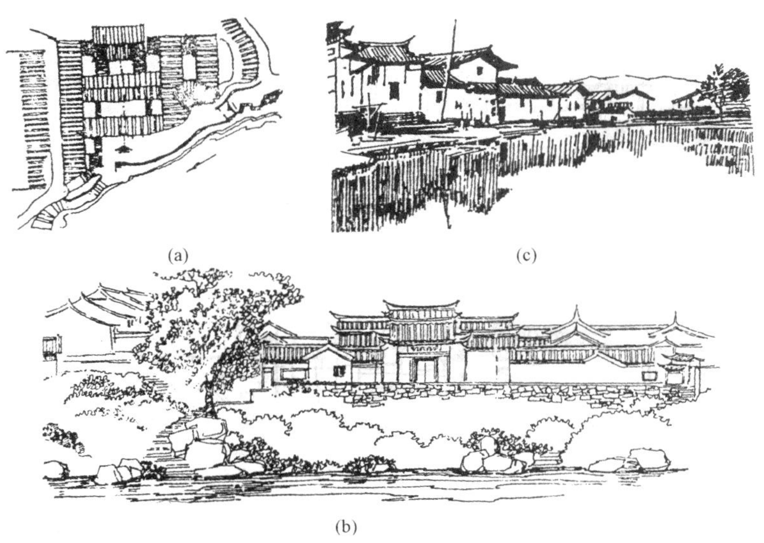

(a)

(c)

(b)

图 6-3 莒溪罗宅北立面图和平面

（2）在斜坡、台地和狭小不规则的地段，在河边、山谷、悬崖等特殊的自然环境中，巧妙地利用地形所提供的特定条件，可以创造出各具特色的民居建筑组群和聚落，它们与自然环境融为一体，构成耐人寻味的和谐景观。

（3）利用山坡地形，建筑一组一组的民居，各组之间有山路相联系，这种山村建筑平面自然、灵活，顺地形地势而建。自山下往上看，在绿树环抱之中露出青瓦土墙，一栋栋朴素的民居十分突出，加之参差错落层次分明，颇具山村建筑特色，如图 6-4 所示。

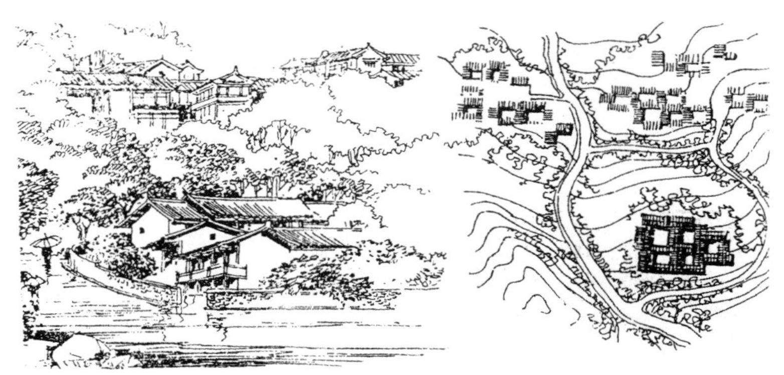

图 6-4　下洋山坡上民居分布图及外观

（4）台地地形的利用。在地形陡峻和特殊地段，常常以两幢或几幢民居成组布置，形成对比鲜明而又协调统一的组群，进而形成民居聚落。福建永定的和平楼是利用不同高度山坡上所形成的台地，建筑了上、下两幢方形土楼。它们一前一后，一低一高，巧妙地利用山坡台地的特点。前面一幢土楼是坐落在不同标高的两层台地上，从侧面看上去，如图 6-5 所示，前面低而后面高，相差一层，加上后面的一幢土楼正门入口随山势略微偏西面，打破了重复一条轴线的呆板布局，从而形成了一组高低错落，变化有秩的民居组群。

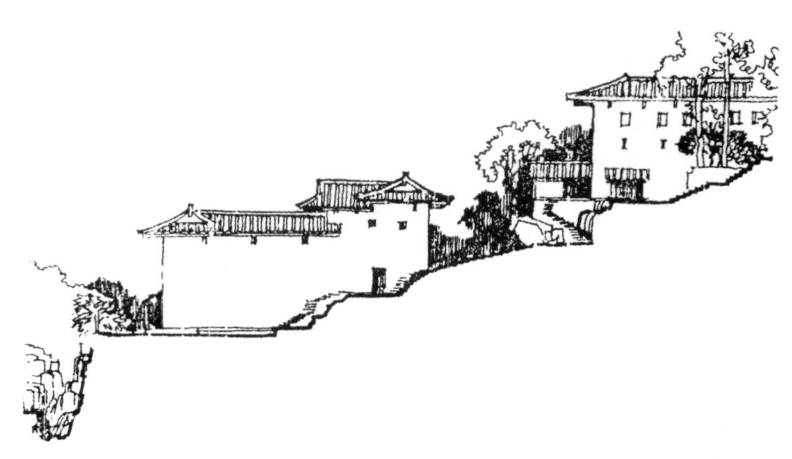

图 6-5　福建永定和平楼侧立面

（5）街巷坡地的利用。坐落在坡地上的乡镇，它的街巷本身带有坡度。在这些不平坦的街巷两侧建造民居，两侧的院落坐落在不同的标高上，通过台阶进出各个院落，组成了富于高低层次变化的建筑布局。福建长汀洪家巷罗宅（见图 6-6）坐落在从低到高的狭长小巷内，巷中石板铺砌的台阶一级一级层叠而上。洪宅大门入口开在较低一层的宅院侧面，随高度不同而分成三个地坪不等高的院落，中庭有侧门通向小巷，后为花园。以平行阶梯形外墙相围，接连的是两个高低不同的厅堂山墙及两厢的背立面。以其本来面目出现该高则高，是低则低，使人感到淳朴自然，亲切宜人。

图 6-6　福建长汀洪家巷罗宅

2. 聚族而居的村落布局

家族制度的兴盛，使得民居聚落的形式和民居建筑各富特色，独具风采。

家族制度的一个重要表现形式就是聚族而居，很多乡村的自然村落，大都是一村一姓。所谓“乡村多聚族而居，建立宗祠，岁时醮集，风犹近古”。这种一村一姓的聚落形态，虽然在布局上往往因地制宜，呈现出许多不同的造型，但由于家族制度的影响，聚落中必须具备应有的宗族组织设施，特别是敬神祭祖的活动，已成为民间社会生活的一项重要内容。因此，聚落内的宗祠、宗庙的建造，成为各个家族聚落显示势力的一个重要标志和象征。这种宗祠、宗庙大多建筑在聚落的核心地带，而一般的民居则环绕着宗祠、宗庙依次建造，从而形成了以家族祠堂为中心的聚落布局形态。福建泉港区的玉湖村是陈姓的聚居地，现有陈姓族人近 5000 人。全村共有总祠 1 座，分祠 8 座。总祠坐落在村庄的最中心，背西朝东，总祠的近周为陈姓大房子孙聚居。二房、三房的分祠坐落在总祠的左边（南面），坐南朝北，围绕着二房、三房分祠而修建的民居也都是坐南朝北。总祠的左边（北面）是六、七、八房的聚居点，这三房的分祠则坐北朝南，民居亦坐北朝南。四房、五房的子孙则聚居在总祠的前面，背着总祠、大房，面朝东边。四房、五房的分祠也是背西朝东。这样，整个村落的布局，实际上便是一个以分祠拱卫总祠、以民居拱卫祠堂的布局形态，如图 6-7 所示。

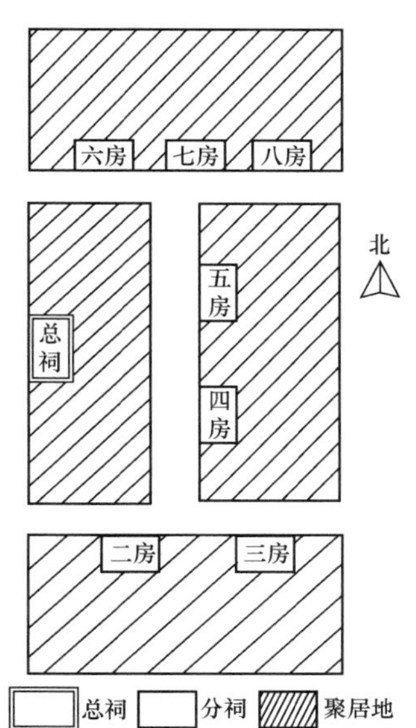

图 6-7　福建泉州泉港区玉湖村陈氏总祠及各祠分布示意图

福建连城的汤背村是张氏家族聚居的村落，全族共分六房，大小宗祠、房祠不下 30 座。由于汤背村背山面水，地形呈缓坡状态，因此这个村落的所有房屋均为背山（北）朝水（南）。家族的总祠建造在聚落的最中心，占地数百平方米，高大壮观，装饰华丽。大房、二房、三房的分祠和民居分别建造在总祠的左侧；四房、五房、六房的分祠和民居则建造在总祠的右侧，层次分明，布局有序如图 6-8 所示。

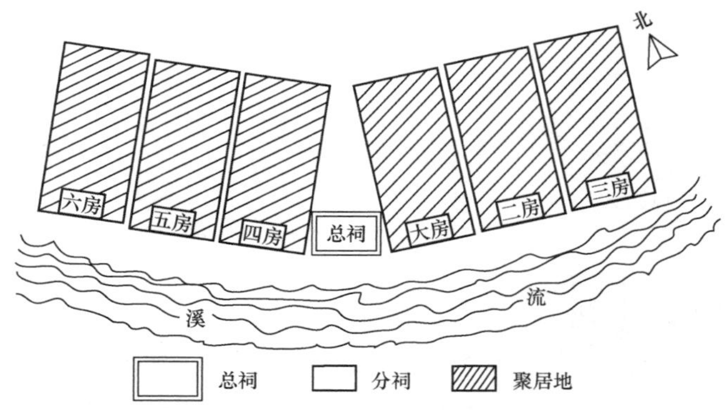

图 6-8　福建省连城县汤背村张氏总祠及各分祠分布示意图

以家族宗祠为核心的聚落布局，充分体现了宗祠的权威性和民居的向心观念。以家族祠堂为核心的聚落布局，还特别重视家庙的建筑布局。家庙大多建造在村落的前面，俗称“水口”处，显得十分醒目。家庙设在村落的前面（水口），大大增强了家庭聚落的外部威严感。在村口、水口家庙的四周，往往都栽种着古老苍劲的高大乔木树林，更显得庄严肃穆。家族聚落的布局，力求从自然景观、宗祠核心、家庙威严等各个方面来体现家族的存在，使家族的观念渗透到乡人、族人的日常生活中去。

广东东莞茶山镇的南社村，保存着较好的古村落文化生态，它把民居、祠堂、书院、店铺、古榕、围墙、古井、里巷、门楼、古墓等融合为一体，组成很有珠江三角洲特色的农业聚落文化景观。古村落以中间地势较低的长形水池为中心，两旁建筑依自然山势而建，呈合掌对居状，如图 6-9 所示，显示了农耕社会的内敛性和向心力。南社村在谢氏入迁前，虽然已有十三姓杂居，但至清末谢氏则几乎取其他姓而代之，除零星几户他姓外，全都是谢氏人口，南社村成了谢氏村落。历经明、清近 600 年的繁衍，谢氏人口达 3000 多人。在这个过程中，宗族的经营和管理对谢氏的发展、壮大显得尤为重要。南社古村落现存的祠堂建筑反映了宗族制度在南社社会中举足轻重的地位。南社祠堂大多位于长形水池两岸的围面，处于古村落的中心位置，鼎盛时期达 36 间，现存 25 间。其中建于明嘉靖三十四年

图 6-9　南社古村落以长形水池为中心合掌而居

（1555 年）的谢氏大宗祠为南社整个谢氏宗族所有，其余则为家祠或家庙，分属谢氏各个家族。与一般民居相比，祠堂建筑显得规模宏大、装饰华丽。各家祠给族人提供一个追思先人的静谧空间。祠堂是宗族或家族定期祭拜祖先，举办红白喜事，族长或家长召集族人议事的场所。宗族制度在南社明清时期的权威性可以从围墙的修建与守卫制度的制定和实施得到很好的印证。建筑作为一种文化要素携带了其背后更深层的文化内涵，通过建筑形态或建筑现象可以发现其蕴含的思想意识、哲学观念、思维行为方式、审美法则以及文化品位等。南社明清古村落之聚落布局、道路走向、建筑形制、装饰装修等方面无不包含丰富的文化意喻。南社明清古村落的布局和规划反映了农耕社会对土地的节制、有效使用和对自然生态的保护，使得自然生态与人类农业生产处于和谐状态。这对于我们现在规划设计新农村仍然是颇为值得学习和借鉴的。

3. 极富哲理和寓意的村落布局

浙江秀丽的楠溪江风景区，江流清澈、山林优美、田园宁静。这里村寨处处，阡陌相连，特别是保存尚好的古老传统民居聚落，更具诱惑力。

“芙蓉”、“苍坡”两座古村位居雁荡山脉与括苍山脉之间的永嘉县岩头镇南、北两侧。这里土地肥沃、气候宜人、风景秀丽、交通便捷，是历代经济、文化发达地区。两村历史悠久，始建于唐末，经宋、元、明、清历代经营得以发展。始祖均为在京城做官之后，在此择地隐居而建。在宋代提倡“耕读”，入仕为官、不仕则民的历史背景和以农为主、自给自足的自然经济条件下，两村由耕读世家逐渐形成封闭的家族结构，世代繁衍生息。经世代创造、建设，使得古村落的整体环境、建筑模式、空间组合及风情民俗等，都体现了先民对顺应自然的追求和“伦理精神”的影响。两村富有哲理和寓意的村落布局、精致多彩的礼制建筑、质朴多姿的民居、古朴的传统文明、融于自然山水之中的清新、优美的乡土环境，独具风采，令人叹为观止。

“芙蓉”村是以“七星八斗”立意构思，结合自然地形规划布局而建。如图 6-10～图 6-12 所示，星——即是在道路交汇点处，构筑高出地面约 10cm、面积约为 $2.2m^2$ 的方形平台。斗——即是散布于村落中心及聚落中的大小水池，它象征吉祥，寓意村中可容纳天上星宿，魁星立斗、人才辈出、光宗耀祖。全村布局以七颗“星”控制和联系东、西、南、北道路，构成完整的道路系统。其中以寨门入口处的一颗大“星”（4m×4m 的平台）作为控制东西走向主干道的起点，同时此“星”也作为出仕人回村时在此接见族人村民的宝地。村落中的宅院组团结合道路结构自然布置。全村又以“八斗”为中心分别布置公共活动中心和宅院，并将八个水池进行有机地组织，使其形成村内、外紧密联系的流动水系，这不仅保证了生产、生活、防卫、防火、调节气候等的用水，而且还创造了优美奇妙的水景，丰富了古村落的景观。经过精心规划建造的“芙蓉”村，不仅布局严谨、功能分区明确、空间层次分明有序，而且“七星八斗”的象征和寓意更激发乡人的心理追求，创造了一个亲切而富有美好联想的古村落自然环境。

“苍坡”村的布局以“文房四宝”立意构思进行建设，如图 6-13～图 6-15 所示。在村落的前面开池蓄水以象征“砚”；池边摆设长石象征“墨”；设平行水池的主街象征“笔”（称笔街，见图 6-16）；借形似笔架的远山（称笔架山）象征“笔架”，有意欠纸，意在万物不宜过于周全。这一构思寓意村内“文房四宝”皆有，人文荟萃，人才辈出。据此立意精心进行布置的“苍坡”村形成了以笔街为商业交往中心，并与村落的民居组群相连；以砚池为公共活动中心，巧借自然远山景色融于人工造景之中，构成了极富自然情趣的村落景观。这种富含寓意的村落布局，给乡人居住、生活的环境赋予了文化的内涵，创造了蕴含想象力和激发力的乡土气息，陶冶着人们的心灵。

图 6-10　芙蓉村现状

1—村口门楼；2—大“星”平台；3—大“斗”中心水池

图 6-11　芙蓉村规划图

1—村口门楼；2—大“星”平台；3—大“斗”中心水池；4—文化中心；5—商业集市；6—扩建新宅

图 6-12　浙江永嘉芙蓉古村落

图 6-13　苍坡村“文房四宝”的村落布局景观

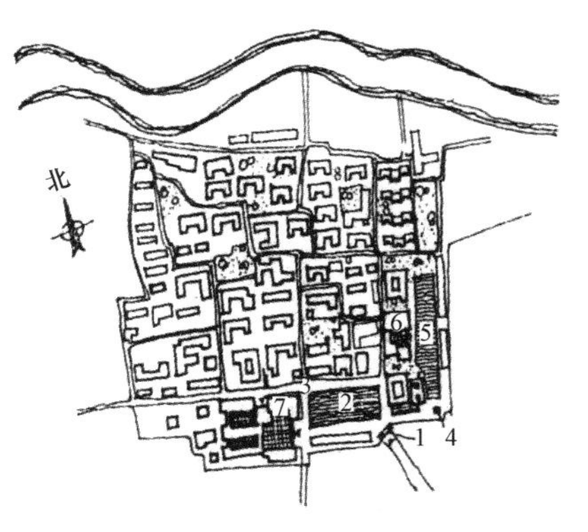

图 6-14 苍坡村规划图

1—村口门楼；2—砚池；3—笔街；4—望兄亭；5—水月塘；
6—文化中心；7—商业集市；8—扩建新宅

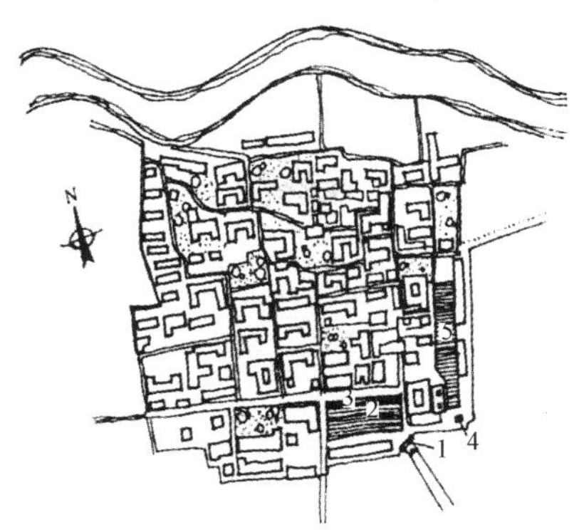

图 6-15 苍坡村现状图

1—村口门楼；2—砚池；3—笔街；
4—望兄亭；5—水月塘；

图 6-16 苍坡村笔街

图 6-17 苍坡村望兄亭景观

古村落位居山野，与大自然青山绿水融为一体的乡土环境和古村落风貌具有独特的魅力。造村者利用大自然赋予的奇峰、群山的优美形态，丰富村落的空间轮廓线，衬托出古村落完美的形象。借自然山水之美，巧造村景。“芙蓉”村的美名正是由造村者因借村外状似三朵待放的芙蓉奇峰之美，映入村内中心水池，每当晚霞印池有如芙蓉盛开的美景而得名；引山泉入村，沿村落寨墙、道路和宅边的水渠潺潺而流，沟通村内水池形成流动水系，使古村落充满无穷的活力。古村落的美景，令人陶醉。

4. 融于自然环境的山村布局

爨底下古村是位于北京门头沟区斋堂镇京西古驿道深山峡谷的一座小村，如图 6-18 所示，相传该村始祖于明朝永乐年间（1403～1424 年）随山西向北京移民之举，由山西洪洞县迁移至此。为韩氏聚族而居的山村，因村址住居险隘谷下而取名爨底下村。

爨底下古村是在中国内陆环境和小农经济、宗法社会、“伦礼”、“礼乐”文化等社会条件支撑下发展的。它展现出中国传统文化以土地为基础的人与自然和谐相生的环境，以家族血缘为主体的人与人的社会群体聚落特征和以“伦礼”、“礼乐”为信心的精神文化风尚。

图 6-18 爨底下古村落

（1）融于自然的山村环境。人与自然和谐相生是人类永恒的追求，也是中国人崇尚自然的最高境界。爨底下古村环境的创造正是尊奉“天人合一”、“天人相应”的传统观念，按天、地、生、人保持循环与和谐的自然规律，以村民的智慧创建了人、自然、建筑相融合的山村环境。

1）因地制宜巧建自然造化的环境空间。充分发挥地利和自然环境优势，结合村民生产、生活之所需，引水修塘，随坡开田，依山就势，筑宅造院。爨底下古村落顺应自然、因地制宜的村落布局，将 70 余座精巧玲珑的四合院随山势高低变化，大小不同地分上、下两层，呈放射状灵活布置于有限的山坡上。俯瞰村落的整体布局宛如“葫芦”，又似“元宝”。巧妙地将山村空间布局与环境意趣融于自然，赋予古山村“福禄”、“富贵”的吉利寓意。

2）在山地四合院的群体布置中，巧用院落布置的高低错落和以院落为单元依坡而建所形成的高差，使得每个四合院和组合院落的每幢建筑都能获得充足的日照、良好的自然通风和开阔的景观视野；采用密集型的山地立体式布置，以获取高密度的空间效益，充分体现古人珍惜和节约有限的土地，保持耕地能持续利用发展的追求和实践。

3）充分利用山地高差和村址两侧山谷地势，建涵洞、排水沟等完备有效的防洪排水设施；利用高山地势建山顶观察哨、应急天梯、太平通道及暗道等防卫系统；村内道路街巷顺应自然，随山势高低弯曲变化延伸，构成生动多变的山村街巷道路空间，依坡而建的山地建筑构成了丰富多变的山村立体轮廓。采用青、紫、灰色彩斑斓的山石和原木建房铺路，塑造出朴实无华，宛若天开的山村建筑独特风貌，充满着大自然的生机和活力。

（2）质朴的山村环境精神文化。爨底下古村落不仅环境清新优美，充满自然活力，还以其富有人性情感品质的精神环境和浓郁的乡土文化气氛所形成的亲和性令人叹为观止。

古村落巧借似虎、龟、蝙蝠的形象特征，构建“威虎镇山”、“神龟啸天”、“蝙蝠献福”、“金蟾坐月”等富有寓意的村景，以自然景象唤起人们美好的遐想和避邪吉安的心理追求。村中道路和院落多与蝙蝠山景相呼应，用蝙蝠图像装饰影壁，石墩以寓示“福”到的心灵感受。巧借笔峰、笔架山寓为“天赐文宝、神笔有人”之意象，激励村民读书明理，求知向上，营造山村环境的精神文化。

在兴造家族同居的四合院、立家谱族谱及祭祖坟等营造村落宗族崇拜、血缘凝聚的家园精神文化的同时，建造公用石碾、水井等道路节点空间、幽深的巷道台阶和槐树林荫等富有人本精神的公共交往空间，成为大人、小孩谈笑交流家事、村事、天下事，情系邻里的精神文化空间，密切了古村落和谐的社会群众关系。修建“关帝庙”、“私塾学堂”等伦理教化、读书求知的活动中心，弘扬“仁、义、忠、孝”的精神，以施“伦礼”教化，规范村民的道德行为，构建和谐环境的精神基础。

5. 以水融情的水乡布局

小洲水乡位于广州市海珠区东南端万亩果树保护区内，保护区由珠江和海潮共同冲积形成，区内水道纵横交错、蜿蜒曲折，并随潮起潮落而枯盈。“岭南水乡”是珠江三角洲地区以连片桑葚、鱼塘或果林、花卉商品性农业区为开敞外部空间的、具有浓郁广府民系地域建筑风格和岭南亚热带气候植被自然景观特征的中国水乡聚落类型，岭南水乡民居风情融于其中，古桥蚝屋、流水人家，富蕴岭南水乡和广府民俗风情。

（1）果林掩映的外部环境。在广阔的珠江三角洲，果木的种植历史悠久、品种繁多，花卉、果林水乡区东北起自珠江前航道，西南止于潭州水道、东平水道，图 6-19 为登瀛码头和登瀛码头外的万亩果林。位于海珠区果林水乡的沥村，至今已有 600 年历史，是典型的岭南水乡集镇。这里河涌密布、四面环水，大艇昼夜穿梭，出门过桥渡河。海珠区水乡龙潭村的中央是一处开阔的深潭，处于村中“y”字形水道交汇处，那是旧时渔船停靠之地，也是全村的形胜之地。由于四周河水汇集此潭，有如巨龙盘踞，故称“龙潭”。除了村口的迎龙桥外，在“龙潭”北面布置有利溥、汇源、康济三座建于清末的平板石桥；南岸有“乐善好施”古牌坊；东北岸有兴仁书院；东岸不远处有白公祠。古村四周古榕参天，河道驳岸、古桥、书院、古民居、古牌坊、祠堂等古建筑群和参天古榕围合成多层次、疏密有序的岭南水乡空间格局。

(a)

(b)

图 6-19 登瀛码头和登瀛码头外的万亩果林

(a) 登瀛码头；(b) 登瀛码头外的万亩果林

（2）河道密布的水网系统。珠江水系进入三角洲地区后，愈向下游分汊愈多，河道迂回曲折，时离时合，纵横交错。密布交错的河网为这一带具有广府文化特色的水乡聚落孕育形成了天然的水网环境基础。

小洲就是以“洲”命名的明、清下番禺水乡村落之一。小洲位于海珠区东南部的赤沙——石溪涌河网区，村落中心区的水网由西江涌、大涌及其分汊支流大岗、细涌等组成，区内河道迂环曲折，潮涨水满，潮退水浅。西江涌是流经小洲的最大河涌，从村西边自南向北绕村而过，到村北约 1km 处拐了个大弯，自北而东南，又自东南而东北，这一段至河口称为“大涌”，在村的东北角汇入牌坊河；村西的西江涌分别在西北角和西南角处各分支成两条小河汊，西北分叉一支南流经村中心汇合西江涌从南面过来的另一支小涌后迂回东折，最后汇入细涌，这一“Y”字形水系当地通称“大岗”；西江涌另一分支东流在天后庙，泗海公祠的“水口”位置汇入细涌；西江涌在西南角的另两支河汊，一支北流在村中心汇入大岗，一支绕过村落南缘汇入村东的细涌。绕村东而过的细涌，是流经小洲的第二大河涌，它接纳村中的三支小涌后，呈 S 形自南向北在村东北角流入大涌，整个小洲水乡聚落的河网，呈明显的网状结构。而在这个水网外围，还存在着与之相通的果园中细长的小河沟，形成一个庞大的水网系统，这个河网水位随潮汐而涨落，就像人的血管一样，成为小洲水乡村落和居民疏通生活污水、完成新陈代谢的生命网络。

（3）村落水巷景观。小洲的水巷景观大致可分为以下四类：

1）外围单边水巷。小洲外围的河涌水巷一般在靠村的一侧砌筑红砂岩或麻石（花岗岩）驳（堤）岸，在巷口对出的地方设置埠头，岸上铺上与河道平行的麻石条三至五条，在民居围合的街巷、临街处往往会修筑闸门楼，直对并垂直条石街和河涌。西江涌的另一侧河岸是连片的果林、水塘和泥筑果基，村西的西江涌和村北的河道水巷多数呈现村落一侧是麻石道和村外是大片水塘、果林、泥基的单边水巷景观。

2）内部双边水巷。穿过村中心的大岗是小洲村民联系外界的主要通道，也是本村最典型的双边水巷，大岗北段是由西、北两组建筑围合成的水巷，民居的街巷巷门大都垂直朝向河涌，河涌两岸的民居，街巷两两相对或相错。道路双边均铺设与河道平行的麻石铺砌的石板路，在石板路与河道之间，靠水岸的地方一般种植龙眼、榕树等岭南树种，形成宽敞、树木葱茏的水道景观。

河涌对出的河堤大都砌筑凹进或凸出河面的私家小埠头，可谓家家临水，举步登舟。流经村落的河道两岸用麻石、红砂岩砌筑驳岸，驳岸每隔一段设置小埠头，有的为跌落河涌的阶梯状，有的凸出河岸两边或一边开石阶，一般正对一侧的巷门方便村民上、下船和浣洗衣物，小洲内河大岗的埠头区分十分严格，各房族及家族各用不同的埠头，有的埠头还特意加以说明。

大岗东折的一段由北、南两组建筑围合，北部组团的巷门正对垂直河涌，西南部组团的民居则背倚河岸而建，在后面开门窗或开小院落，一正一反的建筑围合成水巷空间。

小洲村中以麻石平板桥居多，著名的有细桥（白石）、翰墨桥（又称“大桥”）、娘妈桥（白石）、东园公桥（白石）、东池公桥（白石）、无名石桥等；竹木桥有牌坊桥、青云桥等。大岗这一段河涌铺砌了六、七座简易的平板石桥，或一板或二、三板，平直、别致而稳当，连通南北。细桥和翰墨桥是这段河涌中最为著名的平板古石桥。图 6-20 为小洲村的景观。

3）街市。小洲的水乡街市主要集中在村东的东庆大街、东道大街、登瀛大街，一直延伸到本村最大的对外交通码头——登瀛古码头一带，是村中古商铺最为集中、商业最为繁

华的地方。从商铺分布的格局来看，这里初具小镇规模。

（a） （b） （c）

（d） （e） （f） （g）

（h） （i）

图 6-20 小洲村景观

（a）龙舟试水；（b）翰墨桥；（c）简氏宗祠前的百年老榕树；（d）横跨一涌两岸的石板桥；（e）古街和老铺；（f）巷门与镬耳大屋民居；（g）小舟老铺流水；（h）小洲刺绣工艺；（i）小桥流水人家

4）街巷景观。走进小洲水乡内巷，古村的空间结构，以里巷为单位，布局规整，整齐通畅的巷道起到交通、通风和防火作用；在古村落的朝向上，将民居、祠堂等乡土建筑面向河涌，建筑构成的里巷与河涌垂直，直对小埠头。与麻石或红砂岩石板巷道平行的排水道在接纳各家各户的生活污水后顺地势而下汇入河涌。

图 6-21 蚝壳砌筑的镬耳大屋民居

小洲内巷中偶尔还会见到一种珠江三角洲独特的蚝壳屋，如图 6-21 所示，蚝壳屋的每堵墙都挑选大蚝壳两两并排，堆积成列建成，后再用泥沙封住，使墙的厚度达 80cm。用这种方式构建的大屋，冬暖夏凉，而且不积雨水、不怕虫蛀，很适合岭南的气候。

6.2 新农村的自然环境保护

自然环境是聚落选址的主要依据，这是营造新农村特色风貌的基础。在迅速工业化的过程中，很多新农村受到临近城市工业化的影响以及乡镇企业的盲目发展导致环境污染十分严重，环境和谐被破坏，严重影响了人们的生产和生活。为此，要营造新农村的特色风貌首先必须做好自然环境的保护。

6.2.1 新农村自然环境保护的意义

我国的现代化建设要走适合国情的路子，实现环境优美、生态健全的具有中国特色的社会主义现代化。与此相应的环境保护的奋斗目标是：全国环境污染基本得到控制，自然生态基本恢复良性循环，城乡生产生活环境清洁、优美、安静，全国环境状况基本能够同国民经济的发展和人民物质文化生活的提高相适应。

“环境”实际上是指人们生活周围的境况。这个“环境”有大小之别。我们说“人类生活的环境”，便是地球上的环境。人类的生活环境与哪些因素有关呢？说来不外乎人们呼吸的空气、饮用水的水源以及生长粮食、蔬菜的土地等。它们都处在地球的外层或表层，通常分别称其为大气圈、水圈、岩石（土壤）圈。事实上，在地球的表层中，除了上述无生命的物质之外，还生存着大约 150 万种动物、19 万种植物及 30 万种微生物。人们把地球表层的大气圈、水圈、岩石圈，连同其间的近 200 万种生物，统称为生物圈。人类就生活在这个偌大的生物圈里，其中的大气、水域和土壤，是与人类生存密切相关的主要环境因素。

当然，就“环境”的广义概念来说，有自然环境和社会环境之分。但“环境保护”所指的环境，通常主要指自然环境。

正常情况下，天空是湛蓝的，大气是清新的，水是清澈的，土地上百花吐艳、万物争荣……这样的环境是适宜的、美好的。然而，随着工业的发展，人们不难发现，有的地区各种工业废气使空气污浊发生异味，河流和湖泊被工业废水弄得肮脏不堪……这就是环境受到了污染。这些污染大气的烟尘和有害气体，污染水域的有毒、有害物质，叫做环境的污染物；排放这些污染物质的烟囱、排水口等，或者排放这些污染物的场所，称为环境的污染源。但当只有少量污染物排入环境时，并不一定都会发生环境污染，例如工厂烟囱排出的烟尘不很浓重时，很快扩散到大气中，被风吹得无影无踪，于是天空又恢复了澄清的蓝色。这是因为环境（大气）有一定的“容量”，当污染物（烟尘）不超过它的容量时，能被稀释、扩散，使环境的“质量”维持在良好状态。环境这种自身的净化作用，称为环境的自净。但当污染物质超过了环境容量这个限度，环境的自净作用便无能为力了，于是，便出现了污染环境。

环境的污染有自然原因和人为原因两种。像火山的爆发、山洪的倾泻、剧烈的地震以及飓风的奇袭和海啸的冲击等，都会造成人类局部生活地区自然环境的污染或破坏，这是自然原因造成的。但是，环境的污染和破坏主要是指由于人类的生产活动造成的。恩格斯很早就指出这样的事实：“美索不达米亚、希腊、小亚细亚以及其他各地的居民，为了想得到耕地，把森林都砍完了，但是他们想不到，这些地区今天竟因此成为荒芜不毛之地，因为他们使这些地区失去了森林，也失去了积聚和贮存水分的中心。阿尔卑斯山的意大利人，在山南砍光了在山北坡被十分细心地保护的松林，他们没有预料到，这样一来，他们把他们区域里的高

山畜牧业的基础给摧毁了；他们更没有预料到，他们这样做，竟使山泉在一年中的大部分时间内枯竭了，而在雨季又使更加凶猛的洪水倾泻到平原上。”这就是人类干预和破坏自然环境的结果，或者说是大自然对于人类的报复和惩罚。恩格斯在总结这一教训之后，曾严正警告后人说：“我们不要过分陶醉于我们对自然界的胜利。对于每一次这样的胜利，自然界都报复了我们。”然而，由于种种原因，人们依然我行我素，重蹈历史覆辙，并没有按照自然规律办事，结果总是一次又一次地遭受自然界的无情惩罚。姑且不说滚滚黄河每年从西北黄土高原冲刷下来的数以亿万立方米计的泥沙，是我们祖先砍伐了那里茂密的森林的后果；就在 20 世纪初，由于大量砍伐了长江上游的林木，结果到了 20 世纪 80 年代，在“天府之国”的四川省境内，连续几年发生了特大洪水，造成灾难。为了在向大自然索取的生产活动中不再重演被自然界肆意惩罚的悲剧，并能动地按照经济规律和自然规律办事，以防止环境的污染和破坏，求得利用自然、调谐自然的胜利，人类开展了环境保护工作，并相应地诞生了力图解决环境问题的新学科——环境科学。

伴随环境科学的兴起和发展，一门研究各种生物（包括动物、植物和微生物）之间，以及生物与环境（包括大气、水域、土壤等）之间相互关系和作用的科学——生态学，也获得长足的发展。从生态学看来，生物种群（群落）与其周围的环境构成一个有机整体，称为生态系统。生态系统中的生物与生物，以及生物与其相应的环境之间，存在相互依存、相互影响、相互制约而又相互统一、和谐的关系。在生态系统中，能够通过光合作用制造有机物质的绿色植物，叫做“生产者”；把以植物为食的动物（食草动物），以及进而以食草动物为食的动物（食肉动物），称为“消费者”，并分别称其为一级消费者，二级消费者……这些动植物死后，被微生物分解为无机物质，供生产者再次利用，微生物在这里被称为“分解者”。可见，所谓自然生态系统，是由生产者、消费者、分解者以及与之相联系的无机环境这四个环节构成的，如图 6-22 所示。在正常状态下，它们之间周而复始地进行着物质的循环（物流），并伴随着能量的转换和转递（能流）；而且，生产者、消费者、分解者之间，在种群和数量上，都维持着相对的稳定状态。

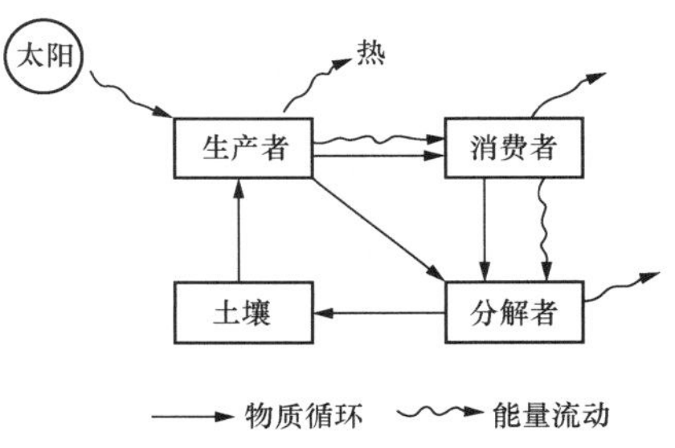

图 6-22　自然生态系统基本模式

这种“稳定”状态，实际上是处于动态的平衡状态，称其为生态平衡。如果生态系统系统中的某个环节受到“冲击”，通常能够通过系统的自我调解作用维持平衡状态，或达到新的平衡。然而，生态系统的这种自行调控能力是有限的，当其因为受到外界相当大的“冲击”而无力自我维持或达到新的平衡时，原来的生态平衡便遭受破坏。从这个观点看来，环境一旦遭到严重污染，便会冲击生态系统的一个或几个环节，从而破坏自然生态系统的生态平衡，即通常说的生态破坏。

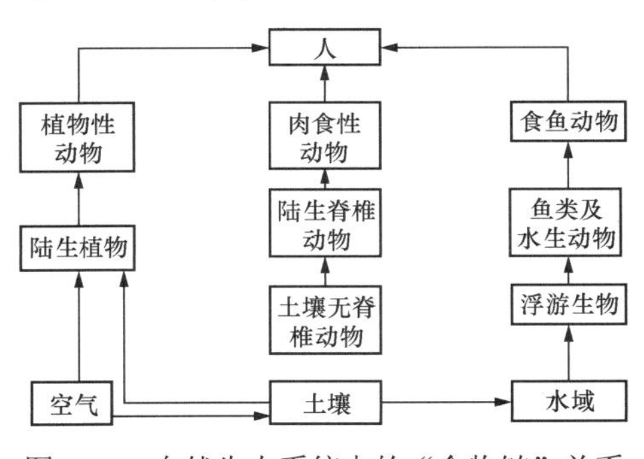

图 6-23　自然生态系统中的“食物链”关系

在生态学上，把生态环节之间“大鱼吃小鱼，小鱼吃毛虾，毛虾吃滓巴（浮游生物）”的食物链锁关系，称为“食物链”，如图 6-23 所示。各种食物链纵横交错，构成食物链网络。自然界的物质，就在这许许多多、大大小小的错综复杂的生态系统中，进行着循环往复的流动，如图 6-24 所示。

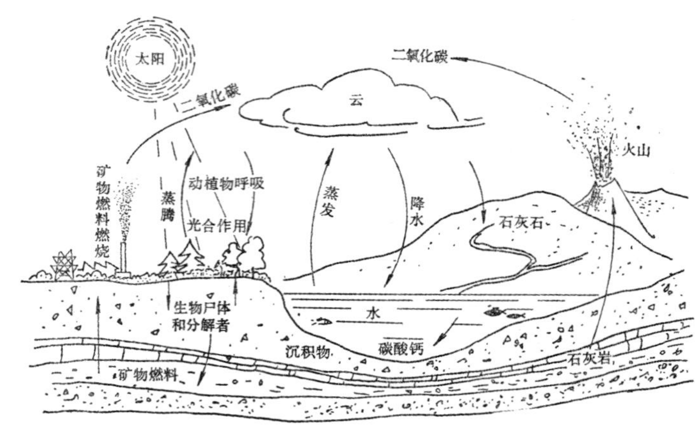

图 6-24　自然界的物质循环示意图

可见，环境的污染必然导致生态的破坏，并进而危及人类健康。近二十多年来，世界上先后发生众多的环境污染公害事件。我国党和政府十分重视环境保护，早在 1972 年就宣布了“全面规划，合理布局，综合利用，化害为利，依靠群众，大家动手，保护环境，造福人民”的环境保护工作“三十二字方针”，并取得了一定成效。但是，由于种种原因，我国的城市已经出现了相当严重的环境污染，农村的环境问题也日趋突出。因此，在新农村建设中，必须注意环境保护，努力把我国的新农村建设成为经济繁荣、环境美好的社会主义新农村。

6.2.2　新农村建设中亟待解决的环境问题

加强对各种有害废气、废水、固体废弃物和噪声“四害”的防治，搞好环境保护，为人民创造清洁、舒适的生活和劳动环境，是提高人民生活水平和生活质量的一个重要方面，也是建设具有中国特色的社会主义新农村的重要内容。

当前，亟待解决新农村建设中存在的环境问题。这些问题主要是：

（1）城市工业污染扩散。城市工业污染的扩散包含两个方面：一是随着社会经济的发展，工厂企业逐年增建，一些大中型工厂，特别是污染型的工厂企业不宜在城市中心区兴建的，被陆续布置在城市郊区和县境；二是在城市工业调整或改善城市环境的措施中，把污染严重而又不宜在城市原址就地改造的工厂，逐步向农村迁移，使村镇工厂企业日趋增多，有的已辟建为新的工业区。由于旧工厂的工业“三废”（废水、废气、废渣）大都没有治理，新工厂的环境污染防治设施不力，加上许多工厂的“三废”排放设施不配套，因此造成了对村镇乃至农村环境的污染。位于工厂附近，特别是在工厂主导下风的村镇，常常被工厂的浓烟和废气污染，人们深受其害、其苦；从一些工厂排放的氯气、盐酸气、二氧化硫等有害气体，不仅会损害人身健康，还往往污染大片的农田，使农作物枯焦；工程的废水会使河流、农灌渠的水体变坏，因此毒死鱼类、牛羊、鸡鸭的事件屡有发生。

（2）不合理的污水灌溉和养殖。城市的工业废水和城市人民的生活污水汇流，形成城市污水。这些污水中，通常含有一定的氮、磷、钾等植物营养素，因此具有一定的肥效。近年来农业水源紧张，不少地区利用城市污水进行灌溉、肥田或养殖鱼类。但是这些城市污水因

为大都没有进行有效的科学处理，其中含有有害的汞、铅、铬等重金属及有毒的氯化物和酚类等，还有难以自然分解的各种有机化合物以及消耗水体中的氧的有机物质。这些有毒、有害的物质，往往通过灌溉、肥田从水体、污泥中转入粮食、蔬菜、瓜果乃至禽、蛋、乳等农副产品中，成为残毒物质，通过食物链危害人们健康。

（3）农药和化肥的污染。农药和化肥的施用，对农业的丰收的确有重要贡献。但是，如果施用得不尽合理，甚至乱施滥用，就会使大量农药、化肥转移到水体或土壤中造成危害；特别是滴滴涕、六六六等有机氯农药，在自然环境中不容易分解掉，有时能残留十多年，因此毒素会转移到农副产品中，进而影响人们健康。这就是农业自身的污染。

对农业自身的污染不容忽视。因为，从污染源看，一个个工厂尚属“点源”，而农药、化肥的施用则是大面积的，形成污染的“面源”；这些污染物质随水体流动、迁移，又形成了污染的“线源”。可见，防治农业自身污染是保护农村环境的重要方面。

（4）乡镇企业的污染。乡镇企业的发展本身也带来了环境的污染。特别是前几年发展的乡镇企业，带有一定的盲目性，存在着工业产品选择不当、工厂布局不合理、缺少劳动保护和防治环境污染设施等问题，再加上大都工艺落后、厂房简陋、设备陈旧，又都没有正常的“三废”排放系统，因而对环境的污染是相当严重的。在村镇，由于人们缺乏环境意识，或不重视环境的保护，抑或单纯为了赚钱，便盲目地发展了污染型的乡镇工业。结果，往往上了一个工业项目，污染了一条河；建了一个乡镇工厂，却坑害了全村人。这实际上是在自毁家园。

（5）不合理的占用耕地。土地是农业生产的最基础条件，正如俗话说的，土地是农民的命根子。但是，相当长时期以来，滥占土地特别是耕地的现象一直没有得到控制。例如在城市郊区，占用大量土地，甚至是好耕地建厂房、盖仓库；在农村，农民建住房、兴建公用设施等，往往也占用大量耕地；乡镇企业的发展，多占农田耕地的现象尤其普遍。有的农村因此减少的耕地是相当惊人的。就全国来说，如果每个农村多占 1 公顷（1 公顷=10^4m^2）地似乎不值得大惊小怪，但全国因此减少的耕地，便多达 400 多万公顷。这对人均耕地并不多的我国来说，需要高度警惕。

（6）违背生态规律的“造田”。在“以粮为纲”、片面追求粮食生产的年代，一些地区围湖造田、伐林造田、垦草种田等现象到处发生。结果是自然水面减少了，林木减少了，草原减少了，进而破坏了自然环境和生态平衡，造成了水土流失、洪害频生、草原沙化，非但粮食没有增产，反而遭到了自然规律的惩罚。

（7）破坏自然景观的开矿采石。不合理地开采小矿藏，不仅是对自然资源的浪费，而且破坏了良好的自然景观，同时那些丢弃的尾矿、废渣等，都可能带来环境污染。在一些风景名胜区、自然保护区，人们往往为了近期的、局部的经济利益而开山采石，结果千万年来形成的特殊地质、地貌景观被毁于一旦。无组织地开发小矿业，既扩大了环境污染，又浪费了宝贵的矿藏资源。

6.2.3 新农村环境保护规划的内容和要求

无论是新农村的建设还是旧村镇的整治，都毫无疑问涉及新农村的规划问题。事实上，规划是新农村建设的依据和蓝图。而且，新农村的规划是涉及多方面的综合性系统工程，诸如新农村的经济发展规划、社会发展规划、生产发展规划、土地利用规划、人口控制规划和新农村的建设规划等。为了在新农村建设过程中同时做到防治污染、改善环境，还必须有新农村的环境保护规划。

目前，我国各地区正在陆续编制城市环境规划，新农村的环境规划起步较晚，尚缺乏成熟经验。但是，城市环境规划的内容、编制方法、实施程序等，对编制新农村环境规划是有参考价值的。而且，新农村中的建设规划，如生产发展规划、新农村建设规划等单项规划工作，也已积累了一定的经验。与这些单项规划相比，环境保护规划的不同之处在于环境保护规划是涉及土地、生产、工业、农业等诸多方面的综合性规划，它与多方面的专项规划相互联系、相互制约，而又独立存在。就城市环境保护规划来说，它与城市经济社会发展规划和城市总体规划的关系是，环境保护规划要依照经济社会发展规划和城市总体规划而编制；但因环境保护规划有其相对的独立性，它不单要符合经济规律，还要符合生态规律，即要符合生态经济规律；因此，在某种程度上它对经济社会发展规划和总体规划又有相应的反馈和制约作用，甚至对这两项规划具有一定的调整作用。所以，在城市总体规划中，环境保护规划既包含、渗透于总体规划的各个方面，又是一项综合性的专项规划。这种情况是由环境问题的多重性和特殊性的本质所决定的。同时，新农村环境保护规划必须以新农村发展规划为依托，同时又在某种程度上起着调整新农村发展规划的作用。即在编制新农村环境保护规划之前，要有新农村发展的总体构想，这个总体构想既包含新农村的经济、社会发展，又包含新农村建设的前景。根据这个总体构想，结合当前的环境保护状况，预计今后新农村环境保护的大体趋势，即在新农村环境现状评价的基础上，进行未来一定时期的环境保护预测。如果预测得到的环境保护区是不能达到相应的环境保护要求（即国家规定或地方确定的环境保护目标），则要对预定的经济社会发展目标和预测的环境保护趋势进行权衡和调整。倘若此时环境目标没有“削减”的余地（即最低要求的环境保护目标必须保证时），就只好对经济社会发展目标予以适当“削减”；或者在可能条件下，对这两个目标都做相应的调整，最终取得经济社会发展与环境保护相互协调发展的目标。这个经过权衡、调整而确定的共同目标，是使经济发展、社会发展和环境改善相互适应、同步前进、协调发展的最佳方案。只有这样确定的规划目标和方案，才既符合发展的要求，又适应新农村的实际情况，因而是实事求是、切实可行的。否则，环境保护规划目标偏低，达不到改善新农村环境的要求；如果目标偏高，实际上不能达到，那改善环境就成了一句空话。

一般说来，新农村环境保护规划必须结合新农村总体发展规划而编制。同时，由于新农村环境并不是孤立存在的，因此还必须首先考虑到与其相联系的区域性环境总的规划。举例说，如果新农村的水源由河流提供，则新农村的水源保护必须与上、下游河段协同进行。因为，如果上游河段水质受到污染，这个新农村的水源就没有保证了；同样，如果不考虑下游河段的需要，这个新农村把流经的河段污染了，下游就得不到清洁的水源。所以，新农村环境保护规划应在区域环境保护规划指导下进行；一般地说，新农村环境保护规划，要在县、镇（乡）环境保护规划的总要求下进行编制。

新农村环境保护规划要从新农村的性质、功能、特点等实际情况出发。一般把新农村分为综合型、农贸集市型、工商型、交通枢纽型、旅游服务型、历史文化型等，其环境保护规划要适应其发展。我国各地新农村的自然条件、地理条件等各方向差异很大，例如江南新农村，多有依山傍水或粉墙黛瓦、小桥流水人家的特点，环境保护规划就要注意发挥其自然特色、传统风韵，使其格局多样、各具特色。如果新农村位于自然保护区、水源保护区、风景

名胜区，环境保护规划的目标要按有关特殊要求确定。

1. 新农村环境保护规划的内容

新农村的环境保护规划应注意新农村水源的保护和防治、大气污染的防治、固体废弃物的防治、噪声污染的防治以及加强对乡镇企业的环境管理。

新农村环境保护规划的内容，应包括以下几方面：

（1）在规划期内，预计达到的环境质量目标。这个目标，从阶段性讲，要有一个总的原则描述，比如就人们生活的基本环境条件而言，是适应、不适应，还是较好、良好；如果与环境现状相比，是好转还是恶化；从环境质量看，是下降、不变，还是提高。如果从环境要素讲，分别明确大气、水、土壤、噪声等环境质量达到何种程度，比如大气质量是达到一级标准，还是二级标准。

（2）土地和自然资源的合理利用规划。

（3）新农村建设的合理布局规划。对新农村的工业、商业、文教、农业等功能区的布置和调整、改造规划。

（4）民营企业污染的治理和控制规划，包括民营企业发展的方向、产品选择、生产规模、治理要求等。

（5）发展生态农业规划，包括农、林、牧、副、渔各业综合发展规划，山、水、田、林、路综合治理规划，工业区、农业区、生活区的生态结构协调规划等。

（6）能源结构规划，如积极利用太阳能、风能、沼气、地热等清洁能源的规划。

（7）其他有关规划，如人口控制规划、新农村绿化规划、污水排放和处理设施规划等。

新农村环境保护规划的编制，应由镇人民政府负责，并经过镇人民代表大会讨论通过。规划编制后，要报上级人民政府批准。新农村环境保护规划作为新农村总体规划的组成部分，一经正式批准，即具法定效力，必须认真实施；如须修订，应上报原批准机关审定。

新农村环境保护规划的实现，一定要有相应的措施做保证。这些保证措施应作为新农村环境保护规划的组成部分而确定下来。

2. 新农村特殊区域的环境保护

新农村的特殊区域主要指自然保护区、风景名胜区、国家公园以及水源保护区、文物古迹所在地等所有由国家或地方专门划定的具有特殊功能和环境要求的区域。这些特殊区域大都划分为核心保护区、环境控制区和环境协调区，并有各自的保护要求和功能。例如自然保护区内的核心保护区，绝对不允许污染和破坏；环境控制区是可供科研、考察或适当开发、开放的区域，但必须以保护为前提；环境协调区是保护区的外围地域，可以进行正常的生产和生活，但这些行为不可导致对保护对象的不良后果。因此，有关新农村的建设活动必须依所处位置与特殊环境区域的要求相协调地进行。

从上述这些特殊区域的性质和作用可以看出，它们无论是在科研、教学，还是在旅游、疗养上以及在维护自然生态平衡上，是十分宝贵的自然资源。对这些资源的开发建设，以及在这些区域内的各项建设活动，必须在保护好现有资源的前提下进行。当然，这种保护绝不是将它们封闭起来，而是在保护的前提下，研究自然资源的更新、再生规律，为进一步开发提供示范。根据这些要求，在新农村建设中应注意以下几点：

（1）根据本区域所具有的性质和功能及本区域的发展规划，制定新农村建设规划。任何单位和个人所进行的各项建设活动，都必须依据建设规划实施，严禁乱占土地、构筑违章建筑。

（2）在特殊区域内的各项建设活动，要尽可能少地占用土地、特别要注意防止对植被的破坏，保护自然生态，增加山林野趣。

（3）在这些区域内的新农村要结合本地区的特点，充分利用当地自然资源，发展无污染的旅游服务业和食品加工业等。

（4）不得在这些区域内建设有污染的企业或其他设施，对已建的污染严重的企业要令其停产、搬迁。各种生活服务设施所排放的废弃物，要符合国家对该地区所制定的环境标准或要求。

（5）在这地区的新农村，应加强对环境保护工作的领导。新农村中要有专职或兼职的环保人员，与这些特殊区域的管理机构密切配合，发动群众自觉地对本地区的自然环境加以保护，或以此制定“乡规民约”，互相监督，共同遵守。

3. 集镇的环境保护

集镇绝大多数是历史形成的，商品经济比较发达，是农副产品和土特产品的集散地和城乡经济联系的纽带。有些集镇还是县、区、乡政府的所在地，成为当地的政治文化中心。

农村经济的发展，给集镇的建设创造了良好条件，并使集镇的经济结构和人口结构发生了重大变化。不少地区过去多是商业性的集镇，现已发展为以工业为主，农、工、商、运、建综合发展的集镇。

从环境角度看，集镇是农村生态系统中物质流、能源流和信息流的传递中心。搞好集镇的环境保护，不仅是集镇建设的重要组成部分，而且也是搞好新农村环境保护的重要内容。

（1）集镇的环境特点及主要环境问题。不同地区或不同类型的集镇，由于自然条件千差万别，经济发展不平衡，环境状况也各有不同。总的看，集镇的环境状况主要有以下三方面问题：

1）人口稠密，干扰自然生态平衡。集镇既是农村经济活动的中心，又是人口集中的地方。随着农村经济的发展，多种产业的专业户大量出现，要求进城经商的农民越来越多。人口的集中，各种生活设施不断增加，而植物占地面积及水面积日趋减少。由于消费者增加，靠集镇本身的自然资源和农产品已不能满足人们的需要，每天都要从外地运进大量的生产资料和生活资料，同时产生大量的审查和生活废弃物。因此，集镇又是农村环境污染日益突出的地方。

2）工厂集中，“三废”污染严重。一些集镇不仅商业比较发达，而且工业也很集中，许多工业企业集中在集镇或交通方便的集镇附近。大量的工业“三废”没有适当的排放出路，对集镇及周围的环境污染比较严重。有一些人口稠密、工业较多的集镇，人均承受工业污染的程度和冲击，比一般城市还大。

3）客货运量大，噪声污染日益突出。农村经济的发展使集市贸易的规模和范围越来越大。现代化交通工具在集镇的停靠和穿行越来越多。

此外，生活污染物（粪便、垃圾）未经处理任意堆放、倾倒，家家户户小炉灶的烟气低空排放，耕地和绿地面积不断缩小，自然资源和生态平衡遭破坏。

（2）集镇环境恶化的主要原因。

1）布局混乱，无规划或规划不合理。集镇没有制定近期和长远总体规划；即使有规划，也没有很好地执行。有些规划又缺乏科学性，不够全面，只有经济发展指标和基本建设指标，没有环境建设指标，更未与较大范围区域的规划相结合。

集镇建设布局混乱，工厂设置不合理。一些工厂企业建在集镇主导上风向或集镇沿河上游。

尤其是南方集镇中的工厂、商店、住宅往往鳞次栉比，形成厂群同巷、校厂为邻的混乱局面。

2）交通矛盾突出。大部分集镇道路狭窄，没有停车或回车的场地，不能容纳日益增加的客货运输车辆。过路车辆随便停靠路边，行驶互相影响，交通堵塞严重。

3）集镇公用服务设施不足。很多集镇缺少给排水设施，缺乏垃圾、粪便处理场所，与集镇发展不相适应。

4）土地利用不合理。集镇建设中，交通、集市、工厂和其他建筑用地，往往宽划宽用，征多用少，早征晚用，用好不用劣，致使耕地逐年减少。

（3）集镇环境建设的要求。

1）风景名胜型集镇。这种类型的集镇山川秀丽，名胜古迹较多，吸引远近游人，保护好自然景观和名胜古迹十分重要。为此，对现有污染型企业，要分别实行关、停、并、转、迁、治的措施；不允许新建有污染的企业。

2）经济发展型集镇。这种类型的集镇，大多人口稠密，工商业发达，交通方便，“三废”和噪声污染严重。对现有污染严重的单位，在限期内治理；新建企业要严格执行“建设、治理、保护三同时”的规定。

3）工矿资源开发型集镇。这种类型的集镇关键是加强规划和管理，杜绝盲目开采，保护好良好的地形、地貌和自然景观。严格执行“谁开发谁保护”的规定。

4）经济不发达集镇。这类集镇一般污染较轻。在集镇建设中，关键在于防止自然生态的破坏，保护好植被和各种资源。

总之，我国农村集镇的自然基底环境状况都比较好，但目前大都出现程度不同的环境问题，亟待引起集镇建设和有关部门的重视。今后集镇建设将会迅速发展，不少集镇将成为卫星集镇或新农村，因而更要及早注意防止环境污染问题的发展，做到集镇经济和建设蓬勃发展，集镇环境面貌日益改善。

4. 农村庭院的环境保护

庭院环境是农村居住环境的一个有机组成部分，展现出颇具农家风采的庭院文化。庭院是指由一些功能不同的建筑物（如宿舍、厨房、仓库等）和与之相连的场院组成的农村家庭式环境单元。目前农村庭院的结构、布局、规模和现代化程度千差万别，有的是单门独户，有的是大杂院，有的是简陋的茅舍草屋，有的是具有防震、防噪声的现代化楼房。它还有鲜明的区域性特征，比如北方地区的平房、西南地区少数民族的竹楼、内蒙古草原的蒙古包、黄土高原的窑洞等。

庭院环境污染，主要指生活废弃物和家庭养殖业废弃物等对环境的不良影响。

（1）庭院污染的主要来源。对庭院环境构成污染危害的因素，主要是有害气体、臭味、噪声和病菌等。其来源主要有以下几个方面：

1）生活废弃物。人们每天都要消耗许多生活资料，排放大量的生活“三废”。比如淘米洗菜、洗涤衣服排出的废水；厨房中废弃的菜根、菜叶、骨头、弹壳；生火做饭、冬季取暖排放的煤灰、炉渣和烟尘以及人们排泄的粪便等。

2）家庭养殖业废弃物。诸如鸡、鸭、鹅、猪、羊、貂、兔、骡、马、驴、牛等的废弃物，以及喂养后剩余的果皮、树叶、杂草等。

3）建筑废弃物。人们在拆、建房屋时的大量碎砖烂瓦、砾石废料和废土，不仅尘土飞扬，污染环境，而且有碍观瞻。

4）建筑物不合理。庭院建筑物低矮，通风采光不良；住宅临街，受到汽车、拖拉机排放的有害气体的危害和噪声的干扰；庭院在工厂的下风向，会常年受“气”的危害等。

（2）庭院污染的危害。庭院污染对人们的危害最直接、最经常，对婴幼儿的危害尤为严重。以厨房来说，每天都要燃烧煤、柴或煤气。据分析，用煤作燃料，在关窗做饭半小时的厨房内，一氧化碳的浓度可达 50～80mg/m^3，此外，还排放多种有害成分和致癌物（如苯并芘等）。如果烧柴，厨房内烟熏火燎，尘雾弥漫；研究发现，木柴灶产生的一氧化碳比内燃机还多，如通风不良，会使用户直接处在数种致癌物中，严重危害人体健康。

庭院污染的主要危害见表 6-1。

表 6-1　　庭院污染的主要危害

污染因素	对环境的危害	对人体的危害
生活有机废弃物	有机物变质腐烂、发生恶臭、病菌繁衍、滋生苍蝇、繁殖老鼠	精神不愉快、传染疾病
生活无机废弃物	炉灰、烂土等随风飘扬，污染大气	影响视线，沾污庭院花草、树木和室内陈设器物
厨房废气	煤、煤气、木柴在燃烧时排放大量二氧化硫、氮氧化物、一氧化碳和苯并芘等有害物，炒菜时产生油烟	伤害眼睛、患呼吸系统疾病，甚至得肺癌
住宅光照不良	紫外线照射不足，对室内病菌杀伤作用小	居民和儿童发育水平低下，患病率高
住宅通风不良	室内空气污浊，含大量的二氧化碳、灰尘、病原微生物	大脑皮层出现抑制状态，头晕、疲倦、记忆力减退
家庭养殖业废弃物	主要是污染水质，产生恶臭，其次是污染土壤，传播病菌、滋生害虫	精神不愉快，传染疾病

（3）庭院污染的防治。

1）合理设计农村住宅。好的新农村庭院环境应是：

a．适宜的微小气候。即在庭院环境内，能保持适宜的湿度、温度和气流等。

b．日照良好，光线充足。

c．通风良好，空气新鲜。

d．安静且噪声干扰少。

e．清污分开，整洁卫生。

f．保证绿化用地。

g．充分利用清洁能源，如沼气、地热、太阳能等。

一般来说，北方庭院住宅的设计应注意防寒、保温、日照，并改革炉灶，防止污染；南方则着重提高庭院内及室内的通风功能，加强遮阴、遮雨、防潮和晒台的设施；同时要注意庭院的分隔，使清污分开，保证庭院的清洁、绿化、美化，为增进健康创造条件。在辅助房间的配置上，注意把有污染的部分相对集中，并设计沼气池，为利用清洁能源创造条件。

2）减少厨房空气污染。其主要措施是：

a．在炉灶上方安装吸风罩。

b．烧菜做饭时打开厨房窗户，关好居室门。

c．使用“煤饼”前，先在石灰水中浸一下，以减少二氧化硫的逸出量。

d. 点煤气或液化石油气炉时，应“火等气”，不要先放气再划火柴。

e. 燃柴灶的烟道安装要合理，防止烟气外逸。

3）妥善处理生活废弃物。农村生活废弃物多为无毒有机物质，其次为少量的无机物质和有毒有机物。对无机废弃物（如废铜、烂铁、碎玻璃）和有害有机物（如废塑料、废橡胶等），可随时收集存放回收；大量的无毒有机物，则宜做堆肥处理。

堆肥法处理废弃物，是利用微生物的作用，将固体废弃物分解成相对稳定的产物——腐殖质、二氧化碳和水。其要求条件是：水分在40%～70%；温度为40℃左右，不超过70℃。

4）饲养业废弃物的处理和综合利用。家禽、家畜的粪便排泄量很大，如一头猪的粪便排泄量与 15 个人的排泄量相当，一头牛的排泄量等于 50 个人的排泄量，而且生物需氧量（BOD）、悬浮物（SS）等污染物质含量相当高。饲养一万头猪，其粪便中的 BOD 含量相当于15万人的小城市的粪便量。另外，新鲜的粪便本身就有恶臭，经微生物分解还会产生硫化氢等恶臭物质，不仅污染环境，还易引起传染病。

为此，可采用喷洒石灰氮等药品，去除禽舍的异味。禽畜粪便可采用塑料大棚进行干燥或采用堆肥发酵干燥法，温度可达到60～70℃，持续5～6天，以去除水分，并且可杀死病菌、害虫等。发酵后的禽畜粪便是很好的农家有机肥，而且，由于鸡的消化道短，吸收能力差，其粪中残留 12%～13%的纯蛋白（相当 40%的粗蛋白），经加工处理后，作为猪、牛等的饲料（掺用），可做到废物利用，并促进生态良性循环。

如果说家庭是社会的“细胞”，那么庭院则是农村环境的“细胞”；搞好庭院环境，与改善农村环境面貌有直接关系。

5. 农村的环境绿化

植树造林，栽花种草，绿化村镇，有着多方面的重要意义。

以往，林业人员，重视林木的经济价值；农业人员，注意粮食、蔬菜的增产效益；园艺人员，谙知花坛、草皮对美化环境的作用；几乎所有的人，无不知道盛夏里林荫下凉爽、雷雨后树林间空气新鲜……然而，这都是绿色植物的某一个方面的作用而已。现在，从环境和生态观点，人们更加理解绿色植物对于经济社会发展和对于人类生存的价值，用一句话来说就是：绿色是生命的象征。

的确，绿色植物是人类生态环境的自然保护者，它具有为人类生产氧气、消除烟尘、吸收毒气、杀灭细菌、减弱噪声、调节气候等多种功能。所以在村镇建设中，须搞好绿化，努力做到绿化庭院、绿化村镇，为改善农村环境做出贡献。

建设好农村绿化，首先要做出农村绿化规划，其中包括住宅建筑、公共建筑、生产建筑用地中的绿化；道路绿化、公共绿地、防护绿地和村镇内的生产绿地（果园、林地、苗圃等），使之形成绿化系统，充分发挥其改善气候、保护环境、维护生态平衡的作用。具体要求是：

（1）建筑用地的绿化。住宅建筑用地的绿化包括院内和宅旁的绿化。宅院内可根据自家的爱好及生活需要进行绿化，如为遮阳、乘凉，应种植树冠大的乔木或搭设棚架种植攀缘植物；为院内分隔空间，可种植灌木等。宅旁绿化要根据住宅的布置情况，并与道路绿化统一安排，可在几幢住宅间设置小片宅旁绿地。

生产建筑用地的绿化，要突出保护环境的作用。在产生烟尘的地段，要选择抗性强的树种；在产生噪声的地段，宜种植分枝低、枝叶茂密的灌木丛与乔木；在精密仪表车间附近，应在其上风向营造防护林带，并选择防尘能力强的树种。

（2）公共绿地的绿化。在农村规划范围内，不宜建造建筑的地段、山岗、河滨等，可结合防洪和保持水土的要求进行绿化；结合村镇文化中心的建筑，可适当安排小型公共绿地。

（3）道路的绿地。道路绿化的功能主要是调节气候、防风、遮阳、吸声、防尘，改善村镇环境。行道树的位置应不妨碍临街建筑的日照和通风，还要保证行车视线，曲线地段及交叉路口处要符合视距要求。

（4）防护绿地的绿化。防护林带的种植结构，按其防护效果一般分为不透风型、半透风型、透风型三种，（见图 6-25）。

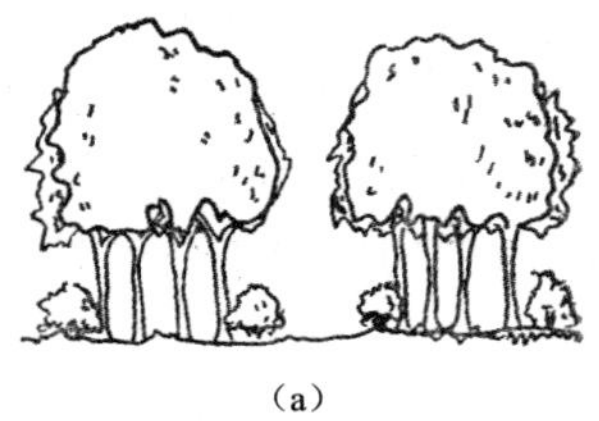
（a）

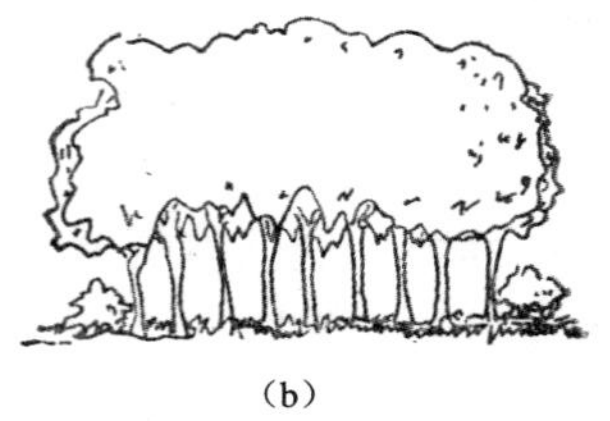
（b）

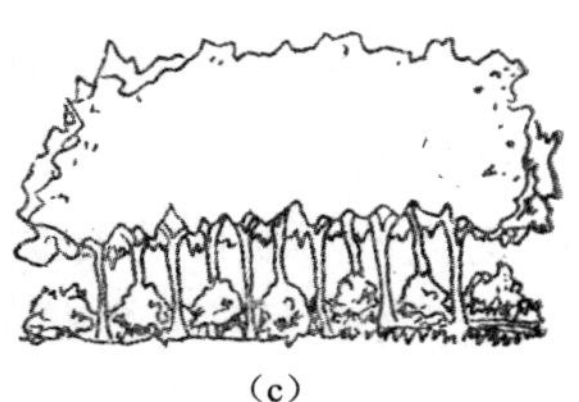
（c）

图 6-25 防护林带结构示意图

（a）透风林带；（b）半透风林带；（c）不透风林带

受风沙侵袭地区的村镇外围应设置防护林，方位应与主要害风方向处于 30℃以内的偏角。由 1～3 条林带组成（每条宽度不少于 10m），通风的前面一条布置透风型，依次是半透风型和不透风型，这样可使风速逐渐减低，防风效果较好。卫生防护林宽度根据污染源的情况而定，距污染源近处布置成透风型、半透风型，以利于有害物质被吸收过滤，然后再布置不透风型，防止其向外扩散。防噪声林带应布置在声源附近，向声源面应布置半透风型，背声源面布置不透风型，并选用枝叶茂密、叶片多毛的乔、灌木树种。

树种选择是实现绿化规划的关键环节。要选择一批最适合当地自然条件、有利于保护环境的树种，具体应考虑以下几点：

（1）确定骨干树种。通常把适应当地土壤、气候，对病虫害及有害气体抗性强、生长健壮美观、经济价值高、保护环境效果好的树种作为骨干树种，对不同有害气体抗性强的树种见表 6-2。

表 6-2　对不同有害气体抗性强的树种

有害气体	抗 害 树 种
二氧化硫	大叶黄杨、海桐、山茶、女贞、构骨、爪子黄杨、棕榈、构桔、琵琶、夹竹桃、无花果、风尾兰、龙柏、桂花、石楠、木槿、广玉兰、臭椿、罗汉松、苦楝、泡桐、麻栎、白榆、紫藤、侧柏、白杨、槐树
氯 气	龙柏、大叶黄杨、海橡、山茶、女贞、棕榈、木槿、夹竹桃、银桦、刺槐、垂柳、金合欢、桑、枇杷、小叶黄杨、白榆、泡桐、樟树、栀子
氟 气	大叶黄杨、海桐、山茶、棕榈、风尾兰、桑、爪子黄杨、香樟、龙柏、垂柳、白榆、枣树等

（2）常绿树与落叶树配合，使村镇一年四季都保持良好的绿化效果。

（3）速生树与慢生树配合。为使村镇近期实现绿化，可先植速生树种，并考虑逐渐更新，配置一定比例的保护环境和经济价值高的慢生树种。

（4）骨干树种与其他树种配合，使村镇绿化丰富多彩，并满足各种功能的要求。

6. 农村清洁能源的开发

清洁新能源主要包括太阳能、沼气、风能以及地热等资源。在农村建设中逐渐开发利用这些能源，具有多方面的实际效益。

从农村建设要求来看，积极开发利用太阳能、生物能等，对解决我国农村普遍存在的能源不足特别是生活能源不足问题起一定积极作用；从农村经济建设来看，要做好农业现代化建设，必须走生态农业的路子，而开发新能源是生态农业中的一个“链条”；从环境保护观点看，提高太阳能固定率和生物能的再循环过程，也是实现农村生态平衡的有效途径。新能源可以多层次利用生物能资源，不仅有利于发展农村的多种经营，也是变废为宝、化害为利的有效途径，既给农村增加经济收入，又保护了村镇环境。可见，开辟农村清洁新能源既是保护农村环境、建设生态农业的需要，又是新农村建设中的一项重要内容。

（1）太阳能。太阳以发光形式辐射传递的能量称为“太阳能”。在农业生产上，我国研制、创造了多种太阳能设备，将太阳辐射能转换为热能和电能。如北方广泛应用的太阳能温室（种植蔬菜和早春育苗）、薄膜阳畦（育秧温床，白天达30℃，夜间20℃左右）和太阳能干燥器（利用太阳能干燥农产品）等。在农村生活上，可利用太阳能烧水、做饭、煮饲料或热水洗澡等。现在我国农村因地制宜使用的太阳灶种类繁多，有伞式、箱式、平面反射式和折叠式等。生活上常用的是伞式太阳灶。甘肃省永靖县利用太阳灶解决农村燃料困难，很受群众欢迎。据全县调查推算，每台太阳灶每年可代替生活用柴550多千克，占村民做饭用能的15.43%。实践证明，在北方干旱区，特别是少雨的山区使用太阳灶有得天独厚的良好条件，晴天多、辐射强度大、热效率高。夏季烧开1kg水需2.5～3min，春秋季需4min，冬季需5min。另外，太阳能浴室和“太阳能暖气”也在一些农村应用。

（2）沼气能。沼气是利用人、畜粪尿及作物秸秆、青草、生活废弃物等各种有机物质经沤制产生的一种无色、无味的可燃气体。它是在隔绝空气、厌氧条件下，利用沼气菌（甲烷细菌）对有机物进行发酵分解，使生物能转换为沼气能的。沼气是甲烷、二氧化碳和氮气等的混合气体，通常甲烷占60%左右。沼气燃烧后，沼气能转变为热能、光能、电能、机械能等。据测定，1m^{3}的沼气能产生2303万～2763万J的热量，能使一盏相当于80～100W电灯的沼气灯持续照明6h，能供五、六口人之家一日做三餐的热源。沼气除用作燃料和照明外，还可转化为动能，用于发电、抽水、碾米等。

我国农村沼气能的利用已得到多种效益，其综合利用途径见图6-26。例如河北省曲阳县发展沼气，从根本上解决了山区群众生活中烧材难的问题；由于增加了沼气肥，改良了土壤，培肥了地力，每立方沼气肥可增产粮食15kg；环境无污染，室内整洁卫生，庭院环境优美，群众健康水平提高。提起使用沼气，群众高兴地说：“使用方便、省力又省钱；为国家，节煤、省油又节电；出精肥，改土壤，粮食又增产；讲卫生、除污染，美化环境；变‘黄龙’为‘绿龙’，有利治理太行山。”

目前我国农村所建的沼气池型多种多样：有圆式的，也有椭圆式的；有造型简单的，也有复杂的多格式的；有单一建池的，也有猪圈、厕所、沼气池“三合一”的。沼气池形式各异，因地制宜，灵活选用。福建省莆田县的三合一六格式沼气池结构简单、易建造、造价低，适宜在农村推广，如图6-27所示。

沼气是多种嫌气性微生物发酵作用的产物。制取沼气时，发酵好坏、产气量多少主要取决于创造微生物活动的环境条件如何，环境条件包括：

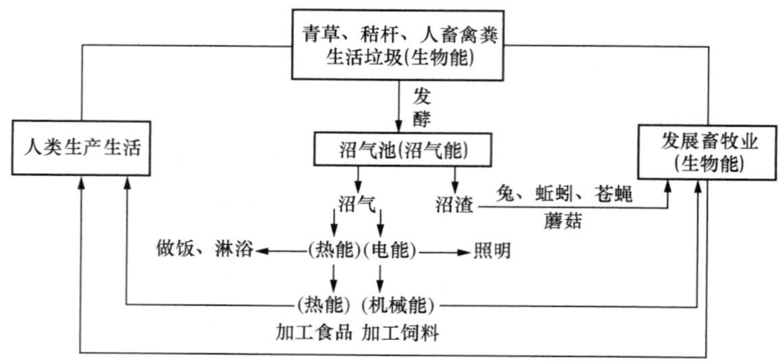

图 6-26 沼气能综合利用途径示意图

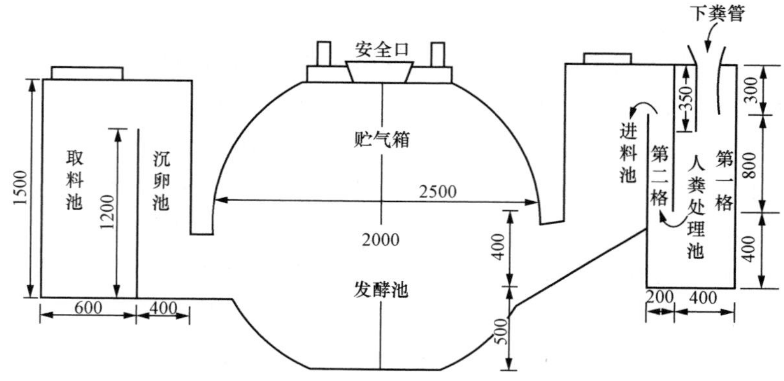

图 6-27 三合一六格式（改良）沼气池示意图（剖面）

1）严格密封。甲烷细菌属厌氧细菌，故在建池时注意密封，不漏水、不跑气。用水层和严密的沼气池隔绝空气，创造一个嫌气环境条件，是产气的关键所在。

2）接种沼气细菌。发酵初期要人工接种甲烷细菌，能使发酵保持协调。常用的方法有：用老发酵池中的发酵液或池底残渣，用屠宰场或酒厂的阴沟污泥。换料时保存 1/3 底脚污泥残渣，以保证沼气池的继续正常发酵。

3）配料比适当。甲烷细菌的生长和繁殖要从沤制的材料中获取营养。因此填料时要注意调节配料中的 C/N 值（所加入物料的碳素与氮素量的比值），促使发酵协调，一般以（25～30）: 1 为宜。一个 $10m^3$ 的沼气池，通常添加秸秆、青草和人粪、尿各占 15%左右即可。

4）温度。沼气发酵通常分高温（50～55℃）、中温（30～35℃）及低温（10～30℃）三种类型。当前农村中主要是常温发酵，正常时池温在 12～30℃都可产气，但低于 15℃产气量下降，低于 3℃时不能产气。沼气菌对温度变化反应非常敏感，北方沼气池冬季要注意保温和适当搅拌，以延长产气时间。

5）水分。发酵池中要有足够的水分为甲烷细菌创造严格的嫌气条件。因此，池中水和原料的比例要恰当。水分过多，发酵液中干物质少，沼气产量低；水分过少，发酵液偏浓，容易积累有机酸影响发酵，同时表面易形成结层，对产气不利。北方夏季时水分占 90%～92%，冬季占 85%为好。

6）酸碱度（pH 值）。沼气细菌在 pH 值为 6.5～8 范围内活动最旺盛，产气量最高。但往往发酵液中易积累有机酸而降低了 pH 值，这时可适当投入生石灰或草木灰调节。

（3）地热能。地球是一个巨大的热源、能源库。我国各地地层均储有丰富的热水资源和地热蒸汽田，还有表露地面可直接利用的热水资源。地热的利用主要有供热和发电两种方式。在农村，可用其建设地热室或取暖。位于“世界屋脊”的西藏谢通门县卡嘎热泉区地热温室，一年四季生机盎然，栽培西红柿、黄瓜、辣椒等新鲜蔬菜，并种植西瓜。天津静海县团泊村建起的塑料地热大棚，用地热水与冷水混用，水温保持 37℃，冬季放养热带鱼种——罗非鱼苗。河北省隆化县二道河子利用地热蒸汽田（平均地温比普通地块高 6～7℃）建温室，试种黄瓜、芹菜、西红柿、韭菜、蒜苗等蔬菜。在医疗方面，利用热水治疗法解决人们疾痛。云南腾冲县群众利用天然热气泉、矿泉洗澡，治疗风湿性疾病和急慢性腰痛有特殊疗效。另外，地热能还能用于乡镇工业，如利用地热蒸煮和烘烤工业制品。我国的地热电站已试验成功。

（4）风能。风是一种自然能源。我国农民很早就利用风能转换为机械能，用于碾米、榨油、提水和灌田等。将风能转换成电能加以利用，具有广阔前景。

6.2.4 新农村生态农业的发展

1. 生态农业与新农村建设

所谓生态农业，是在生态规律和经济规律统一指导下建设起来的一种新型农业生产模式。它的出发点是充分利用太阳能的转化率，提高生物能的利用率，以及农业生产废弃物的综合利用率，加速生态系统的物流、能流的再循环过程，从而起到促进生产发展、维护自然生态平衡的作用，达到少投入（燃料、原料、肥料、饲料）、多产出（农畜及其架通产品）的目的，收到保护生态、改善环境、发展生产和资料永续利用、繁荣经济的综合效果。这是促进农、林、牧、副、渔各业全面发展，贸、工、农综合经营，建设社会主义新农村的有效形式。从环境保护角度说，这是保护生态环境的积极途径；从农业角度说，这是实现现代化农业的必由之路。生态农业是适合农村发展种植业、养殖业到深加工业的一套合理的生产结构和生态结构。生态农业不仅包含以土地为中心的农业环境，也包含发展养殖业和沼气的重要场所——新农村环境。因此，在新农村建设中，应将村镇的规划、建设与发展农业生态有机结合、通盘考虑，统筹安排、一体实施。

生态农业在国外已兴起了多年，并建立了多种形式的生态农场。我国近十多年来生态农业发展很快，各地区先后建起了多种形式的生态户、生态村、生态乡，并已着手建设生态县。

综观生态农业，具有以下优点：

（1）充分利用太阳能。阳光是绿色植物的能源，发展农业必须进行新的“绿色革命”，即提高光能向生物能的转化率。但目前一般农作物所利用的太阳能，其转化率平均只有 0.5%～1.0%，高产作物的转化率也不过 1.5%～2.0%。生态农业是实行分层次的立体种植，可把太阳能的利用率提高到 2%～5%，从而生产更多的农业产品。

（2）提高生物能的利用率。生态农业能加速能流（太阳能转化为生物能）和物流（植物、动物、微生物之间循环）在生态系统中的再循环过程，从而增加奶、肉类食品的产量。因为生态农业不仅发展种植业、林果业，还要发展水产和其他养殖业，以及饲料和农畜产品加工业，尤其要对各种剩余物进行最多限度的综合利用，使生物能被多次、充分利用。比如，用鸡粪喂猪，猪粪生产沼气，沼气用作能源，沼气渣肥田等。

（3）开发农村新能源。目前我国许多农村以柴草为主要燃料，热效率仅为10%左右。如将作物秸秆等加工成饲料“过腹还田”、生产沼气，既能取得经济效益，又能减轻村镇环境污染。

（4）防止农村环境污染。生态农业是无污染的农村生态系统，推行以多施有机肥、少施化肥的增产措施，并能促进农业产前产后加工业、服务业的发展，使乡镇企业向无污染和少污染的方向发展。这对保护村镇环境是十分有利的。

（5）使资源永续利用。生态农业分层次的立体种植形式，大大增加了绿色植物的覆盖面积。采取植树造林等措施防止水土流失，采取“用地养地”措施，种植绿肥植物、豆科作物、增施有机肥等，有利于土地资源的永续利用。

（6）有利于城乡一体化发展。发展生态农业，能为城乡人民生活提供更多、更好的农副产品，同时，有利于农村经济结构改革和完善促进农村经济发展。这就必然加强城乡经济联系和流通，使城乡经济向一体化发展，同步前进、共同繁荣。

所以，为了新农村建设的发展，为了农村经济的振兴，为了保护生态环境，我们必须积极推广和发展生态农业，积极建设“生态村（镇）”。

2. 新农村生态农业的几种模式

我国地域辽阔，各地区自然条件差异较大，生态农业的发展要因地制宜。通过多年的实践，自20世纪80年代以来，各地农村建立了多种形式的新农村生态农业结构。比如，以种植业为主的“农业型”，以水产养殖业为主的“渔业型”，农林并重的“农林型”，农渔兼有的“农渔型”，以兴办沼气为主的“能源型”，以及农、林、牧、副、渔各业并重的“综合型”；就规模来说，有以家庭承包责任制发展起来的“生态户”，也有以自然村为单元的“生态村”，还有相当大的、区域性的“生态镇（乡）”，有的正在规划建设“生态县”。

6.3 新农村人文环境保护

中国几千年的农业文明历史悠久，是自组织、自适应长期积累的产物。周围的自然环境是中国农村生产和发展的基础，聚族而居是中国农村的主体结构。在此基础上形成了不同的历史文脉、人际关系、风俗民情、民族特色和地方风貌等。因此，在新农村的建设中，要促进新农村的现代化要求，就必须立足于整体，在保护生态环境、传承历史乡土文化规划原则的指导下，做好新农村现代化，促进新农村经济发展的规划，才能确保新农村经济的可持续发展和居民生活的不断提高。在此基础上，明确发展新农村经济对各项建设的要求，也才能促进新农村经济的发展。在改善生活、生产条件以及提高环境质量和居住水平的同时，为发展新农村经济创造更好的生产环境。

6.3.1 传统村镇聚落人文环境的形成

长期以来，中国社会都是一个以农业为主体的社会，特别是自给自足的小农经济占据了很长的历史过程，因此它对中国文化的形成和发展产生了深刻的影响。自给自足的小农经济实际上是一种相对封闭的经济形式，与老子所言“鸡犬之声相闻，老死不相往来”的社会模式有很大的相似之处。这就要求古代村落在选址时，要尽可能选择一个既便于居住，又便于

生存的独立环境，这就是古代村落和民居都要求选择集山、水、田、宅为一体相对围合的环境之所在，如图 6-28、图 6-29 所示。每一个村落都肩负着该村落人口的生、养、死、葬的任务。许多古村落外围由山环抱，通过水口与外界联系，从水口进入村落，先饱眼福的是景观丰富的乡村园林，然后映入眼帘的才是在群山衬托下集山、水、田、宅为一体的宗族村落。一个村落基本是属于同一个宗族，形成聚族而居，与外界交往不多，农产品自给自足，颇富“世外桃源”气息的优美温馨的族群聚落。有些山区农宅的选址更是体现出自给自足的小农经济的特征，单家独户，深居山林，日出而作，日落而歇。自然环境相对围合，难得与外界交往，成为“清雅之地”。

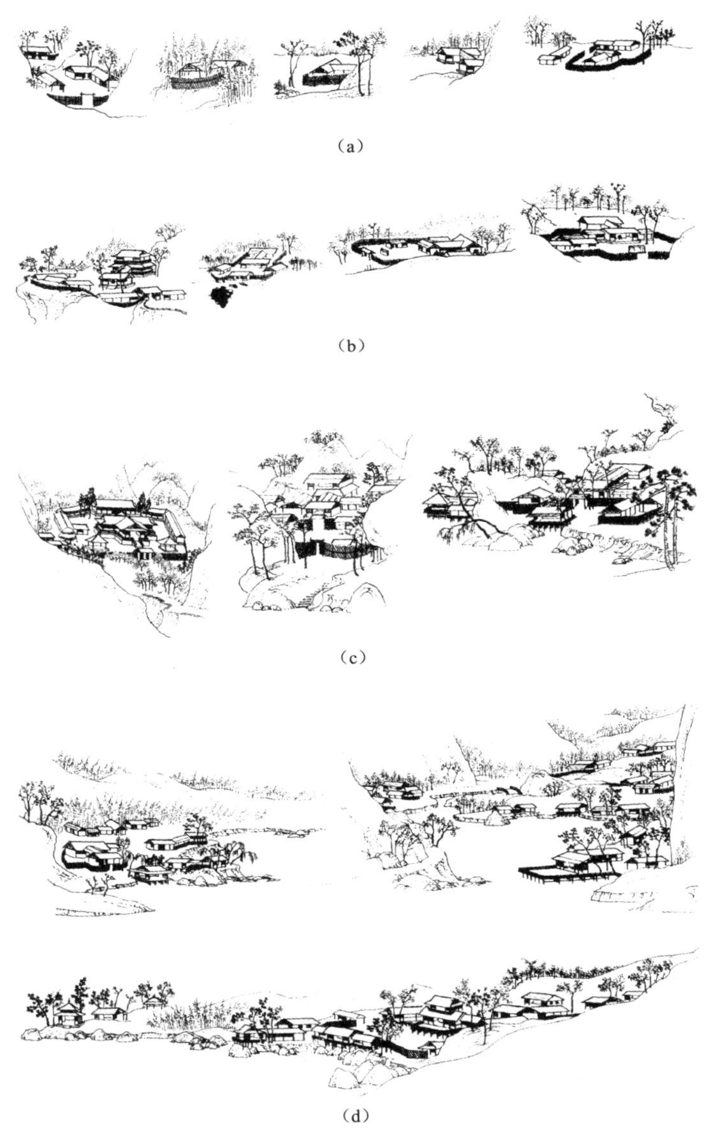

（a）

（b）

（c）

（d）

图 6-28 宋王希孟《千里江山图卷》中所表现的宋代村落与住宅

（a）小型住宅；（b）中型住宅；（c）大型住宅；（d）村落

图 6-29 南宋赵伯驹《江山秋色图卷》中的村落

这种集山、水、田、宅为一体的村落和自给自足的小农经济，由于贴近自然，从而展现了良好的生态环境和秀丽的田园风光。村镇聚落与田野融为一体，形成了方便的就近作业和务实的循环经济。尊奉祖先、祭祖敬祖是中华文明之所以能够得到传承而不中断和散失的主要原因之一。因此，在民间宗祠本身是一个宗族的标志，是该宗族精神文化的象征，是宗族向心力之所在。在传统村落的布局中，都是以先祖聚居地为中心，几乎都是以宗祠为中心，而随着一个宗族人口的发展壮大，往往打破原有村落的界限，一是向周围扩散，二是另辟新村，而形成以分祠为中心，民居围绕分祠，分祠拱卫宗祠的等级层次布局形式。由于宗祠所在地通常是村镇聚落或区域人口的聚集地，在古代由于水便于沟通与外界的联系，因此，宗祠多处在交通方便之地。这种以宗祠（或分祠）为中心进行的村庄聚落布局，在大环境中对外相对封闭，内部却极富亲和力和凝聚力，使得广大农村具有优秀的历史文化、纯朴的乡风民俗、深挚的伦理道德和密切的邻里关系。在长期聚族而居的族群关系的影响下，广大的农民有着敦厚朴实、仁善孝道、勤俭持家和刻苦耐劳的优良品格。

我国的农村在世代繁衍的过程中，时有兴衰。早在 13 世纪，曾有一波斯人说过："大都小邑、富厚莫加，无一国可与中国相比拟。"这种赞誉在当时可能是当之无愧的。但是在旧中国由于封建势力的长期统治，帝国主义的侵入，兵连祸结，农村经济屡遭严重破坏。许多地方村舍被焚，大批农民背井离乡，田园荒废，茫茫千里鸡犬不闻。1949 年新中国成立后，我国的农村由经济凋敝、农民饥饿破产，开始转入全面恢复和发展阶段。尤其是党的十一届三中全会后，随着改革开放的不断深入和发展，乡镇企业的崛起改变了农村原有单一的小农经济模式，农村经济迅猛发展，农民收入稳步提高，我国的广大农村呈现出一片繁荣的景象，特别是很多农民进入大城市，感受到现代化，促使其在思想意识、生活形态上都发生了很大的变化，再加上农村的生产方式和生产关系也不断地发展变化，全国各地的许多新农村展现在世人面前，气象焕然一新，令人极为振奋。图 6-30 是福建省近几年来建设的一些新农村试点。

（a）

（b）

图 6-30 福建省近几年来建设的一些村镇试点（一）

（a）南平市延平区井窠新村；（b）南安市英都镇溪益新村

（c）

（d）

图 6-30 福建省近几年来建设的一些村镇试点（二）

（c）顺昌县埔上镇口前新村；（d）连城县莲峰镇鹧鸪新村

要创造有中国特色、地方风貌和时代气息的新农村独特风貌，离不开继承、借鉴和弘扬传统建筑文化。在弘扬传统建筑文化的实践中，应以整体的观念，分析掌握国优秀的传统文化聚落整体的、内在的有机规律，切不可持固定、守旧的观念，采取“复古”、“仿古”的方法来简单模仿或在建筑上简单地加几个所谓的建筑符号。传统的优秀文化是新农村特色风貌生长的沃土，是充满养分的乳汁，必须从优秀传统文化的“形”与“神”的精神中吸取营养，寻求“新”与“旧”在社会、文化、经济、自然环境、时间和技术上的协调发展，才能创造出具有中国特色和风貌独特的新农村。

6.3.2 乡土文化的展现

在我国 960 万 km^3 的广袤大地上，居住着信仰多种宗教的 56 个中华民族，在长期的实践中，先民们认识到，人的一切活动要顺应自然的发展，人与自然的和谐相生是人类的永恒追求，也是中华民族崇尚自然的最高境界，以儒、道、释为代表的中国传统文化更是主张和谐统一，也常被称为“和合文化”。

在人与自然的关系上，传统民居和村落遵循传统优秀建筑文化顺应自然、相融于自然的原则，巧妙地利用自然形成“天趣”；在物质与精神关系上，中国广大新农村在二者关系上也是协调统一的，人们把对皇天后土和各路神明的崇敬与对长寿、富贵、康宁、厚德、善终“五福临门”的追求紧密地结合起来，形成了环境优美贴近自然、民情风俗淳朴真诚、传统风貌鲜明独特和形式别致丰富多彩的乡土文化，具有无限的生命力。

我们必须认真深入地发掘富有中华民族特色的优秀乡土文化，创造独具特色的新农村。

（1）弘扬民居的建筑文化，创造富有特色的时代建筑。中华建筑文化的实质是追求对人类生存和发展有利的生活环境。古代中国人对生活环境的选择分为两个方面：一种是现实型的，即追求具有“良田美宅”特点的普通民居类；一种是理想型的，即追求优雅脱俗、富有山水诗画情调的园林、山居类。前一类代表了中华建筑文化理想环境观的内涵；后一类反映了中华建筑文化理想环境观的外延，更确切地说，是中华建筑文化理想环境观的升华，即从简单的“物境”追求上升到高层次的“意境”追求，使中国人理想环境观的内容和层次更加丰富。但无论是选择哪种生活和居住方式，都强调最佳环境的选择，正如《黄帝宅经》所言：“凡人所居，无不在宅……上之军国，次及州郡县邑，下之村坊署栅，乃至山居。但人所处皆其例。”在中国，民居宅舍与千千万万普通老百姓的生活生产息息相关。宅舍的好坏对人的健康和发展尤为重要，所以中华建筑文化对中国传统民居宅舍选址和布局都极为重视，其精华也值得现代住宅和住宅小区建设者借以为鉴。

新农村住宅的设计在充分体现以现代城镇居民生活为核心的设计思想指导下，必须做到功能齐全、功能空间联系方便、所有功能空间都有直接对外的采光通风、平面布置具有较大的灵活性和可改性，以实现公私分离、动静分离、洁污分离、居寝分离和食寝分离，还必须考虑到现代的经济条件，运用现代科学技术，从满足现代生活的需要出发，在总体组合、平面布局、空间利用和组织、结构构造、材料运用以及造型艺术等方面努力吸取传统民居的精华，在继承中创新，在创新中保持特色，因地制宜、突出当地优势和特色，使得每一个地区、每一个村庄乃至每一幢建筑，都能在总体协调的基础上独具风采。

受历史文化、民情风俗、气候条件和自然环境等诸多因素的影响，各地民居以其深厚的建筑文化形成了具有鲜明地方特色的建筑风格。研究传统民居的目的是要继承和发扬我国传统民居中规划布局、空间利用、构架装修以及材料选择等方面的建筑精华及其文化内涵，古为今用，创造有中国特色、地方风貌和时代气息的新农村建筑。

（2）更新观念 做好新农村规划。在新农村住宅建设中普遍存在的问题可以概括为：设计理念陈旧、建筑材料原始、建造技术落后、组织管理不善等。这其中最根本的问题是设计理念陈旧。

通过研究和实践发现，只有改变重住宅轻环境、重面积轻质量、重房子轻设施、重现实轻科技、重近期轻远期、重现代轻传统和重建设轻管理等小农经济的旧观念，树立以人为本的思想，注重经济效益，增强科学意识、环境意识、公众意识、超前意识和精品意识，才能用科学的态度和发展的观念来理解和建设社会主义新农村。

多年来的经验教训，已促使各级领导和群众大大地增强了规划设计意识，当前要做好农村的住宅建设，摆在我们面前紧迫的关键任务就是必须提高新农村住宅的设计水平，才能适应发展的需要。

在新农村住宅设计中，应该努力做到：不能只用城市的生活方式来进行设计；不能只用现在的观念来进行设计；不能只用以“我”为本的观点来进行设计（要深入群众、熟悉群众、理解群众和尊重群众，改变自“我”）；不能只用简陋的技术来进行设计；不能只用模式化进行设计。

6.4 新农村经济发展综合规划

新农村建设，规划是龙头。新农村的规划涉及政治、经济、文化、生态、环境、建筑、技术和管理等诸多领域，是一门正在发展的综合性、实践性很强的学科。对于社会主义新农村建设，2006 年中共中央 1 号文件作了“生产发展，生活宽裕，乡风文明，村容整洁，管理民主”二十字全面深刻的阐述。2006 年 12 月中共中央农村工作会议，着重研究了积极发展现代农业、扎实推进社会主义新农村建设的政策措施。会议指出，我国农业和农村

正发生重大而深刻的变化，农业正处于由传统向现代转变的关键时期。促进农村和谐，首先要发展生产力。推进新农村建设，首要任务是建设现代农业。建设现代农业的过程，就是改造传统农业、不断发展农村生产力的过程，就是转变农业增长方式、促进农业又好又快发展的过程。为此社会主义新农村建设目标要清晰，特色要突出，这就要求新农村的规划观念要新、起点要高、质量要严。要加强生态环境保护，做好生态环境保护、耕地保护和农田水利保护规划。社会主义新农村建设是一项长期而艰巨的任务，在新农村的规划中，必须整合各方面的技术力量，深入基层，认真开展农业文化产业创意，做好新农村的综合发展规划。

传统村落人与人、人于社会、人与自然交融的和谐是现代人（尤其是城市化）所追求的理想环境。在新农村建设中，建设现代农业仍应弘扬传统，保护和利用良好的生态环境，发展高科技和具有特色的农业文化产业。

自从20世纪90年代提出2000年实现小康生活水平的目标以来，各地在新农村建设中都进行了一些探索。如厦门市黄厝跨世纪农民新村的规划中，依照发展的要求，将五个自然村合并建立一个新农村，总体布局中除了安排农宅区和山林休闲度假区外，尤其重视开发高科技果树植物园，促使新农村村民的经济发展方向将出现由一般性瓜果经济作物走向高科技瓜果观光采摘，同时服务于黄厝风景旅游区的开发事业，确保经济发展的稳定上升。在龙岩市新罗区龙门镇洋畲新村的建设中，定位为生态旅游新村。根据洋畲村位于山区，拥有大片的原始森林和上万竹林的生态环境资源，新村的规划一开始便向群众强调保护生态环境的重要性，并要求栽种芦柑等优良果树种，开展立体养殖业，使得洋畲新村在建设的同时生产不断发展，农民年均收入已由1999年建设初期的3000元上升到2006年的7000元。优雅的生态环境和优良的芦柑品种，吸引了广大游客纷至沓来。如今洋畲镇在着手打造以特色芦柑为主题的生态旅游品牌。

在顺昌县洋墩乡洪地村的建设中，特别注重因地制宜，利用房前屋外的庭院，以茶树为缘篱，并栽种各种菜蔬和从当地山上采集的各种药用的观赏性花草，在路边水沟清澈山泉水映衬下，呈现了瓜果飘香的一派农宅气氛。

北京妙峰山樱桃沟乡进行了以特色樱桃生产的农业创业，开展采摘樱桃的农家乐，收到很好的效益。

2005年10月中共中央十六届五中全会提出：“建设社会主义新农村是我国现代化进程中的重要历史任务。”引领我国农村建设进入建设社会主义新农村的崭新阶段。在各级党委和政府的领导下，全国人民迅速行动起来，开展了积极发展现代农业，扎实推进社会主义新农村建设的热潮，纷纷把新农村的综合发展规划排上议事日程，出现了一批颇具创意性的新农村规划，如北京市怀柔区九渡河镇生态型新农村规划设计。

改造传统农业，转变农业增长方式，没有固定的模式可循，这就要求必须整合各种资源和多学科进行综合研究，认真探索。

近几年来，随着城市的急剧发展，广大农村亲切自然的田园风光日益成为人们喜爱的追逐对象，不仅吸引着渴望走向现代化的广大农民，更是吸引着呼吸够了狼烟尘土的城市人。在人们的心目中，农村已经成为不同人群居住和发展的理想天地。随之而兴起的农家乐遍及中华大地，有些地方甚至把其作为发展农村经济的主骨干。这也是值得深思的，应该说，发展农家乐是发展农村经济的一个方面，但不是作为根本的办法。最为重要的是应首先发展现代农业，提升农业的文化内涵，在保护生态环境的基础上，使其形成发展农村经济的稳固基础，并以其现代化农村经济和特色，为开展各具特色的乡村游创造条件。而单纯的开展缺乏特色和文化内涵的农家乐，是难能持续发展的，发展农村经济也是十分被动的。不少地方盲目地盖了大片为农家乐服务的设施，既占用大量耕地，又缺乏支撑条件，造成极大的浪费，尤其是在北方寒冷地区，这些设施每年大部分时间都是空闲的。发展现代农业，转变农业增长方式，是一项十分艰巨而复杂的任务，必须引起各界的充分重视，切不能用急功近利地办法将其简单化。

为此，以生态农业文化创意产业为主的社会主义新农村综合发展规划的探索，是创建农业公园，开发各富特色的乡村旅游休闲度假产业，促进农村经济发展的一个有效途径。在社会主义新农村的建设中，新农村综合发展规划建设对于建设有中国特色的社会主义新农村将起着最为关键的作用，应引起广泛的重视。

6.5 新农村环境景观的规划

新农村环境景观建设是营造新农村特色风貌的神气所在，因此在新农村的规划中，不但要使各项设施布局合理，为居民创造方便、合理的生产、生活条件，同时亦应使它具有优美的景观，给人们提供整洁、文明、舒适的居住环境。在进行现状调查时，应对用地位置、地形地貌、河湖水系、名胜古迹、古树林木以及古建筑、有代表的建筑等进行调查、分析，将它们尽量组织到规划中去。

6.5.1 新农村环境景观和景观构成要素

新农村环境景观有天然与人工之分，新农村中的绿化、山、河、田野、清新空气等，都属于自然美；建筑、道路、广场、桥梁、建（构）筑物、雕塑、园林、舟车均属于人工美。人工美与自然美均是组成新农村环境景观的要素，因此新农村环境景观就是自然美与人工美的综合。

新农村环境景观从狭义上讲，包括新农村的自然环境、文化古迹、建筑群体以及新农村各项功能设施等物象给人们的视觉感受。就广大义来讲，新农村环境景观还包括地方民族特色、文化艺术传统、人们的日常生活、公共活动以及节日集会等所反映的文化、习俗、精神风貌等，有着浓厚的生活气息和丰富的内容。

优美的新农村环境景观，不仅具有造型美的空间环境，而且这个空间是包含在人们日常生活中的，是一种富有情趣的生活空间。

现代新农村环境不仅应该具备安全、卫生、便利、舒适等基本物质条件，同时又应具有传统文化特色，具有优美的、有活力的艺术空间。

新农村环境景观构成要素内容包括很多，一般来说主要有以下几方面：自然地形、地、山川、树林、道路、建（构）筑物、小品及各项基础设施。不同功能性质的街区、要素组成也不尽相同，如住宅区的景观构成要素包括建筑用地内的空间，由建筑内部、外部、庭院、围墙、门、人以及花池、花坛等组成；而道路用地空间即有路面铺装、庭树、围墙、行道树、路灯、电杆、消火栓以及车等。

在各种不同的景观类型中，都有两项重要的景观因素：人和事。

6.5.2 新农村环境景观美的欣赏

人们的视觉感受一方面随着视距、视野远近、范围的不同而感受也不同；另一方面，不同功能、性质的区段、自然环境，也给人以不同的感受。因而，观赏新农村景观可以从视距、视野的角度来划分，可分为远景、中景和近景。

（1）远景。远景是从高处、远处远眺俯瞰，其视野扩展到全景及其周围的自然环境。

（2）中景。在一定的视野范围内观赏道路、河流轴向和景观，观赏一定区段的景观。

（3）近景。置身于某一景点或空间里观赏花园、广场、建筑、小品。

从环境的角度来划分，还可分为自然景观、轴向景观和街区景观。

（1）自然景观以海滨、河流、山林、绿地为主。

（2）轴向景观即道路轴、河流轴等轴向景观。

（3）街区景观包括着由街路划分的不同功能性质的小区、组群、花园广场、名胜古迹等。

景观欣赏从广阔领域到局部空间可分为若干个阶段，各个阶段类型不同，人们的视觉和活动方式也各有不同。从行驶的汽车上，可以很快地看到整体的概貌。骑自行车也能欣赏到街区的面貌。步行在小区、组团里，散步在林荫道上，可边走边看。

美一般可分为静态美及动态美，这是由静观及动观的需要而产生的结果。

（1）静观：人们停顿在某处时，一般先有机会环顾四周，然后再朝主要景色观赏，这些停顿点（即观赏点）往往是建筑群的入口、道路的转折点、地形起伏的交汇点、空间的变换处、长斜坡踏步的起讫点等。在广场的观赏点上对主体建筑的观赏要求具有最佳垂直角及最佳水平角，一般最佳垂直角为27°左右，最佳水平角为54°左右。

静观有慢评细赏的要求，需要在建筑细部及构图色彩上重点落笔，并考虑欣赏物的背景所起的烘托与陪衬作用。

（2）动观：指人们在活动所观赏的景色，如新农村的商业街道，紧靠新农村的外围公路上，由于这些是人在活动时所摄取的，因此，只要注意街景的大体轮廓而作为初步印象即可。为了适应动态观赏，要求有较强的韵律感、对比度及美好的主体尺度等，达到步移景异的效果。

6.5.3 新农村环境景观处理的基本手法

（1）统一。首先是风格上的统一，使整个新农村面貌富有特色。一个地方有其地方习惯、地方材料及地方传统，因此在整个建筑群中以中心建筑群（如公共中心）为主，其他街坊、小品等均应在格调统一的基础上处于陪衬地位，使成为统一的整体。如浙江的新农村建筑一般以与环境协调的小体量、坡顶、白墙、灰瓦为主，朴素大方，在今后设计中应保持特色，即使在处理大体量的公共建筑时，亦应考虑古朴、简洁的风格，切忌抄袭硬搬、破坏协调气氛。

（2）均衡。均衡无论在建筑立面造型还是规划平面布局上都是一种十分重要的建筑艺术。对称是最简单的均衡，不对称式也能达到均衡的，如高低层相结合的一幢建筑，能达到均衡的目的。不对称的广场布置，以塔式建筑与大体量的低层建筑组合在一起来求得不规则的平衡。

规则或不规则的均衡是建筑设计及规划设计在艺术上的根基，均衡能为外观带来力量和统一，均衡可以形成安宁，防止混乱和不稳，有控制人们自然活动的微妙力量。

建筑群体亦可通过树林、建筑小品来加以陪衬，以达到平衡。

（3）对比。诸如虚实、明暗、疏密对比等，使视觉没有单调感，在建筑群体周围绿化，使环境多姿、多变，这是一种很好的对比手法。另外，沿街建筑应该注意虚实对比，一般是以虚为主、以实为辅，给人以开敞的感觉。

（4）比例。比例即尺度，万物都有一定的尺度，尺度的概念是根深蒂固的。在规划中无论是广场本身、广场与建筑物、道路宽度与村镇规模的大小、道路与建筑物以及建筑本身的长与高，都存在一定的比例关系。即是长、宽、高的关系需要达到彼此的协调。比例来自形状、结构、功能的和谐，也来自习惯及人们的审美观，比例失调会给人以厌恶的感觉。

（5）韵律。韵律即有规律的重复，“不同”的重复在规划中，需要布置的建筑犹如很多的小块，若随处乱撒，效果是紊乱的，若始终按等距离排列，则效果是单调的，但假使将这些小块有组织地成组布置，这个系列立即就变成了有条不紊的图案了。韵律感可以反映在平面上，亦可以反映在立面上。韵律所形成的循环再现，可产生抑扬顿挫的美的旋律，能给人带来一种审美上的满足，韵律感最常反映在全景轮廓线及沿街建筑的布置上。

（6）色彩。色彩能给人造成温暖、重量、距离、软硬、时间的感觉，对不同的建筑，不同的环境，应选用不同的色彩，一般是公共建筑较鲜艳，医疗机构趋向素色，学校幼托使用暖色，住宅倾向淡雅。在色彩使用上还需考虑地方的传统喜好。在公共建筑外墙处理上，不要过多采用大红大绿的原色和纯色，而应采用较柔和的中性色彩粉刷，给人以轻快、明朗、新颖、洁净的感觉。在同一建筑群中，色差不宜过大，即使有变化，色彩的基调亦应一致，仅在细部、重点部分可适当提高或降低色彩浓度，以求取适度的对比。

运用以上的手法，在规划中的具体做法是：

（1）住宅组群：应成组成团布置，配以绿化间隔，使既有宁静的居住环境，又有明显的节奏感，给人以舒适的感觉；居住建筑群的外墙应每组通过色彩反映特色；居住建筑群内应适当留有小空地，以供绿化、回车、休息之用，起到疏密相间的空间对比效果。

（2）沿街建筑：在平面布局上应不在同一条建筑红线上，应有进有退，一般是高者略后，前面留有小空地，疏密相间，整条街立面外轮廓线要高低错落，突出韵律感。色彩稍强烈，以行道树和绿化扶衬，达到对比的效果。

（3）丁字路或曲线街道，可组织对景作为视线的结束或过渡。

（4）可以用建筑物作道路的对景，也可用自然景色如山、塔等作对景。

（5）公共中心：合理排列建筑群，形成空间广场，作为观瞻主体建筑及活动之用，建筑群立面处理应讲究构图及突出主题，并应重视建筑小品（画廊、灯柱、围墙）的应用，以丰富空间。

6.5.4　新农村空间艺术与环境景观

在新农村空间艺术与环境景观的设计中，应着重考虑以下几个问题：

（1）新农村与自然环境。立园贵在“因借”。新农村建设中也应学会巧用地形，随地形走向规划道路系统，划分街区，这样新农村的景观效果将会更有特色。由于空间变化多，新农村轮廓也会更加优美动人。

（2）新农村空间的封闭与开放。新农村内部空间由三部分组成：街道广场、小区中的建

筑群、绿地。空间变化主要取决于前两者结合的比例、尺度关系。如果高楼夹道，虽然路宽也仍感觉狭窄封闭，使人有如居小街狭巷之感。虽然场地不大，而四周建筑景物低矮、尺度较小，则仿佛处于开阔的空间之中，在处理空间时，二者均可使用。

在高密度区，常呈现建筑环围道路广场，形成以天空为天花板的空间感，犹如坐井观天。而在低密度区，广场、公园等地建筑物被道路、广场、绿地环围，建筑物又仿佛是大型雕塑。要善于把这种手法有机地运用于新农村规划布置中，为形成美好的新农村景观创造条件。

（3）新农村的总体形象与天际轮廓线。从远处和从高处看新农村，各有不同的感受，又都可以欣赏到新农村的总体美。远距的平视，可以欣赏到新农村的轮廓，以天空为背景，呈现曲折的天际线；而从远距俯视或在新农村中高处鸟瞰，则其布局美可尽收眼底。要创造出美的新农村轮廓，就要在天际轮廓上下功夫。

1）封闭的城郭采用封闭的城郭构图，是我国历史名城的特色之一。

2）绿荫环抱的新农村，其轮廓线是以树形高低起伏呈自然曲线，由此而组成的绿色天际线处镶嵌着一、二层粉墙灰顶的折线房屋，别致而典雅。对于新农村，采用这种构图形式特别有意义。要达到这一效果，必须控制层数和高度，一般均在8m以下的一、二层建筑为主，同时必须控制密度。

3）建筑与绿荫相互衬托的新农村轮廓。对于规模较大的新农村，一般以四、五层为主，局部用六层，应注意经营布置，使其形成起伏，带有节奏感。要充分利用树冠的曲线轮廓，插入建筑之间，平曲组合，产生韵律感，相互衬托、相互辉映、相得益彰。在适当的位置布置塔形建筑，可以取得丰富的轮廓线。

4）柱状的建筑林立的城郭，城镇宛如雨后春笋，建筑高高低低，争相耸立，呈柱状伸入云霄，显示出竞争和朝气。

（4）新农村的鸟瞰造型。俯瞰新农村的总体，是新农村造型的重要一环。总体美以局部美为基础，它体现新农村的概略景观。从不同的高度、不同的地点都有一定的景观视点，众多的内部景观点，都将要求获得良好的鸟瞰景观。

6.5.5 新农村环境景观规划中对自然地形的利用

新农村不外乎平原地区、丘陵山区及水网地带三种地形。

（1）平原地区：建筑道路的布置可以比较自由，应使建筑群在不同体量及不同层次上配置得当，使总体丰富多变。

（2）丘陵山区：若是高山，可利用山作为村镇背景、道路对景或构图中心；若是低山，可就地形自然布置建筑群、公共中心，依山筑房，层层叠叠，将自然景色与人工美融合在一起。

（3）水网地带：新农村应充分利用水域条件，进行布局，沿水建筑要考虑面向或侧向河流，形成优美的倒影。商业街的建筑可设计成骑楼、廊子的形式。

道路系统应与水网结合考虑，如滨河路及码头。考虑一河一街、一河二街、有河无街等布置形式，水边要考虑点缀河埠码头及小块绿地，沿河种树；水中架设轻巧的板桥、拱桥等，水面点缀以舟船或礁石，更可增加生气和活力。

若为池塘，塘边建筑物应与塘保持一定的距离，建筑物体量应与塘面协调，应给人以开阔、清新的感受，塘边也可栽植柳树以遮阴；若为小溪，一般以建筑物靠山临溪布置，更富有诗意。

6.5.6 新农村入口的环境景观

城门是我国历史城镇最典型的城镇门户的代表形象。门楼上巨大的匾额标明城镇的名称。现代的新农村则是另一番风貌，公路四通八达，交通频率大幅度增加，新农村的门户向陆、水、空开放。门户的形象已不是“门”，而是四通八达向外伸展的路。如果不注意规划布置，在建设发展上任其自流，则新农村没有明显的门户感，容易形成“无序曲和终止符的新农村”。自然发展的新农村很多都是如此，感觉不到区界。如在新农村之间采用适当的隔离手法，拉开一定空间，用道路、广场、绿地等相隔，或用警示提醒的手法，用建筑、雕塑等提示，唤起人们的注意，显示新农村的入口，新农村的区界也就较为明显了。

（1）公路入口。人们从公路进入新农村，因而象征新农村入口的标志，常设在主干道的端部（始、末）入口处，其手法是多种多样的，可用醒目的指示牌、界牌，也可用雕塑提示新农村入口。用建筑物表示门户，用广场绿地和建筑、小品来装点新农村的入口。

（2）江河湖畔。位于江河湖畔的新农村，水路交通是其对外联系的重要通道。沿河码头是本新农村的入口，过往船只沿河行进。新农村的沿河景观像一个流动的画面，从序幕到高潮再到终止，是一幅起伏曲折、逐渐展开的长卷。河流的动态美和新农村的建筑群体美结合在一起，更为生动活泼。

河道上的桥梁，起着划分河流轴向空间的作用，有时起着中心构图的作用。桥头常是水陆交通的交叉点，此处多是人流集中之地，是具有特色的入口景观点。

（3）沿海新农村的景观。从海上看新农村，视野开阔，毫无遮挡，其轮廓显得鲜明清晰。海水、沙滩、绿树、青山和建筑相互呼应，组成一曲“海上交响乐”。

6.5.7 新农村街道的特色风貌

街道空间是人们进入新农村后最先映入眼帘的，往往给人较深的印象，因而街景的规划设计和建设受到人们的普遍重视。

街道呈线性向前延伸的，形成了街道的轴向景观。道路、绿地、建筑、广场、车和人是街道景观的六个要素。街道绿地在我国具有悠久的历史，在规划设计中应继承和弘扬这一优良传统。规划建设各种与绿地相结合的街道形式，在美化村容镇貌上将起很大的作用。

具有特色的新农村街道绿地，可以形成特有的风格和景色，如西双版纳首府景洪，棕榈作为行道树，形成特有的南国风光。福建泉州的刺桐树再现了历史名城刺桐港的风采。

人们在街道常呈现运动的状态。景观视点在线性运动中变化。一般来说，在主干道上，应按车行的中速和慢速来考虑街景的节奏，同时，又要兼顾行人的视觉感受。为了统一这一矛盾，在街道建筑的体量关系和虚实对比的节奏上拖得长一些，以适应车行节奏。而在接近人们的店面，建筑物一、二层的装修，则按步行的节奏进行设计，其体量与虚实对比变化节奏要短一些。步行街应以人们在此漫步活动的视觉感受出发，建筑体量和形式的变化，可以平均35～40m的节奏进行转折和变化，各个院落广场的围合，采用不同大小、不同形状的广场空间造型，加快节奏，达到步移景异的效果。

对于干道，即可按车行动观进行设计。建筑物的高低起伏韵律，体量的长短、转折和变化以平均80～100m的节奏来进行布置。

在街道轴的尽端，可以高大建筑物、纪念碑、塔式自然景点作为底景，给人以憧憬并加

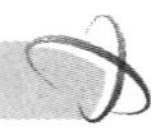

强了街道的方向感、导向感。不同内容、形式、体量的底景，布置在不同街道上，成为各个街道的符号。

在自然环境优美的地方，更要注意借景，用自然山景作底景，更能体现新农村和自然环境的结合。

从交通运输安全、通畅上看，平直的道路最为理想，缓曲线的街道也较好，而曲折的街道最差。然而这种街道的景观则是富于变化的，在弯曲线上，道路两旁的景色形成不断变化着的底景。

视点、视角都在渐变中感受底景的不同角度的透视。人们在折线街巷行进时，其视线连续性，在转折处产生“休止符”。当转折过去时，才见到另一番景色，在规划设计中，运用不同的手法来处理转折处的两个方位，使人们在转折中产生突变的兴奋感。在步行空间里，采用此法较适宜。

在地形起伏的地段上，用较为缓和的竖曲线型道路，既合理又能使视线在弯曲的街道转折处逐渐展开，产生颇具情趣的景观效果。

6.5.8 建筑与新农村风貌

建筑在新农村中以实体的形式、较大的体量表现出来。在新农村空间构图中起着构成村镇轮廓的主体物，是新农村鸟瞰景观的主体物、围合新农村空间的主体物。建筑常被用来作为新农村的标志和作为新农村空间构图中的主体物等。因此，必须根据新农村的环境，弘扬传统文化，创作具有地方特色和时代气息的建筑造型，并制定新农村建筑高度和体量的控制规划，以确保新农村天际轮廓的高低错落、融于环境、交相辉映，建筑群体组织进退变化，使新农村建筑群体空间富于变化。

6.5.9 色彩与新农村风貌

新农村建筑的色彩是新农村环境景观的一个重要组成部分。色彩是新农村环境景观的个性与神韵所在，它表现着新农村的历史、传统、风土人情和建设理念。每一个村庄或集镇、每一条街道或住宅小区既应相对丰富多彩，又要避免杂乱无章，因此都应该以一个基本色调为主。

建筑物色彩的设计，关键在于对色彩的有序而生动的应用，设计人员必须发挥其高深的艺术修养来考虑作为公共资产的新农村建筑色彩使用方法，让色彩真正地为广大群众造福。建筑物外表面的颜色应处理好不同功能及动与静之间的关系，比如作为公共中心，车间厂房可以适当用些比较活跃的色彩来增添活力，给人以热闹、动态的感受；而作为住宅小区则应更多地注重其安静、祥和的生活功能，比较适合采用以灰色为主的复合色。与此同时，必须注意不同色彩和色调之间的过渡和协调关系以及建筑物外表面的颜色在阳光和晚间灯光照射下的不同效果。

建筑物的外表面应坚决摒弃颜色鲜艳的纯色彩，像人们所熟悉的赤、橙、黄、绿、青、蓝、紫等纯色不宜使用，而应以过渡色为主，至少要有三种以上颜色调和在一起，而且其中灰色应是主色调。

6.5.10 广场与新农村风貌

新农村中有着不同功能、不同形式和不同面积的广场，多为开敞型空间构图形式。一般有交通广场、集散广场、商业广场、居民广场和综合性广场。广场的布局，或用建筑围合、半围合，或用绿地、雕塑物、小品等构成广场空间，或依地形用台式、下沉式、半下沉式来组织广场空间，设计时应认真推敲其比例、尺度。

广场景观类型的构成要素有建筑、铺地、绿地、小品等，通过规划设计，建成各具特点的广场。

6.5.11 建筑小品与新农村风貌

新农村中的建筑小品基本上可分为三类：

（1）装饰点缀新农村的艺术小品，如雕塑、水雕造型、石景、浮雕、壁画等。

（2）具有一定功能的装饰点缀小品，如花坛、石凳、园灯、花架、画廊、水池等。

（3）纯功能所需要的小品，如围墙、栅栏、路灯、路标、信号灯、分车栏杆、安全岛、路障、指示牌等。

这些小品经过精心设计和布置，对新农村景观起着重要的作用。每座小品都有它自身的功能和形式美，而把它们恰当地布置在村镇的空间里，成为某一空间的组成部分，这时它除了具有个体美外，还具有空间美。

6.5.12 新农村形象与光影造型

1. 阳光造型

阳光给予新农村光和热，阳光的不同角度、使用方法，产生不同的光感、亮度、阴影、层次和色相。随着阳光的移动，云层的遮挡，村镇在变幻着影像。我们在规划设计中，应掌握这些光影、色彩、层次的变化规律和影像特点，运用阳光造型进行创作，可以达到更为理想的景观效果。

2. 夜景工程和灯光造型

古代用烛光照亮村镇，用各色灯笼来装饰和照明。现代电气照明的多种形式各具不同的光色和造型，给村镇带来了美丽的夜景。节日之夜，到处张灯结彩，灯火辉煌，随街道之门楼、随房屋之起伏，星星点点，五彩缤纷。用灯光来美化村镇、装饰商店、烘托气氛会给人很多不同的感受。用灯光来显示建筑的轮廓线，形成一种起伏的艺术效果。灯具的造型美是村镇景观的要素之一，设计中应注意它的简洁、明快和重视其群体美。

6.5.13 新农村的基础设施、环境维护和培育及经济基础与环境景观

1. 新农村基础设施与环境景观

基础设施是现代化新农村不可少的基本内容，新农村的现代化越来越需要完善的基础设施。在新农村建设中，必须有条不紊地建设各种地上地下工程管线，使得管线的走向和地面设施的布置条理清晰、井然有序，不仅便于使用、维修和管理，而且具有工程工艺的美。这在新农村环境景观的画面中虽然不易找到，但它却在默默地保护着新农村各个部分的景色，有些还可为新农村环境景观增色。

2. 新农村环境维护和培育与环境景观

新农村景观不仅要建设好，还必须管理好，尤其是应特别重视对环境的维护和培育。自然环境的保护，建筑物及各项功能设施的维护修理，新农村绿地的培植修饰，环境清洁卫生

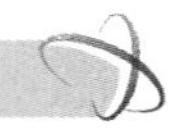

以及各种设施的完善、装饰，这些工作都在一点一滴地创造城镇的美，如果缺乏这些工作，城镇的面貌会受到很大的破坏。

对于新农村的自然环境、花草树木，是维护、培育，还是砍伐破坏，其结果是有天壤之别的。自然环境是千万年形成的，山川巨石、泉眼瀑布，如果破坏了就不可能再生，因此要特别注意保护，采石开路都要慎重从事。花草树木是自然景色中的活跃因素，只有不断地种植培育，才能年年生长，形成绿荫葱葱、万紫千红的景色。种植草坪、花木植物、速生树种，可以短期见成效，同时从长远的目标出发，进行环境规划，种植多品种树木，配搭观赏树木、珍贵植物，长期不懈，若干年后，将形成绿荫环抱，多姿多彩的自然景色。新农村中的古树、大树、奇树是十分难得的、活的历史珍品，要严禁砍伐，妥善保护，它本身便是新农村的主要景观。

3. 新农村经济基础与环境景观

建设景观优美的村镇，离不开一定的经济基础。对于众多的新农村建设来说，我们应重视研究用较少的投资，建设优美的景观，为此，必须注意做好以下几方面的问题：

（1）提高规划设计的艺术水平，弘扬优秀的民族传统和地方特色，保护人文景观、历史文化古迹。

（2）保护自然环境，发挥自然景色的美，使新农村和自然环境相融合。在发展工业及各项建设时，要特别注意保护好风景资源。

（3）就地取材。如石材、木材、竹材以及生土等，创造出新农村的独特风貌。

（4）绿化新农村。绿化的费用低，但景观效果却是佳的。

（5）合适的建筑标准。房屋的装修标准不应追求高标准，而宜采用中、低档。村镇构图应采用较小的比例尺度关系，创造亲切宜人的生活空间环境。

（6）加强清洁卫生管理，提高卫生标准。

（7）加强教育，使人人都以美好环境为荣，以脏、乱、臭为耻。将新农村的各个方面、各个角落都打扮起来，便可形成一座景观优美的新农村，从而提高人们的艺术素养，净化人们的心灵，陶冶高尚的情操。

7 新农村的城市设计

7.1 城市设计的发展历程

在党中央“统筹城乡协调发展”及“小城镇、大战略”的方针指引下，我国的新农村建设取得了快速的发展。但在蓬勃发展中也出现一些令人担忧的现象，片面追求大马路、大广场、大草坪的“政绩工程”和不负责任的高速度、赶进度的“献礼工程”以及缺乏文化内涵的“求洋、求怪”，使得“国际化”和“现代化”对中华民族优秀传统文化的冲击也波及至广大的农村，导致很多农村丧失了独具的中国特色和地方风貌，破坏了生态环境，严重地影响广大农民群众的生活，阻挠了新农村的经济发展。究其原因，在于新农村建设不仅严重缺乏科学和具有创意的规划设计，还疏于进行城市设计。

新农村的城市设计是新农村建设规划设计中的一个重要组成部分，新农村城市设计的目的在于传承优秀建筑文化，提高新农村的环境质量、环境景观和整体形象的造型艺术水平，创造和谐宜人的居住环境。为此，新农村的城市设计应贯穿于新农村建设规划设计的全过程，才能确保新农村建设科学、健康、有序地发展。

7.1.1 中国城市设计的发展演变

我国古代城市规划设计有着丰富的思想和理论，它反映了我国古代城市规划设计的伟大成就。早在公元前 11 世纪，即从我国西周开始，便将城市设计作为一种严格的国家制度确定下来。西周是我国奴隶社会制度更为发展和健全的朝代，也是我国城市得到较快发展，形成历史上第一次建设高潮的朝代。西周时期，统治者为了巩固和稳定统治地位，在政治上实施了分封诸侯的制度，各地诸侯大兴土木，推动了周代筑城的高潮。这种严格的诸侯等级制度造就了相应的城邑等级制度，并在城市建设和城市布局中产生了一定的规制，《周礼·考工记》的《营国制度》就是这种规制的反映。这种封建等级森严的城市建设制度尔后逐步形成了一种城市设计的理念和思潮，并成为世界城市设计传统的主流之一。

然而，随着历史的风云变幻，由于我国封建等级思想的顽固和持久，以及道、儒家等思想的沉淀与延续，这套制度和思想历经 3000 余年没有大的变化，在很大程度上影响着我国传统城市设计的发展，但也构筑了一套成熟的城市设计思想体系。在现代，城市设计开始作为一门独立的学科发展起来，我们似乎都遗忘了我国传统的城市设计思想的精髓，只把目光停驻在国外的城市设计上，大量采用西方的城市设计手法和思想，而忽视了我国传统城市设计思想与理念的宝贵、深刻。事实上，我国古代城市设计思想已经涵盖了城市设计思想的精髓，涵盖了我国传统文化的精髓。可以说，我国古代的城市设计思想与文化传统密切相关，集中体现了中国哲学的两个主要流派——儒家和道家，尤其是占统治地位

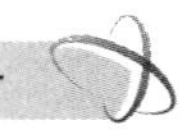

的儒家的哲学思想。总体而言，中国传统城市设计思想自春秋开始，就有两条基本线索：其一是以春秋末年齐人著《考工记·营国制度》为代表的“礼制城市”思想；其二是以春秋战国时代的《管子·度地篇》为代表的“自由城”思想。前者一直贯于中国封建社会历朝历代的“都”、“州”、“府”、“城”建设之中，直至明、清北京城，是一种“自上而下”的表达方式，是在集权统治的社会制度下表现出的形式，这种设计遵循特定的法则和模式，在城市形态上表现出规则的用地、严谨的构图、鲜明的等级和全面的计划，体现着儒家的礼制思想；后者更多地体现在因地制宜的乡野市镇——新农村设计之中，尤其是广大村镇，是一种“自下而上”的表达方式，强调“天人合一”，自然或客观规律的作用，体现了城市规划设计与自然环境相协调的思想。在城市形态上表现为灵活的用地、自由的构图、有机的联系和随机应变，更多的是体现我国道家的思想内涵。有学者称这两种思想为精英主义思想和平民主义思想，前者体现着统治阶级的利益和意图，追求绝对理性和理想模式；后者是一种对具体人的感觉的深切感受领会和在对自然条件充分尊重的基础上因地制宜的设计思想。然而，这两种思潮又往往是彼此交织的，构成了我国古代城市规划设计的理论基础，贯穿在我国城市设计的发展历史中，在具体的城市设计中表现出力图在人性与封建制度冲突中求得彼此平衡的心态。

（1）《匠人·营国》——“以礼治国”的理念。《营国制度》的城市设计思想中国商周时期的城市，实际上是分封地域内统治阶级的政治据点，其设计是按城邦的“国野”规划体制来进行的。明、清北京城是我国古代城市规划和设计的优秀传统之大成。

同时，我国古代也有一些城市的规划设计受到《管子·度地篇》“自由城”的城市设计理念的影响，更多地结合了特定的自然地理和气候条件。至于大量地处偏僻地区或地域条件特殊的新农村发展更是如此。

（2）《管子·度地篇》——“自由城”的城市设计理念

中国城市另一个设计传统来自于具有辩证思想和科学认识的哲学家——管仲等人的学说。他们主张聚落建设要结合对场地的各种条件的研究，其内容包括城市分布、城址选择、城市规模、城市形制、城市分区等各个方面。与古希腊时期柏拉图的理想国和亚里士多德的理想城市相比较，《管子·度地篇》的城市设计更富内涵和具体。其城市设计思想顺应城市社会经济发展的历史潮流和当时城市生活的客观需要，勇于打破“先王之制”，为小国古代城市设计带来了新的思想与活力，并对后世城市规划产生积极影响。

在中国传统文化中，出现了许多“自由城”的城市设计理念：城市并不是所有人最终的理想居住地，相反，归隐于山水相得益彰的大自然成为许多士林文人所追求的目标。在中国传统城市设计中，中国传统乡野市城——聚落的设计思想和体系与中国传统“都”、“州”、“府”、“城”——大城市设计相比较毫不逊色，前者甚至比后者更趋成熟老到，更具实用价值。散布于广大山水之间的无数乡村聚落正如《桃花源记》中所描写的，有着中国最美的人类居住环境。发现并仍保存至今的大多数村落的选址、布局、道路水系组织、园林景观设计、村民社会生活乃至管理而言，以“耕读文化”为基础，以血缘关系为纽带的村落有着一整套严密的设计思想和体系，经千百年的传承臻于成熟，并融于村民们的意识与行为之中。

中国传统城市形制确立中体现的因地制宜不是城市选址的结果，而是源于其尊重自然，创造性地利用自然的城市设计理念。

7.1.2 国外城市设计的发展概况

与中国城市发展的历史类似，西方的城市是在原始社会向私有制的转化过程中产生的。在史前人类聚居地形成的最初过程中，由于生存的需要，“自下而上”的设计方法曾经是唯一的建设途径，虽然没有明确的词语予以描述，但仍可以看作是城市设计的雏形。

早期城市设计在整个发展过程中具有一定的先驱性，尽管这个时期的设计思想和理念还相当稚嫩，因为古代人们始终是以物质形态的城市为对象进行规划的，人们最直接作用的对象往往是最直接接触到的事物，虽然缺乏一定的前瞻性和周全性，但这是对城市建设问题提出合理化的伏笔。

此后，随着近代工业的发展，城市规模的扩大，城市问题日趋突出。这时涌现了一大批像霍华德和勒·柯布西耶的贤哲前辈，对于理想的城市设计模式从不同角度出发提出了各种解决方案，基本归纳为两种思路——城市分散主义和城市集中主义。

第二次世界大战后人们心中所考虑的城市建设的主要问题，已经转移到了对和平、人性和良好环境品质的渴求。与此同时，技术发展、人类实际需要、人类生理适应能力三者之间也出现了种种不协调现象。因此，城市设计由单纯的物质空间塑造，逐步转向对城市社会文化的探索；由城市景观的美学考虑转向具有社会学意义的城市公共空间及城市生活的创造；由巴洛克式的宏伟构图转向对普遍环境感知的心理研究。于是，出现了以凯文·林奇为代表的一批现代城市设计学者，开始从社会、文化、环境、生态等各种视角对城市设计进行新的解析和研究，并发展出一系列的现代城市设计理论与方法。

国外城市设计的发展历程总体划分为两个时期：早期城市化时期（即工业革命以前西方古代）和近现代城市化时期（即工业革命以后西方近现代）。

1. 西方古代城市设计

西方古代城市设计具有相对比较成熟的思想，有意识地“设计”城市，应该从希腊文明开始。希腊文明之前，欧洲缺乏城市设计的完整模式和系统理论。这一时期新农村建设几乎都出自实用目的，除考虑防守和交通外，一般没有古埃及、古伊朗新农村的象征意义。公元前491年，希波丹姆所作的米利都城重建规划，在西方首次采用汇交的街道系统，形成十字格网（Gridrion System），各建筑物都布置在网格内，有观点认为它是西方城市规划设计理论的起点，标志着一种新的理论和实用标准的诞生。

中世纪城市规划相比古希腊和古罗马缩小了，统治者建立了许多城邦国家，战争的频繁客观上使城堡建设成为需要，同时，市民生活得到了鼓励，商人与工匠提高了社会地位。虽然教堂、修道院和统治者的城堡们处于新农村中央，但布局很自然。因为城邦的经济实力所限，加之不时的军事骚扰，所以中世纪城市设计和建设没有超自然的神奇色彩和象征概念，也没有按统一的设计意图建设。又因为新农村环境注重生活，并具有美学上的价值，所以有人称为“如画的新农村”。中世纪的意识形态是黑暗的，但其城市设计在西方城市建设史上却有着很重要的地位。

自文艺复兴开始，西方城市设计思想愈来愈注重科学性，规范化意识日渐浓厚，这时期阿尔伯蒂的“理想城市”思想引人瞩目。他认为城市设计应该强调两点：一是便利；二是美观。这种思想适应了当时城市性质和规模的发展和改变，奠定了后世城市设计正确的思想基础。由于欧洲古代社会及经济的特点，城邦制的市民意识较强的缘故，其城市实践大多数用

“自下而上”的方法修建起来，而“自上而下”建造的成市则相对较少。

2. 西方近现代城市设计

工业革命后，近现代的西方城市空间环境和物质形态发生了深刻变化。由于科学进步以及新型武器的发明、制造和运用，中古城市的城墙渐渐失去了原有的军事防御作用；同时，近现代城市功能的革命性发展，以及新型交通和通信工具的发明运用，使得近现代城市形体环境的时空尺度有了很大的改变，城市社会也具有了更大的开放程度。

工业革命和城市化使西方城市的人口与用地规模急剧膨胀，新农村自发蔓延生长的速度之快超出了人们的预期，而且超出了人们用常规手段驾驭的能力。于是，城市逐渐形成了一种犬牙交错的“花边状态”（Ribbon Development），新农村形态产生了明显的“拼贴”（Collage）特征。环境异质性加强，特色日渐消逝，质量日益下降。这时人们认识到，有规划的设计对于一个新农村的发展是十分必要的，也许只有通过整体的形态规划才能摆脱新农村发展现实中的困境。因此，以总体的可见形体的环境来影响社会、经济和文化活动，构成了这一时期城市设计的主导价值观念，进而一度控制了整个西方城市设计的理论和实践活动。

在这样的基础上，以霍华德提出的“田园城市”为标志的现代城市规划体现了比较完整的理论体系和实践框架。霍华德希望通过在大城市周围建设一系列规模较小的城市来吸引大城市中的人口，从而解决大城市的拥挤和不卫生状况；与此相反，勒·柯布西耶则希望通过对大城市结构的重组，在人口进一步集中的基础上，在城市内部解决城市问题。这两种思想界定了当代城市发展的两种基本指向，即“城市分散主义”、“城市集中主义”。同时，这两种规划的思路也显示了两种完全不同的规划思想和规划体系，霍华德的规划奠基于社会改革的理想，是直接从空想社会主义出发而建构其体系的，因此在其论述的过程中更多地体现出人文的关怀和对社会经济的关注；勒·柯布西耶则从建筑师的角度出发，对建筑和工程的内容更为关心，并希望以物质空间的改造而来改造整个社会，这正如他的名言“建筑或革命”所展示的。

7.2 新农村城市设计的概念和意义

7.2.1 新农村城市设计的概念

1. 对城市设计的各种理解及其界定

早在20世纪70年代，城市设计就已经作为一个独立的研究领域在世界范围确立起来，并且发展迅速，而城市设计的文献则更是汗牛充栋。人们从不同的学科研究城市设计，产生了形形色色的对于城市设计的理解，可以看出，对不同的学者和实践者，城市设计并不是同一概念。对于城市设计的研究立足于不同的视角拓展出不同的领域，对概念的理解和表述也多种多样，众说纷纭，各持己见。归纳起来，主要有以下几种：

（1）建筑论。在建筑学领域，建筑规模的扩大和现代交通工具的发展改变了传统建筑学的设计观念。规模宏大的建筑群、超高层建筑和超大型综合性建筑的出现，人口密度的快速增长，建筑尺度由过去的小尺度向今天的巨型尺度拓展，所有这些都改变了人与建筑的关系及建筑与城市的关系，建筑师已不能用传统建筑的尺度概念对待现代建筑和建筑群。于是，他们将建筑的思维扩大到城市空间，提倡用设计建筑的手法和耐心来设计城市，认为城市设计是扩大的建筑设计，是对城市的建筑设计。

这种概念表达了早期及近现代城市设计的核心内容，实际上，它继承了传统建筑学和形态艺术的方法来设计和塑造现代的城市。也就是说，当时的绝大多数人是在用建筑设计的手法设计街道和城市。从巴洛克时期意大利的城市结构可以看出，城市街道、广场与建筑物的基底互换性非常强，很多城市是以建筑室外空间的塑造为前提设计城市的。

（2）形体环境论。在沙里宁给出城市设计定义 40 多年后，城市三维空间依旧是城市设计的对象，有所不同的是，城市设计不再被看作是“建筑问题”，城市空间所包含的人类生活和社会的意义逐渐被得到重视。古迪 1987 年指出：“城市设计是在城市环境中创造三维的空间形式。城市设计相对于传统的城市规划，偏重于三维的、立体的、景观上和城市结构形式上的设计。”指出了城市设计意指人们为某一特定的目标所进行的对城市外部空间和形体环境的设计和组织。在这个过程中，人们意识到了人才是真正的城市主人，以人为中心成为设计城市的主要思潮之一。尤其是强调以人为主体，关注人类行为与环境的互动。

（3）规划过程论。城市设计的产生和发展是基于二维空间的规划，无法解决城市三维形体空间的问题，一些学者把它作为城市规划的延伸和具体化，作为城市规划的一个阶段或者分支，即所谓的规划过程论。

（4）城市形象设计论。城市设计只有延伸到城市设计的范畴才可能实现其系统的目标。所谓城市整体社会文化氛围设计就是一种偏重于软件的形象研究与策划，它表现在城市设计思想中对传统文化的理解、尊重与把握，表现在城市设计手法中对原有社会文化元素的有机组合，表现在城市设计操作中对其形成机制的促成，这是社会学者的工作范畴。

持公共政策论的学者认为，城市设计也是一种社会干预手段，政策性较强，其重要组成部分往往体现为公共性的行政管理过程，上面的分析只是一个比较普遍的分类法，从总体上讲，城市设计观点的分歧可以概括为这样几个方面：城市设计的作用范围；城市设计应注重于视觉形象还是空间的创造；城市设计应关注城市物质空间还是其社会内涵；设计过程与设计成果的关系如何；各专业职能之间怎样配合；城市设计是一种公共行为还是一种纯粹私人开发行为；城市设计是一种客观理性过程还是主观非理性过程。截至目前也并无真正具有普遍意义的、统一的城市设计理论。

2. 现代城市设计理论

对城市设计概念的理解和界定出现了诸如建筑论、形体环境论、规划过程论、城市形象设计论、公共政策论等。那么，作为现代城市规划工作者该如何来对待并界定城市设计呢？是将其限定于建筑学的领域，或划归于城市规划范畴，还是另辟一个独立的发展空间？城市设计随着其不断的实践和探索，各种对城市设计的理解和界定都经受着历史和实践的检验，并逐渐清晰起来。现在国内规划界和建筑学界已经逐渐地认识到城市设计是一种多学科（至少是规划、建筑、艺术、环境、经济、社会等学科）、多层面、分阶段的综合性的设计工作。

王士兰和游宏滔先生指出，从宏观和微观两个层面上进行分析，可把城市设计分为以下两方面：

（1）形态型城市设计。形态型城市设计是指目前通用的一般设计意义上的城市设计，是一种直接表达设计实体的具象设计。从设计成果中，人们可以非常直观地体会设计实体建成后的空间环境和效果。这些实体组成了城市各个客体要素，包括建筑形态及组合、开放空间、环境设施与建筑小品及各项功能性场所等。

（2）策略型城市设计。策略型城市设计是以设计活动和管理政策的形式作为一种对城市

规划的合理充实，以指导和约束后续设计，并作为地方政府及其职能部门对城市开发活动进行有效控制的手段。

策略型城市设计不同于一般的设计，而是一种对设计的设计（后一“设计”意指具体的建筑设计、景观设计和环境设计以及市政工程设计等，前一“设计”是指对这些设计的指导和约束），宜定位于特定的阶段和层面，是城市设计成为后续设计可遵循的原则和指导。正如美国著名城市设计专家乔纳森·巴奈特所言“城市设计就是设计城市，不是设计建筑”。由此也说明了城市设计的实践工作不应该仅由建筑师来完成，而是由规划师和建筑师景观设计师共同完成。在我国目前城市规划的教育中，建筑设计被作为一门专业基础课加以培养，即城市规划师必须具备三维空间意识形态，不只是平面上的二维土地利用。再加上城市规划师本身应有的宏观环境意识和远景发展意识，使其能具备宏观层面的城市设计能力。因此，在我国策略型城市设计可由城市规划师来完成。

综上所述，我国目前城市设计研究领域尚未进入深入的阶段，因此城市设计实践工作应该由城市规划师和建筑师共同完成，这样城市规划师和建筑师可以各自发挥所长、互补所短，共同从事城市空间环境的塑造活动，为人类创造一个舒适、宜人、方便、高效、卫生、优美、有特色的城市环境。

7.2.2 新农村城市设计的意义

新农村建设和发展是我国国民经济发展和城乡统筹发展的重要组成部分。自费孝通先生提出“小新农村，大问题”以来，我国开始逐渐关注新农村的发展，并逐步确立了新农村化的发展对我国经济发展的重要性和战略地位。从一系列的方针政策中可以看出，从 1980 年国务院提出的“严格控制大城市，合理发展中等城市，积极发展小新农村”的发展战略，到时任中华人民共和国国家主席的江泽民同志提出的“小新农村，大战略”思想、《关于促进小新农村健康发展的若干意见》的政策；再到新世纪初召开的党的十六大上提出的“要坚持大中小城市和小新农村协调发展”。党的十八大再次强调了新农村化的重要性。新农村的地位和作用越来越被人们所认同。此外，2009 年我国新农村化水平达 46.6%，预计到 2015 年到达 52% 左右。根据国际发展经验，我国已进入快速新农村化阶段，即大量的农村劳动力会成为新农村人口，大部分人都过上新农村生活，限于目前大城市的环境容量，新农村将成为吸收这些劳动力的主要场所。因此，快速新农村化阶段也意味着新农村的快速发展阶段。我国新农村面临着前所未有的发展机遇，国家加大投资力度，从“面”上集中力量构建整个区域的城市网络，加强新农村之间的联系和交流，从“点”上加快各中小新农村的各项基础设施建设，促进各类资源的合理开发利用，注重新农村生态环境的保护。这都说明了新农村建设与发展已经被提上议事日程了，新农村的战略地位已经得到肯定。这些政策方针不仅给予新农村许多发展机遇，还为未来的新农村发展指明了方向。而在新农村的大力建设过程中，如何保持新农村的地域特色不被盲目抄袭、跟风的行为所淹没，谨防出现目前许多城市已经出现的“千城一面”、“千楼一型”及由此而产生的一系列城市问题。为了使新农村规划建设少走弯路，必须认识到新农村城市设计的重要意义。

新农村城市设计的目的，在于为当地居民创造一个美好的生存环境，使进人们在生活、工作、学习中享受到舒适与方便，在精神和物质两方面得到高质量、高水平的服务。新农村城市设计是为了深化并实现新农村规划的意图和要求，是规划的延伸和完善。我国提倡要加快实现现代化，对于新农村也一样，一个现代化的新农村，既需要有丰富的时代气息，又具备浓郁的地方特色，这在规划和设计的体现上是殊途同归的。而城市设计直接面对的是新农村的建成环境，而新农村的建成环境则是新农村发展的最终成果的外在表现，所以城市设计的魅力就在于一个新农村既具有时代气息又具有其地方特色。从这一点上看，新农村建成环境的历史、文化和景观价值越来越成为新农村发展的重要资源，因此对于新农村而言，这一层面的城市设计就显得异常重要，对保持新农村的传统风貌和文化特色有一定的现实意义。

目前我国城市设计的研究基本是针对城市的，设计实践活动虽然在新农村也普遍存在，但都还局限在局部地段和建筑的设计上。新农村与城市相比，空间尺度是完全不一样的。在我国传统的农村建设中，由于其交通以及行为活动的作用，街道都不是很宽，周围的建筑高度和街道的宽度比例一般都不超过 1:1，可以说，传统古街道与建筑之间的空间围合感较好。在一些传统的大街小巷中，道路宽度和建筑高度的比甚至小于 1:2，空间封闭，从而形成了一种独特的中国农村空间景观。而在城市，由于现代交通方式的影响，除了步行街以及保留的古街外，城市的街道几乎都是开敞的，街边建筑的界面功能也很弱。新农村通常只有一个综合的空间核心，它既是空间的活动中心，又是居民视觉和心理的意象中心。而大城市通常会有几个独立的功能中心，如行政中心、商务中心、会议中心、文化中心；一些大城市、特大城市还有中央商务区，若干个商业中心等。相比之下，新农村的空间核心在人们心目中的重要性要远远大于大城市，因此，对新农村空间核心的设计也就成为新农村城市设计中最重要的一笔。

此外，新农村与大中城市的发展也存在着很大的区别，因为它们处于不同的发展阶段。大中城市已经具有一定的规模，一般情况下，总体上将控制其规模扩展，而新农村是我国新农村化加速发展过程中大量出现的新农村化人口的着落点，目前初具雏形但基础较差，将有相当长的成长期，规模扩展较为迅速。目前大中城市的发展主要着力于内涵式改造，而新农村发展刚刚起步，活力大，受到的制约少并倾向于外延式的规模扩展。新农村规模的外适扩展，将会改变其原有的空间尺度，但是，新农村虽属于城市范畴，但绝不是城市的简单缩小。如何在新农村规模不断扩大的阶段，权衡大量现代建设工程和保持地方新农村特色之间的平衡关系，也是新农村城市设计所要重点研究的内容。

凯文·林奇在对城市意象的研究中，谈到佛罗伦萨是一个不同寻常的城市，是一个拥有强烈特征的城市。在对佛罗伦萨评述的同时，他指出，即使纵观全世界，这种特征鲜明的城市仍然相当少。可意象的村庄和城市区域众多，但能够呈现出一种连贯的强烈意向的城市在全世界恐怕也不超过二、三十个。就是这些城市，占地均不超过几平方英里。虽然大都市区的存在已经并不罕见，但世界上还没有一个大都市区能拥有一些强烈的形象特征和鲜明的结构，所有著名的城市都苦恼与周边地区千篇一律、毫无个性的蔓延。应该指出的是，新农村比大城市容易形成强烈的城市意象，更易于塑造具有地方特色的城市物质环境和风貌。因此，对于新农村的城市设计的研究不仅是必要的，而且是可行的，并具有一定的现实意义。

7.3 新农村城市设计与新农村规划、建筑设计的关系

7.3.1 新农村城市设计与新农村规划的关系

新农村规划是一定时间内新农村发展的目标和计划，是新农村建设的综合部署，也是新

农村建设的管理依据。新农村设计过程中深化或实现新农村规划的意图，在不违反城市规划总原则的前提下，城市设计又补充或强化了尊重并关心人的原则，开拓与改造城市的生活环境。一方面新农村规划制定的新农村性质、人口规模、用地规模、新农村的级别及发展计划都是城市设计的重要依据，其反映出城市设计对新农村规划的依属关系。但另一方面，城市设计的过程中包含有主观和直感的活动，对于设计的一些内容与形式不能用纯理性的观点作为根据。在实际设计过程中，人的这种主观活动难免会与追求纯理性的规划活动产生矛盾。而从新农村发展史中可以看到，人的主观活动往往起到决定的作用，完全由纯理性规划设计的新农村至今罕见。在现代新农村规划与设计过程中，规划结果与设计结果并不一定完全吻合，它们之间需要相互反馈、相互调整，直至臻于完善。从这种意义上讲，城市设计与新农村规划又表现出一种并列关系。城市设计的主要目标是改进镇民生存空间的环境质量和生活质量，相对新农村规划而言，城市设计较偏重造型的艺术和人的知觉心理，并与形体环境概念相对应。

1. 城市设计与新农村规划的区别

城市设计与新农村规划之间虽然都以聚落为研究对象，但各自追求的具体目标和要求、研究内容、工作性质和深度不同，存在着本质的区别。但从动态来看城市设计，从微观的形态城市设计逐渐发展为策略型城市设计，城市设计逐渐加强了与新农村规划的联系，随着城市设计越来越被人们和各级政策所重视，城市设计的盛行和发展有可能逐步促进新农村规划与城市设计的一体化。但一体化并不等同于城市设计和新农村规划合二为一了，它们之间仍存在着差别。

形态型城市设计是对小范围实体空间的具象设计，属于微观领域范畴。而新农村规划考虑的是平面布局、资源配置及聚落发展的问题，属于宏观领域范畴。聚落的发展涉及经济、社会、环境、文化等多方面内容，平面布局和资源配置只不过是发展思路在城市用地上的具体落实。新农村规划注重一种概念性、政策性的内涵表达，从整体、综合的角度，从宏观的层面来研究和解决城市各方面问题。策略型城市设计相比较而言，属于中观层次，它虽然也有宏观（区域规划阶段的城市设计）、中观（总体规划阶段的城市设计）和微观（详规阶段的城市设计）之分，但是它所研究的对象主要是聚落空间形体环境，即使它的研究过程中要考虑聚落经济、社会、环境及历史改革等因素，但其研究内容终归是单一的，所以相比较新农村规划与形态型城市设计，它应属于中观层次的概念范畴。

从研究对象的难度来看，城市设计研究的是聚落的三维空间形体环境的塑造，新农村规划的核心是二维空间，着重于用地的安排，所不同的是形态型城市设计针对的是某一确定地块，有明确的边界、准确的信息（外部环境、地块性质、土地自然条件、人们的生活习惯等），它要做的就是一个适应现状、符合历史的设计，至于若干年以后，这一地块将会建成什么样，是无须考虑也无法考虑的内容。而策略型城市设计与新农村规划则不仅需要考虑过去、现在，更重要的是要从未来的角度去考虑问题，以使现在的成果能适应未来的发展变化，最大限度地降低未来聚落建设和运营的成本，即它们的研究视角还有一个时间难度。

从工作性质与工作深度来讲，形态型城市设计就是指一般意义上的设计，它的深入程度要求十分精细，从建筑的体量、风格色彩到道路、休闲场地的布置，再到内部的装饰，都有详细的设定，它的成果工程性较强，主要利用图纸来直观地表达，文字只是附属性的说明。而策略型城市设计则建立的是指导和约束形态型城市设计与建筑设计的基本框架，因为它最终要落实到具体的设计上来，因此要从设计的角度考虑问题。但策略型城市设计一方面只是一种意向性、指导性的规定，只是一种约束手段，并不是要强制实行，因此，它的内容深度较形态型城市设计要粗略；另一方面，研究是策略型城市设计所必需的前期工作，而后提出整体思路设想、设计要求，这说明了它也具有计划性质的一面。策略型城市设计一般以文字表达为主，但强调图文并茂。新农村规划着重于宏观政策与建议的制定，因此它属于计划性质，当然，在市场经济体制下，计划要能符合市场经济的发展规律，表达内容上倾向于定性的表述，较为粗略。规划一经政府有关部门审定通过，就具有了法律效力，城市的建设与开发必须严格按其规定进行。新农村规划主要以文字表述为主，辅以图表说明。

2. 城市设计与新农村规划的联系

城市设计和新农村规划尽管存在着区别，但两者关系密切，有很多共同的地方，例如两者的目的都是为人们创造一个良好的、有秩序的生活环境。两者的工作内容都是要综合安排各项聚落功能和用地，组织交通和各类工程设施，研究聚落经济社会的发展，考虑聚落的历史和文脉等。两者在方法上都要做深入调查研究、综合评价、定量分析等。

新农村规划与城市设计还有许多共同点：

（1）两者的基本目标和思想的一致性。新农村规划强调二维用地形态和三维空间形态问题，城市设计则考虑三维空间形态问题，但最终目的都是为聚落建设服务和解决如何建设聚落的问题。目标和指导思想是一致的，就是要建设一个适宜人们生产生活的聚落空间环境。这一目标可以分解为物质形态、经济、社会等诸多方面。在物质形态方面主要是使聚落可感知、有特色、多样化、宜人化等，追求聚落的高品质，强调整体空间形体质量和环境效果；经济方面的目标主要是土地利用的合理、高效和地区经济的繁荣，追求聚落的高效益；社会方面则主要是保障社会公平，使社会空间布局合理化，追求聚落的高度民主。

（2）两者都具有综合性和整体性的特点。新农村规划和城市设计需要对聚落的社会、经济、环境等各项要素进行统筹安排，协调发展。综合性和整体性是两者工作的重要特点之一，这将涉及许多方面问题：如当考虑的建设条件、研究聚落性质、规模问题以及具体布局建设项目和各建设方案时，将涉及大量的社会、经济、环境、工程地质、工程技术甚至水文、气象等问题，需要进行大量的技术经济工作，且要综合起来研究；至于城市空间组合、建筑布局形式、聚落风貌、园林绿化等，则必须从建筑艺术、环境景观角度来研究。这些问题都密切相关，不能孤立对待。

（3）在工作方法上都需要多部门、多专业协调合作。城市设计和新农村规划要求多部门、多行业的规划和设计人员紧密结合，如地理学、社会学、经济学、建筑学、园林学、规划学、心理学、系统工程学等学科。新农村规划和城市设计既须为各单项工程设计提供建设方案和设计依据，又须统一解决各单项工程设计相互之间技术和经济方面的种种矛盾，因而两者和各专业设计部门有较密切的联系。

设计工作者也应具有广泛的知识，树立全局观点，具有综合工作的能力，在工作中主动和有关单位协作配合。只有考虑到不同专业的融合，顾及到各种因素的影响，才能保证聚落发展轨迹的无误。

综上所述，城市设计和新农村规划是新农村建设和发展不可缺少的两个“支点”，正像两条腿走路一样，两者相互推动，新农村建设才得以持续不断，新农村才得以在质的方面提高和发展。

3. 城市设计与详细规划的关系

详细规划需要上承总体规划，下启建筑设计，其设计内容跨越两个层面。因此相对应的城市设计也应要求既包含总体规划的城市设计内容（中观层面）又要指导建筑设计（微观层面）。这就要求详细规划阶段的城市设计要注重连续性，城市设计应服从城市总体规划，尤其是总体规划中景观规划的构思和规定，同时城市设计可视具体情况对其进行合理的修正、调整，特别是总体规划对待定的地段没有具体构思，城市设计需要从整体环境角度，对其进行详尽的城市设计运作，从而保证聚落整体的艺术水准和环境质量。城市设计既要构思巧妙、匠心独运，又要避免规定过多、过死，应为后续设计工作留有较大的创作余地和弹性。

详细规划的编制目前通常分为两个层次。第一层次是控制性详细规划，重点是确定用地功能的组织，并制定各项规划控制条件；第二层次是修建性详细规划，重点是进行建筑与设施的具体布局。因此，在控制性详细规划阶段要进行策略型城市设计，而在修建性详细规划阶段，则是策略型与形态型城市设计相结合，或者是形态型城市设计。

（1）城市设计与控制性详细规划的关系。城市设计与控制性详细规划密不可分、互为补充。控制性详细规划决定着城市设计的内容和深度，而城市设计研究的深度，直接影响着控制性详细规划的科学性和合理性；控制性详细规划的内容为“定性、定量、定位”，这就要求相应的城市设计要重视“实施性”；城市设计应注意与控制性详细规划文本及规划图的配合，例如在土地利用控制、容积率、绿地率、用地性质等方面一般是由规划文本确定的，城市设计工作应根据设计过程中的分析进行修正或补充直至整合，而不应仅出于城市设计的构想，完全建立一套新的控制指标，造成与详细规划脱节。尽管城市设计与控制性详细规划存在许多交叉内容，相辅相成。但是，它们之间是有区别的。

1）从评价标准方面看，控制性详细规划较多涉及各类技术经济指标，其中适用经济和与上一层次分区规划或总体规划的匹配是其评价的基本标准；它是作为聚落建设管理的依据，较少考虑与人活动相关的环境和场所。而城市设计则更多地与具体城市生活环境和人对实际空间体验的评价，如艺术性、可识别性、可达性、舒适性、心理满足程度等难以用定量形式表达的相关标准，从更深层次体现了“以人为本”的思想。

2）从研究对象上讲，控制性详细规划主要反映用地性质、建筑、道路、园林绿化、市政设施等的平面安排，是对二维平面的控制。而城市设计更侧重于建筑群体的空间格局、开放空间和环境的设计以及建筑和小品的空间布置、设计等，强调三维空间的合理艺术安排，注重空间的层次变化、建筑的体量风格等。

3）在工作内容上，控制性详细规划更多涉及工程技术问题，体现的是规划实施的步骤和建设项目的安排，考虑的是建筑与市政工程的配套、投资与建设量的配合。而城市设计虽然也有设计工程技术的问题，但更多考虑感性（尤其是视觉）认识及其在人们行为、心理上的影响，表现为在法规控制下的具体空间环境设计。

4）从规模上讲，控制性详细规划有十分明确的地域界限。而相应的城市设计则不能局限在规定的地域范围内，应跨越“时空”界限，更注重“整体性”，应从区域乃至聚落的整体环境入手，回过头来研究局部问题；还需从历史文化、民俗风情等方面，或从整体城市文脉中寻找灵感。

（2）城市设计与修建性详细规划的关系。修建性详细规划的任务是对聚落近期建设范围内的房屋建筑、市政工程、公用事业设施、园林绿化和其他公共设施作为具体布置，选定技术经济指标，提出建筑空间和艺术处理要求，确定各项建设用地的控制性坐标和标高，为各项工程设计提供依据。由此可见，修建性详细规划与城市设计一样，核心内容都是空间环境形态设计，都要考虑用地的空间组织和布局，包括景观环境、绿地、公共活动场地、交通、道路和停车场等的安排以及市民活动的组织等。因此，它们在某些内容上是相通的，有时甚至可以将两者等同起来，比如居住小区的设计，即可以称××居住小区修建性详细规划，也可以称××居住小区（城市）设计。但是修建性详细规划与城市设计还是有一定的区别的，主要表现在：

1）从内容深度上看，修建性详细规划除了空间环境形态设计以外，还包括工程管线规划设计、竖向规划设计以及估算工程量、拆迁量和造价、分析投资效益等工程方面的内容。城市设计则注重空间内部各要素的细化，包括休息设施（如廊、亭、座椅）、卫生设施（如公共厕所、垃圾箱）、建筑小品（如雕塑）、环境设施（如路灯）等的详细设计。

2）从工作对象来看，修建性详细规划的工作对象是具有综合性功能且范围比较大的地块，像工业园区、旧城区、农居点等，而城市设计的工作对象一般是具有景观性的空间，比如滨河（江带）中心广场、城市公园等。

3）从研究视角来看，修建性详细规划和城市设计都要在对地块的内部及周围地区的环境条件（包括气候、地形地质、土地使用、社会等用、交通运输、公用设施、生态等）、社会环境（包括当地的经济、社会发展状况以及当地人的行为特征、生活习惯等）进行调查研究的基础上进行规划或设计。但是修建性详细规划强调如何通过功能的合理组织来满足人们的行为需求，而城市设计除了功能组织外，还侧重于利用艺术、心理等处理手法构筑良好的视觉空间环境和视觉秩序，强调为人们带来美的感受。

在详细规划阶段，我们可以有选择地进行策略型城市设计或者形态型城市设计。假如地块范围比较大，需要逐步实施的，可先进行策略型城市设计，提出整个地块的整体设计框架和要求；假如地块范围比较小，且在短时间内需要进行施工的，则提倡进行形态型城市设计。

7.3.2 新农村城市设计与建筑设计的关系

新农村城市设计与具体的建筑设计有着显见的重合，因为两者都关注新农村的三维空间形态，两者的工作对象和范围在新农村建设活动中呈现出整体连续性的关系。同时，从主体方面看，使用和品评建筑和新农村空间环境在人的知觉体验上也是一种整体连续性关系，包括社会、文化、心理等方面的考虑是一种内向转至外向的联系。但是两者处在新农村建设的不同层次上，它们通过互相的影响和干预来达到一种整合效果。城市设计可以通过导则的成果形式，为建筑提供了空间形体的三度轮廓、大致的政策框架和一种由外向内的约束条件，而建筑设计只有在充分考虑了新农村层面的各种因素，才能做出符合新农村特色的建筑设计。同时，城市设计的外部限定只是一种设计的导引，并非僵死的，它具有相当大的灵活性和弹性。一般地说，城市设计具有指导性、意向性，因此，建筑师并不会因接受城市设计而影响发挥自己的想象力和创造力。相反，这种“略被约束”的创造力能更加注重新农村整体物质空间环境的协调，它所创造的是新农村生命的延续，一种和谐的连绵，这样的建筑设计往往更能作为醒目的景观群被人们牢记。

1. 城市设计与建筑设计的区别

（1）设计理念上，城市设计与建筑设计是不同的。城市设计更多地从建筑外部空间整体、

综合地考虑人的因素，引入设计规范包括设计模式。建筑设计则更多地从建筑内部空间中人的感受及空间理论上进行设计。

（2）设计对象。城市设计的对象是聚落的全部空间（从窗口朝外所看到的一切东西），从空间地域可以是市区、分区、地区、地块、地带等。建筑设计的对象是建筑物体量和周围环境，其空间一般较小。

（3）从设计层次和深度看，城市设计介乎规划与修建设计之间，属于规划设计范畴，设计一般做到方案或概念性设计的深度，但应表达出形体空间的具体形象；而建筑设计属于修建设计范畴，其图纸直接指导施工，应做到技术设计和施工图。

此外，城市设计还要为除建筑设计以外的绿化设计、道路交通设计、小品设计以及雕塑、广告、灯光等一切公共空间内的专项设计提供指导，目的是塑造出完整、优美而和谐的城市空间环境。

2. 城市设计与建筑设计的联系

齐康教授在《城市设计与建筑设计之互动》一文中将城市设计与建筑设计的联系做了精辟地阐述。他认为建筑设计构思是一个由内向外、由外向内的反复思考过程，即建筑设计构思的考虑面是由建筑物内部使用功能逐渐转向建筑物外部环境对其的影响，即考虑进宏观城市设计对建筑设计的要求，表现在土地综合利用、交通组织、聚落公共空间设计、相邻建筑物的保护、聚落空间中人的活动和行为心理等方面。从而提出如果建筑师在某种限制内满足了这些要求，他的设计就不单单是建筑单体设计，而是完成了聚落中的一个单元或部分的设计。当人们在聚落中都采用这种积极态度进行设计，就会逐步形成一个城市设计的整体，为人们创造良好而健康的建筑环境。这种“互动”更好地体现城市设计与建筑设计之间的关系。在这种互动的前提下，城市设计由于所处的层面高于建筑设计，因此城市设计对建筑设计又起着指导（或制约）的作用，主要体现在确定方位、体量、形式和基调四个方面：确定方位，主要是建筑物在特定空间中的地位、方位以及主要出、入口等；确定体量，主要是建筑体量与空间环境容量的相适合；确定形式，主要是形式，也包括风格等；确定基调，主要是色调，也包括格调、韵律等。

然而，城市设计不应过分干预建筑创造的主动性和积极性，应为建筑师的创作留有足够余地。在没有城市设计的条件下，建筑师也应发挥自己的“城市设计观”，自觉地考虑并处理好建筑与聚落空间的关系，实现良好的“互动”。有了城市设计，建筑设计可以更好地依据城市设计的引导，符合某一特定聚落的整体空间要求。

广义上说，自有人类聚居行为以来，就有了城市设计的实践，只不过那时的城市设计缺乏明确的概念。也没有学者去总结、分析，以提高到理论层面来研究。而现代的城市设计因城市的复杂性而具有其独特的功能，并不是能使建筑设计或城市规划所能取代的，因此，城市设计的存在与发展表明了它的价值和重要性。

7.4 新农村城市设计的目标和评价

7.4.1 新农村城市设计的目标

新农村同大中城市一样也是一个错综复杂的系统，其内部各个社会群体之间的价值取向和利益倾向都有所不同。新农村城市设计是一种使新农村发展合理化、有序化的手段，由此它的进行过程就必须要考虑并综合新农村社会的价值理想和利益要求。在实践中，对于大多数非专业人员来说（如委托人、投资者、行政领导、使用者等），他们的关注目标和价值取向一般并不等同于新农村城市设计者的认识：行政领导认为新农村城市设计是新农村形象的设计，是一种策划，也是一种对本地区的宣传；规划设计人员认为新农村城市设计是一种对新农村空间形态进行研究和设计并转译成控制准则的过程，借此引导新农村三维空间形态的有序生成；规划管理部门则认为新农村城市设计是一种管理的策略和依据；房地产开发商注重从投资效益出发来评价新农村城市设计对地块产生的影响。于是，专业与非专业人员之间、非专业人员相互之间对新农村城市设计要求和目标就迥然不同，有时甚至相互冲突。建构新农村城市设计的目标，协调新农村各活动主体之间的关系应从以下方面入手。

（1）协调新农村群体。新农村的区域特征表现为城乡结合、城乡一体的特色，这是我国新农村化进程的基层和重点，也是我国产业结构调整，特别是产业布局调整的中心，新农村城市设计应充分体现到这种特殊性。城市设计应站在区域新农村群体的高度，注意各新农村间分工合作、协调配合的可能，在设计中要充分考虑到规模效益和聚焦效益，研究职能特征和辐射范围，既满足本聚落的基本要求，又以最佳规模的原则指导统一部署，达到各显其能、相互促进的目标，特别在聚落密集地区，城市设计更要体现区域宏观决策的作用。

（2）优化产业结构。新农村具有第一、二、三产业并存的产业结构特征，特别是第一产业的存在和向集约化、“三高”（高科技、高新、高产）型、特色型产业转化的倾向，即使第二产业，它与大中城市一般具有综合性的工业不同，大多有较强的块状经济特点，如浙江诸暨的大唐镇织袜业、浙江玉环清港镇的阀门业……这些产业特征使城市设计必须考虑到这种特点并加以利用和引导。在城市设计中体现产业特点，力图反映这种产业产品的特色，使之明确区别于大中城市的产业特征，通过城市设计起促进产品市场化的作用。

（3）合理新农村规模。新农村规模具有不确定性和相对有限的特点。城市设计必须注意到这种特点，对前者必须考虑到发展需求的阶段规模，具有应变能力，规划与设计具有一定的弹性和灵活性；对后者必须既注意规模效益，又具有尽可能多的便利性，把同样人口规模的新农村与新农村居住区两者的中心予以区分，着力于提高新农村的辐射影响能力。从城市设计过程来看，这种规模为城市设计中民众的参与性提供了可能，因为新农村相对密切的人际关系易于培育对公共决策的关心和村民意识的唤起，通过调查分析、交流协调、修正评价，应作为城市设计过程的目标，广泛地进入新农村城市设计过程，成为持续地寻找用户参与的连续性过程，变技术决策、政府决策等相对少数人的个人行为为有广泛群众基础的社会性决策，从而提高决策的客观性。

（4）改进生活模式。新农村在生活模式上存在有一定数量的产、销、居一体的方式，这是由于新农村内以中小企业尤其是小企业为主体的缘故，因此城市设计应倡导这种生活模式，并在空间、功能、景观等方面组织出多样形态，避免简单搬用其他城市设计的做法，体现灵活性的特征。生产、生活相结合的传统模式曾对“街”的形式起到了相当重要的作用，而这种模式的改进、延续，无论对保持传统“线”形空间组织还是对促进经济发展都具有积极的意义，在实施组织上也具有灵活性和连续性。

（5）传达文化底蕴。新农村虽不能回避文化教育水平相对较低的现实，但也绝不可低估传统文化的深厚底蕴。所以，新农村城市设计的目标应促进传统文明的学习和现代文明的传

播相结合，以提高文化素养，保护和创造新农村的良好面貌，树立良好的公共意识。总之，新农村城市设计应和文化规划相结合，这是社会进步的标志。

当然，新农村城市设计最直接的工作对象是新农村空间环境，它通过对新农村环境（包含新农村有形环境质量和无形环境质量）的塑造、改善、维护和控制，使新农村空间最大限度地适合人们居住。这种新农村空间环境的设计不仅仅是环境因素，同时，还会为新农村带来经济价值和社会利益。对我国以经济建设为中心任务的今天，经济发展是首要考虑的问题。可见，新农村城市设计的目标应包括物质形态、经济、社会等诸多方面。物质形态方面的目标主要是使新农村可感知、有特色、多样化、宜人化，追求新农村的高品质，强调整体空间形体质量和环境效果。经济方面的目标主要是土地利用的合理、高效和地区新农村繁荣经济，追求其高效益；社会方面的目标则主要是保障社会公平，使社会空间布局合理化。因此，为人们创造一个群体协调、产业结构优化、规模合理、能体现新农村特有的生活模式和传达文化底蕴的新农村空间环境，以促进新农村的经济发展和振兴，是现代新农村城市设计的最终目标和根本任务。

7.4.2 新农村城市设计的评价

对新农村城市设计的评价是多层次的，从满足技术上的需求到公众的认可。评价工作就是对与最初确定的新农村城市设计目标和最终方案做详尽地比较。设计方案完成后，依据最终的问题和预期的目标对方案进行评价是必要的。评价主要从两个角度进行：一是设计方案是否优化了新农村空间环境质量；二是设计方案实施的可行性如何。在评价中一项很复杂的工作是确定评价标准，即确定什么样的新农村城市设计是“好的”。“好的”标准既有客观性或普遍性，又有特殊性。它随不同地域、不同时期的具体条件而异，而且在一定程度上受到规划师、建筑师主观意念和价值取向的影响。因此，新农村城市设计的评价标准应根据项目的要求与目标来确定。各个地域、各个项目都应建立一套与当时当地客观条件相协调的评价标准。

总的来说，城市设计评价标准主要有两大类型：“硬性”标准和“软性”标准。所谓“硬性”标准，即随着城市的发展和建设经验的积累，对城市二维、三维形体空间量度进行的硬性规定，它是一种客观标准。针对新农村而言是指特定背景如自然因素、传统观念、生活习惯等所做的合理化规定，旨在规范新农村的各种建设行为，使之有序化，比如一些技术经济指标（建筑容积率、建筑控制高度、绿化率等）和客观规定。“软性”标准是相对于硬性标准而言的，它包括美学质量、心理感受、舒适度和效率等定性原则，是不可度量的，它所追求的终极目标是空间环境的统一与和谐，创造出具有亲切感、生气感、充实感、平衡感，并既有地方特色，又有时代精神的空间环境，是一种主观意识的评价。

“硬性”标准是一种特殊化的标准，它针对的是某一特定的地域范围。标准的内容分类可能一样，但是内容规定会千差万别，因为每一个地域都有自己独特的发展背景。从某种程度上而言，硬性标准的研究与规定应在新农村城市设计的内容范畴中予以强调，这一类标准由城市设计专家、管理人员和政府部门共同完成，从而使政府有关部门的立项、审批等工作规范化，体现科学化、合理化、面向社会化。而“软性”标准是一种基于人的感受的主观规定，虽然每个人的审美观不同，但是伴随着社会文明的飞跃发展，人们已经在某种程度上达成了共识，即美不仅是一种良好的视觉和心理感受，更是一种和谐。古希腊的人们就已经建立了自己的美学原则——对称，而对称就是和谐的一种极端状态。我们不可能建立一套完整的并且具有普适性的标准，这是不可行也是不现实的。因为评价的主体是具有主观意识的人，各评价者所拥有的知识结构和审美意识都是不同的，因此，除非对于评价的主观因素有一个既定而客观的衡量标准，否则，建立一套完整适用的体系是没有任何意义的。然而，标准的建立又是必需的，它是衡量事物好坏的杠杆。因此，我们所能做的就是统一一套主观的基础评价体系，即建立一套以新农村空间中的人为研究对象的“软性”标准。

1. 新农村空间美的分类

新农村城市设计的评价从内容上看，都应包括“硬”、“软”两方面的标准。另外，这些标准的设定都应有一个具体的地域依托，绝不是凭空而论。我们可以把这些具体要求，尤其是其中的共同之处抽象出来。围绕“新农村空间美”展开分类：

（1）地方美。地方美即乡土美，表现出对设计地域新农村的历史和传统风格的保护、运用和协调发展，能传达该地域传统的信息，延续该地域的历史文脉。

（2）整体美。整体美指新农村建筑、空间环境和人融合成为一个有机整体，这个整体除了规划布局合理、交通便捷、功能齐备等这些量性的标准要求外，更加重视空间的质量，诸如各建筑、空间的统一协调，人工环境与自然环境的协调等。各空间要素构成的空间体系必须有层次、有秩序，主次明确、重点突出。

（3）生气美。生气美强调新农村活力，表现为新——采用先进的思想、新的形式与新技术、新材料，即所谓有时代感；动——空间动态要素和建筑等物体形态的动感，空间布局的灵活性与适应性；活——富有生机感，即灵活利用新农村历史悠久且富有生命力的要素来活跃人的视觉、听觉和嗅觉细胞，加强心理感受。

（4）充实美。充实美强调形式美与内涵美的结合，主要体现为多样化和情趣化，在功能形式和活动内容方面上表现出新农村的多元化、多彩、多姿的特色。

（5）亲切美。在于空间适用、安全、可达和具有人性，使在其中活动的镇民们感到舒心，感到被热情接纳，即通常所说的“以人为本”。

这些新农村空间美的原则涉及了城市设计评价标准的各个方面，可以作为新农村城市设计评价的基本标准体系。当然新农村城市设计的评判标准不是既定的，而是动态的，是在新农村空间美的基本评价体系基础上的派生或具体化。

2. 城市设计水平的评价

目前，在城市设计上评价体系虽然各式各样，但是存在着一定的相似之处，即对于什么是“好的”城市设计达成了某些共识，主要体现在：

（1）易接近性。易接近性指一个人接近其他人、活动、资源、设施、信息和场所的可能性，强调空间的舒适、活力、运动和亲近。

（2）整体性、和谐性。整体性强调“场所感”，即城市设计的结果应该是提供“好的”、完整的场所，而不仅仅是堆放了一组“美丽的”的建筑物。和谐性强调与环境相适应，涉及城市设计与新农村或居住环境的协调性的评价（包括基地位置、密度、色彩、形式和材料等），以及与历史、文化要素的协调性。

（3）多样性。多样性包括形式和内容的多样性，与多样性相联系的是重视“混合的土地使用”。一般认为，最好的城市场所是提供一个混合使用的，具有多种活动的人和能使人产生多种体验的环境。混合使用的场所也意味着具有多种类型、多种形式的建筑物，可以吸引各

种阶层的人们，在各种不同时间里，以各种原因（需要）来到这里。多样性是创造赏心悦目的城市环境的一个关键因素。

（4）可识别性。一种由使用者评价的个性视觉表达和状态方面的社会和功能作用，强调色彩、建筑材料以及使空间更具个性，以使某一空间场所在视觉上能够被人认识。

（5）人的尺度。好的城市设计是以“人”为基本出发点，包括视点、视线、视面、尺度与格局、功能与方位等方面。如舒适的步行环境，需考虑人行走的安全、避雨、避光、休息，以及宜人的建筑高度和空间比例，地面层与人的视线高度范围内的精心设计等。

3. 城市设计科学性、合理性的评价原则

（1）同一阶段城市规划的衔接。新农村城市设计作为城市规划的整体组成部分，应将同一阶段的新农村规划作为它的基础资料和设计依据，在内容上实现有效的衔接，比如新农村总体城市设计，其空间系统的布局必须依托总体规划的空间组织构筑的基本框架，新农村景观、形象的设计必须符合总体规划中对于新农村的定位及发展思路。如果新农村城市设计的内容与规划相矛盾，则是一个不合理的、自行其是的设计。当然，规划也是一个动态的过程，新农村城市设计要紧随城市规划，与规划保持良好的衔接，这样才能发挥新农村城市设计应有的作用，也符合新农村城市设计的初衷。

（2）对设计地域原有内涵的把握。小至建筑周边的空地、小游园，大到一个新农村、区域，无论地域范围大小，地域内包含着各种内涵要素，这些要素就是设计信息，设计者把握得越多、越准，设计的内容就越合理，这些信息包括自然条件、气候、地质、植被、水系等自然资源条件，也包括乡土风情、民风民俗、历史沿革、人们的思想意识等无形的文化内涵。设计评价工作强调当地民众的参与，就是因为只有生活在这里的人们才可能真正理解这些潜在的文化内涵，才能对设计者的把握程度做出判断。

（3）以人的视觉和心理感受来评价。新农村城市设计给出的可能不是一个具象的空间形体，但是我们根据它，可以让自己在这个空间中行走、游憩，甚至生活、生产，如果感觉是舒适、惬意的，那么它就是一个可行的设计。这里强调的是，要根据人的尺度、行为习惯、视觉和心理感受为衡量标准，对新农村城市设计的内容及其规定做出评价，也就是人们常常强调的要以人为本。

（4）用可持续发展的要求来衡量。新农村处于不断的变化之中，“好的”新农村城市设计与规划都要适应不断发展变化的要求。因此，新农村城市设计在制造时，要遵循“可持续发展”的准则，具体有三条：

1)要具有前瞻性。好的城市设计对新农村变化和发展要有一个清晰的认识和明智的判断，而不是将思路停滞在固定的时间和空间里。

2）要具有可操作性。新农村城市设计是为了指导其他更为微观的设计活动，保证新农村建设的有效进行。因此，在实际的建设和管理过程中，它要为城市规划管理部门或开发商在具体的实践过程中提供决策参考和依据，可操作性是其得以实施的基本要求。

3）要具有弹性。新农村的发展在受到社会、经济、政策、科技、文化等各种因素的影响和制约后相对大中城市变化会大，城市设计师不可能代替规划师去绘制一张完整的城市总体蓝图。因此新农村城市设计的内容必须有较大的弹性，要为以后的修改、补充和完善及为他人的创作留有足够的余地。

新农村城市设计的内容综合性强，故不能选择单一领域作为评价主体，而是要组织多学科（包括建筑、规划、景观、经济、社会、环境等）、多领域（包括政府、职能部门、民众等）交叉的评价组对城市设计进行评价，以保证评价的客观、公正、公开。因为政府及其职能部门作为城市的管理者，民众作为城市空间的使用者和参与者，对城市空间环境建设的视角和看法是截然不同的，只有综合他们的意见，才能进行合理的评价。

7.5 新农村城市设计的对象和内容

培根指出，任何地域规模上的天然地形的形态改变——开发，都应进行城市设计。但是，由于新农村的特点涵义所决定，新农村城市设计的对象不仅仅是新农村整体空间或某一场所，还应包括新农村镇域范围以外的区域范围且一切涉及人类生活环境的内容。因此，应该对应于城市规划及其管理的各个层次开展相应的新农村城市设计工作，并纳入到新农村规划一并实施。

目前，依据城市规划的不同阶段而划分的城市设计的对象层次出现三种比较常见的分类：一种是总体城市设计——地段城市设计——局部城市设计；另一种是区域规划（新农村群规划）阶段的城市设计——总体规划阶段的城市设计——详细规划阶段的城市设计；还有一种是区域（新农村群）城市设计——总体城市设计——详细城市设计。其实，以上分类只是称谓的不同，表达的基本意思则相同，即针对不同的规划阶段开展城市设计。由于新农村不同于大城市，它的规模较小，相应地段城市设计和局部城市设计的范围往往不能准确界定，因此不宜采用上述第一种分类方法。相反，用“区域规划（新农村群规划）阶段的城市设计”来突出“新农村群体协调”的新农村城市设计目标的第二种分类方法，则比较适合新农村城市设计的分类法。第二种分类用在新农村城市设计上，即区域规划阶段的新农村城市设计——总体规划阶段的新农村城市设计——详细规划阶段的新农村城市设计。分别对应新农村体系规划阶段、总体规划阶段、控制性详细规划阶段和修建性详细规划阶段。前两个阶段可以策略性城市设计为主，而详细规划阶段的新农村城市设计则很多体现形态型城市设计的设计手法。

另外，这种分类更能够明确地表明新农村规划与新农村城市设计的关系。每个阶段的新农村城市设计都对下一步规划或设计起着指导作用，其表达的内容也往往从比较抽象或意象的设计概念发展到较为具体的指导纲要。

7.5.1 区域规划阶段的新农村城市设计

区域规划阶段的新农村城市设计即宏观层次的新农村城市设计。在区域新农村体系或新农村网络中，各个新农村的单体地位不容忽视。新农村无论在其物质层面、信息流动还是景观上都不是一个与新农村群隔绝的封闭系统。

将新农村城市设计的思想引入到区域规划层次，还是一个新概念、新思路。区域规划阶段的新农村城市设计主要研究区域范围内自然环境与人文景观资源的特色构成，发展区域整体的形象特色，研究区域新农村体系的综合形象效果和各新农村的风貌特色，从而确定各新农村的城市设计任务。通过区域系统的城市设计，可以从区域角度来构筑新农村有机运转的模型，从区域大背景中去寻找新农村的独特灵魂和品质，把新农村内部空间的疏解与组合以及机能运转放到区域系统中统一考虑和有机协调，从而形成合理的区域与新农村综合环境。

具体某一区域而言，其任务是建立区域整体新农村形象特色；对于区域内部而言，须考虑区域内诸新农村的景观特色联系，对于城新农村密集区，需考虑各新农村在区域中所起的作用和占有的地位、综合生态平衡效益、区域空间交通网络形式、区域内如何处理废弃物……等问题。

每个区域的自然条件不同，形成的区域形象和特色也不同。如云南的吊脚楼及区域整体形象的构筑在于对区域历史文化传统的把握和区域新农村风格与景观体系的协调。区域空间交通主要是人们如何利用交通工具方便地交往，交通网络组织的便捷性是凝聚区域内部各新农村关系的基本条件。区域的生态平衡一般在新农村内部是不能实现的。新农村内的绿地只能改善镇区生态环境，不可能达到区域的生态平衡。只有在区域规划阶段的城市设计中，才有可能考虑区域生态平衡。另外，区域的废弃物只有在其周围农业区域中选择合适的地点进行生化处理，才能彻底净化，达到生态平衡。所以，区域内是否向区域外污染，是衡量区域环境质量的一个重要方面。

当然，区域规划阶段的城市设计是以区域为统一体，研究了区域新农村综合问题后，还要以导则的形式制定区域内各新农村下一阶段城市规划和新农村城市设计的指导性内容，它们包括：

（1）确定区域内各新农村自身与各新农村之间的环境关系，包括区域内农田与镇区环境的协调关系；各镇与市区中心、区与商业区的联络。

（2）确定区域各新农村的景观风貌特色，包括划分区域各新农村建筑特色层次及分区，各分区的建筑特征控制原则、城乡住区、城乡工业开发布局、市场、仓储布局等策略。

（3）确定区域交通走廊的景观环境策略，包括调整公路、公路、铁路及水系等沿线景观发展策略。

（4）确定区域输配管线走廊的景观环境设计策略，包括引水管渠、输油、输气高架管道等构筑物走廊的设计策略。

（5）确定区域地形地貌环境修复策略，包括对采矿、劈山、开石等人为因素破坏的自然地貌的修复策略。

（6）提出区域生态系统保护及开发的策略，包括制定区域内自然保护区的设计导则；生态保护、风景旅游区开发、水库保护区的控制及区域绿化与区域天然岸线保护利用策略；海岸利用、填海造地的生态评价原则和城市设计导则等。

（7）提出区域历史文化遗产保护策略，包括保护利用重要历史文化遗产等自然或人工景观资源的对策。

需要指出的是，从区域规划阶段的新农村城市设计的内容来讲，分量上不是太重，内容上也不是太多。所以区域规划阶段的新农村城市设计一般不必单独编制，可结合新农村体体系规划同步运行。

7.5.2 总体规划阶段的新农村城市设计

总体规划阶段的新农村城市设计即中观层次的新农村城市设计。总体规划阶段的新农村城市设计可以认为是目前国内新农村城市设计所涉及最高层次，这个阶段决定新农村发展的大局，它的任务主要是配合新农村总体规划，首先就对新农村的空间组织具有根本性影响的内容，如新农村的发展背景、功能、形态、结构、活力、景观、公共环境设施及其发展意向进行研究和分析。在此基础上，选取一些能体现新农村城市空间环境特色的方面进行策略性城市设计。在提出城市设计策略时要突出体现在保护与合理利用新农村的山、河流、湖泊、海岸、湿地等生态环境；协调新农村建设与生态环境的关系，农田与新农村环境的适宜比例及协调关系；要保护与利用新农村传统风貌与文物古迹，发扬地方特色；要合理安排镇民在全镇范围内的活动分布（居住、工作、学习、商业、文化娱乐、出行交通、休闲等）以及其间的相互联络；要明确全镇各类主要公共空间的分布及其网络与层次；要保证和提高新农村环境质量；要保存、完善以及进一步合理分布新农村的主要景观（天际轮廓线、建筑高度分布、对景、借景、主要视廊、主要景点、园林绿化、建筑风格、滨水景观与小环境等）；提炼小新农村特色的要点等。总体规划阶段新农村的城市设计，主要内容由以下几个方面构成：

（1）确定新农村空间形态格局。确定新农村总体空间形态格局的保护和发展原则；拟定主要的发展轴线和重要节点；制定传统空间形态的保护和发展原则等。具体地说，根据新农村所在的自然地理环境及历史形成的布局特征，结合新农村规划要求的用地功能布局，构造整个新农村的空间系统发展形态。为新农村的各类性质、形态的空间（包括自然的、人工的、封闭的、开放的、主体的、过渡的、带状的、发散的……）建立起易于识别感知、富有特色的有序联系和发展态势，形成具有逻辑性和富有个性的整体空间形态系统。

（2）构造新农村景观系统。对新农村的景观进行系统组织，形成完整的景观体系是总体规划阶段新农村城市设计的一项重要内容。它包括组织重要的景点、观景点和视线走廊系统，提出视线走廊范围内建筑物位置、体量和造型的控制原则，确定城市眺望系统及其控制原则。景观特征可以是自然风景、山林河海、文物古迹、传统建筑、文化娱乐、商业闹市区、传统及现代工业、交通设施等，因新农村的具体条件而定。构造新农村景观体系还必须提出公园绿地系统的布局，主要广场的位置、序列和层次，滨水岸线的控制指引。从而对景观视廊和视点进行分析组织，使新农村的优美景观处在最佳的可视范围之内，并对新农村中的建筑布局，特别对高层建筑的布置提出控制要求。

（3）布置新农村人文活动体系。研究新农村人文活动的特征以及人文活动的领域、场所、路线。新农村中丰富多彩的人文活动是其空间环境中最生动的活力景观。设计新农村空间就某种意义而言也是在为民众设计公共社会生活活动。新农村人文活动体系建立就是对其公共空间的人文活动性质、内容、规模进行布局，从而为局部地段的新农村城市设计在内容、性质、尺度、形态、气氛等方面提供依据。

（4）设计新农村竖向轮廓。新农村不是一纸平面，它依靠起伏的山丘、多姿的绿树、高低错落的建筑构成生动的空间形态，在总体规划阶段的新农村城市设计把握新农村空间的竖向轮廓设计至关重要。要根据新农村的自然地形条件和景观、建筑特征，对新农村整体建筑高度进行分区，确定高层建筑和制高建筑的布局，对历史文化名城或新农村中某些传统建筑保护区，更要慎重研究高层建筑的布点。新农村竖向轮廓设计还包括对自然地形和植被的保护利用，对新农村主入口、江湖河海沿岸和它制高点、观景点视线所及的天际线、竖向轮廓进行设计控制。

（5）研究新农村道路、步行街区系统。从空间环境质量的角度提出新农村道路的路网、线形、性质、交叉口及断面空间要求，城市主要街道的发展原则。对交通性道路，以行车的尺度、速度为参照进行空间组织，使之有助于展示沿途区域的景观形象，充分利用自然山水或人工标志提供方向指认；对步行街区系统，与行人在新农村活动轨迹、活动特征相吻合。

（6）提出新农村建筑风格、主色调和新农村标志物等的整体设计构想。除了以上五项外，色彩、材质和建筑风格在新农村整体空间及形象塑造中也有着广泛而深远的影响。因此在总体规划阶段的新农村城市设计中，应从塑造新农村个性、特色的要求出发，结合新农村的自然地理条件与历史传统特征，对新农村的建筑艺术特色、建筑色彩控制、建筑风格的分区、建筑基调进行确定。确定节点的布置及控制原则，对主要标志物、新农村瞭望点和相应的开阔空间布局进行构思，为人们提供一个良好的视觉走廊。

7.5.3 详细规划阶段的新农村城市设计

详细规划阶段的新农村城市设计即微观层次的新农村城市设计。详细规划阶段的新农村城市设计，是当前我国新农村城市设计进行较多的层次。它主要是把总体规划的新农村城市设计要求进一步深化、具体化，以人作为设计主体，从静态和动态两方面，即进行的各类活动的视觉要求对新农村的环境空间做出具体安排。这一阶段的新农村城市设计的对象是新农村的局部空间，在这一阶段的设计中较前两个规划阶段的设计更加接近生活中的人。如果说在区域规划和总体规划阶段的新农村城市设计是以人群为主体、以人乘用的交通工具为主体的话，那么，详细规划阶段的新农村城市设计则是以个人为主体，且主要以步行的人为主体，即这个阶段的设计以在地面活动的人的生产、生活、交往、游憩、出行活动为设计的主体。新农村详细规划阶段的城市设计主要体现在下述几个方面：对近邻的自然环境的分析，明确其在片区的作用；对片区内有自然保护或历史性保护的保护区划定后，确定其四周的保护带宽度；在上述两条的基础上，划定允许建设和禁止建设的界限；对片区内已建的人工环境进行分析，从改善环境质量和宜人活动的角度出发，提出改造和利用的构思方案；按镇民的活动内容，将人的静态与动态活动在公共空间内的分布分别做出安排，包括对水环境的设计以及人在公共空间的停留、进出集散、交通等提出构思方案；公共空间的布局与设计，包括广场系列、广场自身、通道、园林绿化等的位置和用地外形，同时按人的不同活动确定用地布局；公共空间的围合设计，包括主要空间的类型、造型与规模，地形标高的利用，地面铺装按空间的内容来分布，围合体设计（建筑群、绿化、水面、山体、视觉围合体）空间出、入口，围合体接近人流步行活动的宜人景物的设置，空间照明、雕塑、喷泉、水池、小品等，包括主要景观视点的布置，近景与远景设计，地标建筑的数量、位置与高度，建筑群的总体轮廓、景点设计。新农村样细规划阶段的城市设计应要特别注意新农村的文脉设计，突出它们与大中型城市的区别。详细规划阶段的新农村城市设计的主要内容包括：

（1）建筑群体形态设计。建筑群体形态的设计以总体规划阶段的新农村城市设计和区块的详细规划为依据，研究每个地块、建筑以及地块与地块、建筑与建筑相互之间的功能布局和群体空间组合的形态关系，区分主次、建立联系，使建筑群体形成有机和谐、富有特色的新农村建筑群体形象，为确定该地块建筑的体量大小、高低进退以及建筑造型提供依据，这些依据将作为设计要求提供给设计第一幢建筑的建筑师们，使他们在设计单幢建筑时能符合新农村城市设计的要求。在这一阶段，一般不需要对每幢建筑进行立剖设计，即使有的做了，也只是作为研究建筑整体形态是否可行的手段，而不是作为今后审定建筑设计的依据。

（2）新农村公共空间设计。新农村公共空间与其中的建筑群实体是相辅相成的。新农村公共空间的设计实际上是与建筑群体形态设计同时进行的。新农村公共空间通常主要由建筑群体围合形成，其形态、尺度、界面、特征、风格受到围合它的建筑布局、建筑形态、尺度的影响很大。新农村公共空间的设计包括空间系统组织、功能布局、形态设计、景观组织、尺度控制、界面处理等许多方面。其目的是在满足功能要求的前提下，创造尽可能多的为市民大众提供各种丰富多彩活动内容的场所，包括大小广场、大小绿地、有趣味的街道或步行休闲空间等。一个优美宜人的中心广场，会吸引大量居民从事游憩、观赏、健身、娱乐、庆典、休息、交往等多种活动，其最能反映新农村生活的丰富多彩和勃勃生机。

（3）道路交通设施设计。现代新农村中道路交通作为一项主要的聚落要素存在，对于道路交通设施的设计是在满足道路交通功能的前提下，从新农村空间环境和景观质量的角度提出设计要求，协调道路交通设施与建筑群体及公共空间的关系，确定设计范围内的道路网络、静态交通和公共交通的组织；一般行车道路着重对道路交叉口的形式尺度、道路的局部线型和断面组织、道路景观等设计。步行街和生活道路则着重在人的尺度进行空间的塑造，增加人行的活动范围，同时强化各类活动特征。详细规划阶段的新农村城市设计的道路交通设施设计，主要解决了以往仅仅从工程和交通的角度设计城市道路，而难以提高城市街道的环境景观质量的问题。

（4）绿地与建筑小品设计。详细规划阶段的新农村城市设计要设计绿地和建筑小品，包括对绿地的布局和风格，植物的选择和配置，建筑小品的设计意图、布点和设计要求。如绿地的比例，乔、灌木的搭配；树型的特征，花卉的花期、花色。建筑小品包括雕塑、碑塔、柱廊、喷泉水池等的位置与设计要求，作为绿化和小品专项工设计的依据。

（5）色彩和建筑风格。色彩和建筑风格在总体规划阶段的新农村城市设计中对新农村整体空间及形象塑造有着广泛而深远的影响。因此，在详细规划阶段的新农村城市设计中应尽量传承优秀空间形式、色彩肌理的风格，发扬新农村建筑形象的特色。建筑形象除了前述色彩以外，大至立面和造型，小至窗扇陈设均应反映地区或新农村的个性，或凝重、或清秀，尤其是作为民间建筑，设计反映实用、自然、美观的新农村建筑特色，其组合更应反映建筑与环境的独到之处。

（6）新农村夜景设计。一个完整的新农村城市设计应包含白天和夜间两部分设计，新农村夜景可使其在夜幕降临时也能凸显魅力，美丽的夜景可以从一个侧面展现其经济、社会发展和科技文化水平。夜间景观环境可以提供居民夜生活所需要的舒适、休闲、娱乐、购物及交往的空间场所，尤其是在文化名镇和旅游新农村，更能使在新农村游览的游客流连忘返，推动新农村旅游业的发展。城市夜景观是室外照明与景观的结合体，它与新农村的交通体系、文化背景、居民消费观念息息相关，夜景观可以通过居民的夜生活展现，如商贸活动、娱乐活动、交通活动、节日活动……城市设计要对设计地段的照明设计提出设想和要求。对于广场、街道、建筑群和绿化小品的照明方式、照度、灯光形式和布置、色彩以及节日照明提出分区、分级照明设计方案。

（7）广告、招牌和环境设施。环境设施包含的内容甚广，一般是指新农村中除建（构）筑物、绿化、道路以外用于休息、娱乐、游戏、装饰、观赏、指示、商务、市政、交通的所有人工设施，如座椅、花坛、喷泉、候车厢、售货亭、广告、招牌、公共电话亭等城市家具，以及商品展示窗、公共厕所、邮筒、垃圾箱、导游牌、路灯等。这些设施体量不大，若设计得好，能对新农村环境起到锦上添花的作用。新农村城市设计就是要对这些设施的布置和造型提出设计要求，对这些设施的设计进行审定。

为便于将新农村城市设计成果纳入城市规划，其城市设计阶段划分宜等同于城市规划。

结合实际情况，将新农村城市设计分为三个层次，这在某种程度上也表明了新农村城市设计作为一种连续的决策和运作过程并不是一种终极的产品，每一个层次的设计既有大量的调查工作和客观分析，又要对体型环境进行综合的感性创作，从而提炼并创造出具有特色的新农村空间环境。同时，作为“对设计的设计”，每一层次的新农村城市设计在对后续设计提出制约和引导的指导纲要的同时，亦要“预留发展弹性”，充分保证和鼓励后续设计的创造性发挥，丰富新农村的多样性和特色化。因此，新农村城市设计作为一种设计活动和政策过程，对规划师、建筑师、城市管理者都是新的挑战。

7.6 新农村城市设计的类型和设计

7.6.1 新农村城市设计的类型

（1）传统的城市设计可以项目性质划分，一般分为开发建设型、历史保护型和开发与保护结合型三种。

1）开发建设型城市设计。这是城市设计初创性的内容，包括建筑综合体、交通设施和新建新农村或新区等工程设计和政策导引等，其主要目标在于促进城市经济的发展，在形象与效益间寻求平衡。城市设计的任务是通过这些开发项目为市民大众创造良好的生活环境。

2）历史保护型城市设计。高度的经济开发一定程度上会对城市环境的适居性带来消极影响，从而刺激了保护设计的发展。这种设计的目的是保护自然风貌和城市传统特色，提高环境质量。这类城市设计主要发生在历史城市或历史保护地段，也会出现在开发设计的实施地区，主要强调保护和创新的协调。

3）开发与保护结合型城市设计。在 20 世纪 60 年代的西方发达国家，这种类型的城市设计是作为开发设计的立面出现的，主要任务是在衰退的城市社区中发展，特别是协助低收入者改变居住条件。而在我国，这类城市设计主要是针对城市旧区的更新改造。这类城市设计比较关注经济效益和旧有秩序，强调市民参与和社会调查，是最不受注意也是最艰难的城市设计。

（2）传统的城市设计可以城市设计的成果类型划分，一般分工程-产品型、政策-过程型、研究-构想型三种。

1）工程-产品型。工程-产品型城市设计引导和控制的对象一般较明确，设计之间环节较少，有很多工程-产品型城市设计本身是一种形体设计或建筑群体、实体环境的设计。在某些方面与修建性详细规划有许多相似之处，所不同的是它是在明确的城市设计思想与手法指导下完成的大规模建筑设计或环境设计。

2）政策-过程型。政策-过程型城市设计具有实现周期长、涉及因素多、设计导则执行过程较强的特点，在实际操作中，此类型城市设计往往与控制性详细规划相结合，设计导则与规划文本共同作为图则的一部分，且比较全面。

3）研究-构想型。研究-构想型城市设计主要目的是针对某一特定目标或一系列子目标而提出构想设计，在许多情况下，是一种形体设计方案，此类型城市设计在文字材料上表现为一种“设计构想说明”，主要为解释和说明设计目标和指导思想及设计构想等，其成果一般以设计方案或研究报告的形式出现。

7.6.2 开发建设型新农村的城市设计

开发建设型新农村城市设计是指新农村中的大面积街区和建筑开发、建设以及交通设施的综合开发、新农村中心开发建设及新城开发建设等大手笔的发展计划，例如多年以来广大乡政府陆续开展的“撤乡并镇”过程中涉及的城市设计。此类新农村城市设计的目的在于维护新农村环境整体性的公共利益，提高镇民生活空间的环境品质。它的实施通常是在政府组织架构的管理、审议中实现的。

浙江省绍兴市福全镇进行总体规划。该镇镇域为 40km^2，人口 4 万人左右，改革开放以来乡镇工业异军突起，经济飞速发展，20 世纪末人均 GDP 已达 3000 美元。福全镇地处绍兴市区边缘，镇区人口仅 4000 人，建设用地 34 公顷（1 公顷=10^{4}m^2），未能形成规模。进入 21 世纪后，该镇实施产业提升战略，改变原来户户兴工、村村办厂的散杂局面，专门辟地建设工业区，该镇 2km^2 的一一期工业区仅用一年时间就已建成，正在拓展二期。新农村总体规划在不到两年时间里进行了两次重大的调整和修改，完全显示了开发建设型的新农村类型。规划至 2020 年，镇区人口规模由 4000 人将增至 6 万人，用地规模从 34 公顷增至 7km^2，在规划过程中融入了城市设计的基本构思，对新农村空间进行总体城市设计，成效显著。

我国西南的一个新农村也属于开发建设型新农村。由于经济的发展和新农村化推进，新农村需要扩大。现有新农村集中在南端，新城向北伸展，中间要跨越一条主要过境公路。根据新农村的功能，将它分成几个组团，公路以南以行政、文化、商业、居住为主，公路以北为工业区。东部凸出的组团为工业园区和小商品批发市场，最北端为农业种植组团。根据各组团的联系规律和种植区、花卉苗圃的特征，在整体上引入巴洛克图案将组团统一起来，苗圃内部可以直接采用巴洛克图案种植，十字形的主轴可以将过境路相对隔离，同时在心理上也起到了联系南北的作用，该新农村的总体城市设计与城市总体规划中的功能和布局很好地融合为一体。

7.6.3 历史保护型新农村的城市设计

这类新农村城市设计通常与具有历史文脉和场所意义的新农村有关，它更强调新农村物质环境设计和建设的内涵，而非仅仅是一般地产开发只注重外表的改变。随着联合国伊斯坦布尔人居二大会会议的召开，“可持续发展”理念被引入，历史保护被提到了更高的地位，也越来越受到人们的重视。

江南新农村的保护规划与城市设计就属这一类型。江南新农村是在相同的自然环境条件和同一文化背景下，通过密切的经济活动所形成的一种介于乡村和城市之间的人类聚居地和经济网络节点空间。在中国文化发展史和经济发展史上具有重要的地位和价值，而其“枯藤、老树、乌鸦，小桥、流水、人家”的规划格局和建筑艺术在世界上独树一帜，形成了独特的地域文化景观。江南新农村具有丰厚的历史文化价值和优秀的规划与建筑艺术价值，在中国经济发展史上具有很高的地位和作用，其风貌是地域文化的集中体现，是中国文化的重要部分。

江苏吴江市周庄是最早通过规划而得到保护并迅速发展的江南名镇，古镇区在政府严格保护下，旅游和保护建设走上了良性循环的轨道。居民在意识上也达成了共识，新镇区和中心的建设有了一定的规模，对古镇区的发展及活动展开都起到了相当重要的作用。但是也应

看到，在总体保护上，不断会出现如北环公路准备穿镇等影响的干涉事件。在古镇区，生活环境质量的提升成为迫切的要求，居民生活满意度也需要进一步提高。随着可持续发展的原则成为共识，更新和生活需要必须与保护及旅游开发同步发展，特别是镇中心的建设对此尤其重要，是生活需要的重要方面，包括公共空间的复兴和重塑，这样才能使古镇保持活力。

新农村城市设计在古镇中心的空间和界面设计、组织公众参与、基础设施的完善及在各环境要素设计上全面展开，在保护和更新的协调发展中持续进步。其特色就是古镇的整体形象，亦是保护框架的主题。新农村城市设计同时应把旅游服务和居民生活的结合与兼容作为突破点，把生活的延续和进步作为古镇风貌不可缺少的组成部分。

在不少古镇的新镇区和新中心，已建环境并不令人满意，应及时地通过新农村城市设计重新设计新中心的空间和形象，尤其是要满足既有创新又与古镇区协调一致的景观要求，有机调配古镇区与新中心的内容安排，以完善全镇的资源和环境的优化工作。

在我国经常有人认为，历史保护会与居民生活相矛盾，其实不然，在近年的历史保护实践中，一直以历史环境保护作为改善居住生活环境的有效途径。历史环境的保护通过寻找都市景观创造的历史文脉，继承发扬传统文化，使居民物质实体环境和精神生活两方面都找到了归属。

周庄核心地区现在的商业气和脂粉气重了些，但这里似乎还能体味到“枯藤、老树、乌鸦，小桥、流水、人家”的意境。周庄沈万三宅前的小巷感觉舒适。引人喜爱的新农村必然有亲切的尺度，无论用什么元素，建筑环境、小品、绿化，空间都要紧凑。小镇上的街道具有亲和力，不远处还有一个过街楼吸引视线，使空间进一步聚合。

7.6.4 开发与保护结合型新农村的城市设计

在目前的城市设计中，更多的是遇到开发与保护相结合的项目，即通常所说的旧镇改造或旧镇保护、新区开发，确定保护和更新模式应本着保护传统空间格局的宗旨。在对现状做充分调查，对建筑年代、风貌、质量等因素综合判定的基础上，对历史街区的每一幢建筑进行定性和定位，提出保护与更新措施。依据文物法确定建筑的保护与更新措施的要求。要综合考虑保护历史街区的风貌完整性、规划实施的可能性和整个历史街区保护的长期性，这是保证保护规划可操作性的重要手段。

同时，要做好“新”与“旧”的交融，不能目光短浅，盲目扩建城市而毁灭旧城风貌，也不能因噎废食，束缚于旧城维护而滞于发展。两者本质上是一对矛盾的统一体，正确处理好两者的关系，是能够做好“新”与“旧”的延续和衔接的。

在新农村规划和城市设计中，也不乏较成功的规划设计案例，浙江兰溪市诸葛镇是其中一个例证。诸葛镇位于浙江兰溪市西部，该镇有两个聚集着明、清古建筑群的村落——镇东的诸葛八卦村和镇西的长乐村。由于经济发展，镇北有一片工业区，镇区在诸葛村边缘（北），330 国道和龙诸公路交会处。诸葛八卦村是三国蜀汉诸葛亮的后裔繁衍聚居形成的，全村姓氏都是“诸葛”，达 400 多户，在现存的农村宗族村落中极为罕见。村落造型独特，房舍巷弄布局变化万千，建筑风格清新古朴，最具有特色的是著名的书卷气渗透进田园风光的“高隆八景"，蕴涵和展现了农业社会耕读文化绵延下来的深厚文化积淀和瑰丽民俗神韵。该镇在总体规划编制中，经过大量细致地调研和反复研讨，确定了保护和恢复历史文化古迹以及协调环境发展工业、旅游等。根据经济、社会、政治、文化和生态统筹发展的总思路，提出了“山水交融、古今相接，文化为先、工农并重，村落古风化，新区现代化”的总体目标和“保护和开发相结合”的规划指导思想。规划改变过去单纯的保护做法，引入了保护和发展的规划创新理念，主要是保护好诸葛镇的历史文化特色，其中包括古建筑文化、人文景观文化、农耕文化、血缘文化和中药文化等。对两村近200多栋明、清古建筑提出了保护古村落完整性的一系列项目和措施，其中有恢复古村落的水塘、上塘商业小街、祠堂和田园风光。在保护古村落原有风貌特色的同时，着力于发展经济，专门做了发展旅游业的专项规划，对旅游线路和景点做了统筹安排，将历史文化古迹与山水自然风光、果园农业观光等结合在一起，形成颇具特色的旅游整体构架。

与此同时，为开发地方经济确定了两个古村落和一个工业区的“三足鼎立，成片发展”的格局，在三片中心部位新建一个镇区，使其与古村落脱开，使镇区与两个古村落在空间上既各自独立，又相互联系，形成饶有趣味的人文走廊和旅游环线。

在编制总体规划时，城市设计得到了重视和关注，以历史文化环境为切入点，对环境、空间、建筑和人做了精心的统一设计，引进了城市设计理念，做了城市设计引导，使新的发展在空间布局和建筑形体、色彩及文物古迹、乡土民居等方面相协调，形成整体完美的文化空间环境，并相继进行了商业街设计、街区设计、居住区设计、居住组团设计和水系设计等专项规划。在城市设计引导中，在规划总图基础上对街道空间、广场景观、小品环境、建筑风格等都做了较具体的意象。在街道空间上明确传统街道尺度宜较小，多为青石板铺砌，平面上呈贡折状，建筑依次出现，逐渐展开，产生不断变化通透的效果；在传统商业街上布置前店后坊模式的店铺建筑；规划的新农村街道，道路宽度不宜过大，宜采用1:2的比例布置沿街建筑，创造怡人的街道空间景观。鉴于该镇的公共空间主要是池塘和祠堂，在广场景观构想中提出古村落内日常生活交流场所是以水塘为中心的历史传承，广场设计应着重强调其实用性和亲和性，以小尺度的广场并伴有水塘空间为其独特的广场景观。在小品环境设计引导上主要着重于城市家具的配置，包括电话亭、公厕、垃圾收集箱等，都与诸葛镇的大环境相协调，从人行道、广场的地面铺砖材料的选择、平面形状、图案色彩、质感、尺度等甚至家具的选型、材质、配件装饰等都做了精心细致的安排。在建筑风格上，作为历史的延续，大量留用了粉墙黛瓦的江南民居风格，色彩上以淡雅清新见长，建筑物一般不超过四层，以二、三层为主。

当前，一些新农村在进行大规模更新建设，迅速改变地区贫困、改善基础设施差的同时，由于缺乏深入研究、精心规划或只追求短期效益，已对开发与保护结合型新农村原有的自然和人文环境造成不同程度的破坏，出现了新建现代建筑，且体量过高、过大，居民自行翻建的住房色彩、体量和形式与历史古镇传统建筑风貌极不协调等现象，这些问题值得高度重视。为此开发与保护结合型新农村的城市设计应遵循以下原则：

（1）以保护为前提的持续性利用。开发与保护结合型的新农村具有丰富的自然资源与人文资源，一般来说新农村历史文化遗产与历史信息相对保存较好，这是不可再生的资源，应对其空间格局、自然环境、历史性建筑三方面物质形态进行保护性利用。历史街区空间格局包括街区的平面形态、方位轴线以及与之相关联的道路骨架、河网水系等，它一方面反映出新农村受地理环境制约的结果，另一方面也反映出社会文化模式、历史发展进程和城市文化景上的差异及特点。街区自然环境包括重要地形地貌、重要历史内容，如古建筑、文物、古迹等，以及相关山川、树木、草地等特征，是形成新农村文化的重要组成部分。

历史性建筑真实地记载了新农村核心发展的信息，其造型、高度、体量、材质、色彩、平面设计均反映着历史文化的印迹，有的建筑本身在现代社会生活中仍然在发挥作用。这三者应以保护为前提，可以持续性利用。国外对历史性建筑与环境修复的实践也反映这一思想，我们也可以借鉴。

（2）有机的更新秩序。开发与保护结合型的城市设计对新农村的更新改造不是杂乱无序的，而应是有序进行，且应与旧环境、旧建筑形成有机整体，应以“有机更新”的理念与方式来进行工作。吴良镛教授曾这样说:“有机秩序的取得在于依自然之理——持续地有序发展;依旧城固有之肌理——顺理成章，并以无数具有表现力之新建筑创作以充实之”。与此同时，应该认识与把握开发与保护结合型新农村更新阶段的非终极性。非终极性的理念是指更新改造是持续不断的、动态的，只要新农村在发展，社会在进步，更新改造就不会停止。任何改建都不是最后的，现在对过去的改造或许会成为将来改造的对象，这就要求在开发与保护结合型新农村的更新发展中把握时代脉搏，留下时代的痕迹。

（3）文化的传承性。新农村不但拥有物质性的有机载体，如旧城形态、空间环境、建筑风貌，也包括非物质的文化形态，诸如新农村居民的生活方式、文化观念、社会群体组织以及传统艺术、民间工艺、民俗精华、名人轶事、传统产业等，它们和有形文化相互依存、相互烘托，共同反映着新农村的历史文化积淀，共同构成其珍贵的历史文化遗产。开发与保护结合型城市设计应注重新农村的保护性更新和传统历史文化的继承与发扬。为此，应深入挖掘、充分认识其内涵，将历代的精神财富流传下去，广为宣传和利用。这既是新农村文化建设的重要内容，又是扩大对外交流、促进新农村经济与文明发展的重要手段。新农村建筑风格表达新农村的文化内涵，并直接影响新农村风貌特色，应处理好新、旧建筑的关系，尤其是文物建筑、历史街区内新建筑风貌的控制与协调，同时应注重在新农村新区建设中继承传统、发扬创新、创造城市特色。

7.7 新农村城市设计的成果和实施

7.7.1 新农村城市设计的成果

目前，城市设计强调成果在环境形塑过程中的指导性这一基本思想早已被城市规划界所公认，但无论是策略型还是形态型的城市，其设计成果应体现一定的弹性。当前由于城市设计还未普遍推行,因此城市设计的弹性和指导性原则在环境形塑过程中并没有充分发挥出来。聚落建设大多是片断、不持续的决策过程，互相间缺乏联系，甚至彼此间有一定的负面影响，从而导致城市环境的每个部分之间缺乏整体性和有机联系。因此，城市设计的成果表达以及相应的实施手段和过程显得尤为重要。

近年来，在国内许多城市（包括新农村）掀起的城市设计热潮中，设计如何编制、成果怎样表述才能具有实效与可操作性，便于规划管理部门用来实施规划管理、指导规划建设及具体项目的设计，是一个尚待解决的问题。在现有的一些城市设计中，有的设计成果过于概念、粗放，有的又太细致具体。精美的总平面图、模型、街景立面、广场、绿化与建筑平面图、表现图，令人眼花缭乱，但并不实用，在不同程度上都难以适应规划管理的操作和满足指导控制项目设计建设的要求。因为城市设计毕竟不能替代建筑、道路、绿化等具体项目的设计，它只是从保障城市整体空间环境和谐、优美、宜人与具有特色的角度出发，提出对各项建设具有框架性的原则指导与有限度的控制，是一项对于“设计”的设计。城市设计成果的表述应根据自身的任务特点，考虑规划建设管理的操作要求，来寻找相适应的途径与方法。

总之，城市设计的成果表达既要内容具体明确，又要避免过于琐细和过分“刚性”，从而影响形体设计的创造性和积极性；既要为规划部门编写更详细的项目设计条件提供依据，又要给具体项目的设计留出充分的创作发挥余地。从已开展的城市设计项目来看，不乏成功的城市设计，它们的成果表达主要包括文字部分（综合调查报告、设计说明、控制导则、附件等）和图纸部分。目前在成果表述过程中为更加明晰与简化，往往采用图文并茂的设计成果，主要包括综合说明部分和综合表象部分。新农村城市设计与此相同，它虽规模小但“五脏齐全”，新农村城市设计也应采用包含说明和表象两个方面图文并茂的设计成果。

（1）综合说明部分。综合说明部分包括项目概述、场地综合分析、城市设计目标、定位及具体设计步骤及附件等。综合说明部分是对新农村空间环境的设计和建设提出指导性的准则、标准和方法。

1）项目概述。新农村城市设计应该是一个四维的概念，因此，项目概述应该包括项目的目标和时间计划、依据以及大致操作过程等。项目概述是项目的理论支柱和基础，是城市设计制定和实施的重要依据。项目概述是对项目的一般性描述，为城市设计提供了基础宏观背景，概括地说，是城市设计问题的提出，也是工作展开的前提。

2）场地综合分析。这是对调查结果的整理和分析过程，是对当地实地收集到的资料的消化过程，目的在于找到项目对象的特殊性即特色的资源。资源分析主要侧重在自然环境资源、文化资源、经济社会资源三个方面。自然环境资源分析是对自然环境中的地理、地质、气候等要素及山、水、动植物特产进行比较分析，从中寻找可以强调发展的线索；文化资源则重在历史传统遗存和民俗民事活动，将此作为中心公共空间活动的内容和依据，文化素质和活动也是城市设计所必须关注的，文化资源往往还能成为新农村的后发优势，成为新农村经济发展的出路之一，经济资源则强调经济发展水平对建设可能性和发展性的影响，同时，经济活动中的特殊方面如加工工艺、贸易方式等也可以成为城市设计的内容之一；社会资源则包括新农村在社会网络中的地位和作用，以及相关的人口、宗教、人际关系等方面的背景，人口是社会发展的主要动力，各种社会关系在社会发展中同样起着至关重要的作用。同时，在以上三个主要方面以外的单项分析也需同时进行，如交通、用地、房屋环境质量等单项研究。

3）城市设计目标、定位。在以上分析的基础上，需要提出基本的目标和定位，除了一般新农村必须具有的共性外，目标定位切合实际又极具个性化是城市设计能否获得成功的关键。一般个性建立在本新农村的特色基础上，并且能在城市设计中展开和表达出来，而不仅仅流于概念的提出。目标应是总构思和城市设计的基本思想。目标可以是多重的，内容也应是多方面的，中心的空间形态是物化的目标。

4）具体设计步骤及附件。城市设计最终结果的得来，是经过一步步的推敲、琢磨综合而成的，第一个步骤都具备比较明确的重点和核心，明晰的步骤可以为设计思路的展开提供更加合理的背景，使设计的针对性更加突出；同时，城市设计的步骤又是一个交互的过程，只有通过不断反复地协调各个步骤中间出现的问题，才能不断提升设计的完备性和科学性。

（2）综合表象部分。综合表象部分包括各种表明设计意向的图件及结合图件的设计控制导则等。

制图是一种非常古老的方法，人类用图式表述各种意图已经有几千年的历史了。在古时候，图式被看作是现实世界的抽象化，而如今图式被视为交流思想和融合价值及力量的一种手段。

国外研究中，有的学者认为，尽管景观设计研究变得越来越书本化，但它仍具有视觉和空间的联系。作为视觉模式的一个代表，意象图是将人脑对景观印象反映出来的一种很自然的方法；而概念图因包含简短的描述而取代了口头描绘的论述，是作为一种区别于其他语言表达模式的关键所在。通过这两种方式，景观设计的多重功能也能较好地表现出来，能够更好地表明设计意图以及实施步骤。在人类最初文明的萌芽期，人类就是通过最简单的图式表达来传递信息的，因为图式具有其他方式无可替代的优越性。随着人类社会的发展，尽管理论探索领域有了突飞猛进的深入，但是图式依旧在信息的表达和传递上占据着重要的地位。从城市设计实例的角度来看，图式依据表达方面的侧重点来说，大致可以分为意象图和概念图。

（1）意象图是一个地域空间组织的参考，或是歪曲的自我印象，是个人大脑的整理，是人们对空间意象思考后的表达，这还包括了空间路线的组织和实验者较为满意的决策选择等。意象图是信息和思维反映释义的混合物，不仅包括实验者感触到地域范围内的事物，而且还包括了他的感受。

（2）概念图是指一种表明概念之间联系的图式，国外学者归纳了概念制图目的的五个方面，尽管这种分类是针对战略性措施研究的，但它也能够用于其他研究方面，比如涉及知识和认知进程的方面。

1）图式可以评估概念的注意点、联系和重要性。

2）图式可以表达分类的范围和对分类的认识。

3）图式可以展示影响的因果关系和概念系统的动因。

4）图式可以说明论据和结论的构架。

5）图式还可以明确图表、框架和感性的思考。

概念图和意象图虽然都有各自的优点和不足，但它们提供了一种研究人类对景观感知的方法，意象图还包括对设计方案的镜像，是对设计工作者成果的反映。当与数据以及其他数学手段结合运用的时候，图像技术可能成为最好的表达方式。图的重点主要关注在对物理事物（路径、边缘、区域、节点、地标）的观察。

新农村城市设计的成果也在很大部分上依赖于清晰完整的图则来表达，参照国外的研究成果，结合目前新农村城市设计的实际，图则部分相应地由分析图则和意向图则组成。分析图则可以由概念图则和设计分析图则构成，意向图则可以由现状意象图则、总体设计图则和分地块设计图则组成。

图则从性质上可分为控制性和拟议性两种。控制性图则是城市设计准则的形象化表达；而拟议性图则是在准则控制下的可能设计之一，或属于建议性设计。总的来讲，图则是对涉及形体环境建设的文字成果在三个向度上的具体描绘，包括平面尺寸、体量大小、空间控制范围，等等。此外，图则成果还包括一系列意向性的设计和透视图。

1）概念图则。概念图则是对将要运用到的理念的阐述，并且从中找到一定的结构逻辑关系，为决策设计提供依据。概念图则是设计的先导，是明确设计手段的关键。

2）设计分析图则。设计分析图则主要是对概念图则的深入和展开，是在具体设计方案前的准备工作，也是方案水到渠成的关键。设计分析图则应根据项目所在新农村的不同情况决定编制类别数量，主要从新农村本身的各个条件和全镇及镇域的关系两个方面来考察，同时分析涵盖面要比较广，这样方案能更好地做到全面性。设计分析图则是城市设计的重要组成部分，但不一定全部作为设计的最后成果，更多的作用在于讨论和设计决策时作为依据。

3）现状意象图则。现状意象图则主要是对现状资源和问题的图示式描述，以及现状建成状况的图式反映。现状意象是设计的依据，可以从现状图式中看出现状存在的问题、设计依据的背景以及设计的制约。设计最终的实践效果很大程度上取决于对现状条件的分析，"顺势"设计往往能更为贴切地对城市建设起到指导作用。

4）总体设计图则。总体设计图则对应于总体准则进行编制，内容包括了总体准则涉及的各个方面，并在开放空间控制等方面强化设计表达，达到修建性详细规划的深度，而在总体三维意向设计中提出建议性量控制设计，可通过模型、重要视点效果图等直观表现方式。总体设计图则的编制应贯穿城市设计，是设计城市而不是设计建筑这一主线，把设计和控制设计有机地结合在一起，达到设计与建设可能的一致性。

5）分地块设计图则。分地块设计图则既可以独立成图也可以与分地块设计准则结合成图。详尽的分地块设计图则不仅是建筑设计的依据，还是建筑可行性研究的重要资料，是使每一地块有机地纳入中心整体空间的保障。分地块设计图则不但要提供每个地块的基本规划参数，还要在建筑界面上进行限定，即二维和三维的多重控制，提供意向性的平面和三维形态，有尽可能详细的新农村对建筑的要求，对分期实施则提出建设的先后次序和各阶段的使用保障，体现过程设计的特征。

在可读性层面上，国外也有许多可以借鉴的经验，对城市设计成果有多种多样的表现形式，如市民宣传手册、录像、图片、模型、数据模拟等，并通过网络或其他方式让公众理解城市设计意图的形象材料。通过城市设计意图的宣传，让公众知道他们所生活的城市环境将要发生的变化以时这些变化带来的影响。此外，还通过听证会、问卷调查等听取公众的反映，及时得到反馈信息，使设计更加完善，也对吸引投资、引导开发工作带来积极的作用。显然，只有非终端型成果才能使其融合于公共政策和持续不断的决策过程中，并真正发挥作用。城市设计的成果表达仅仅是提出了城市设计战略和部分的战术原则，需要在不断的修正中不断完善；城市设计本身也要通过实施管理来最终完成。

7.7.2 新农村城市设计的实施

城市设计的实施是思想的物化过程，也是设计的根本目的。新农村城市设计完成以后，其具有一定弹性的设计成果作为实施的行动构架，进而为执行部门提供长期有效的技术支持。因而，新农村的城市设计是资源的配置手段，它的实施就是一个持续优化配置的过程。另外，新农村城市设计能真正发挥效用，还需依赖法规政策、运作机制、管理机制、组织机构等方面因素的共同作用。城市设计的实施是一个系统的、连续的决策过程和公共参与的结果，包括设计管理、审查审议、审批以及实施管理和开发建设诸多层面的内容，同时还包括城市设计领域法律框架的建立以及技术标准和设计准则的制定等。

1．新农村城市设计的法规体系

我国城市规划是一种行政执法过程，城市规划的贯彻实施具有比较完整的法规体系的保障，并具有一定的法律地位。由于城市设计在我国还处于初始发展阶段，将城市设计作为城

市规划的一部分进行编制的实践活动还寥寥无几，因此我国尚未建立完整的城市设计体系，更谈不上确立城市设计在《中华人民共和国城市规划法》中的地位。只是在现行的《城市规划编制办法》（建设部第146号令）中规定，“在编制城市规划的各个阶段，都应该运用城市设计的方法综合考虑自然环境、人文因素和居民生产、生活的需要，对城市空间环境做出统一规划，提高城市的环境质量、生活质量和城市景观的艺术水平”。

新农村规划尤其是总体规划的编制通过后，随即进行策略型城市设计是一个切实可行的、具有一定现实意义的做法，设计主体可以是同一的，并且可以先于大城市进行。因为新农村的地域条件和环境比大城市简单，在新农村推行这种方式也就相对比较容易。但是，无论在大城市或小新农村，城市设计的法律地位的确立和法规体系的构建都是非常必要的。城市设计如果没有法律效力，就失去了对开发建设强有力的约束力，就无法发挥城市设计对城市景观环境塑造的高效作用力。1989 年我国颁布的《中华人民共和国城市规划法》，对城市规划的制定、审批和实施等做了明确规定，但未提及城市设计。其后颁布的《城市规划编制办法》虽然提及，但是对城市设计编制的内容、层次等均无明确规定。目前，我国有几个城市已将城市设计纳入了地方法律文件，比如深圳在 1998 年实行的《深圳市城市规划条例》中确定了城市设计分为整体和局部两个层次和阶段，对城市设计的范围区域做出了规定，并对城市设计的编制、审批制度做出了规定。

（1）城市设计法律效力的确立。基于我国城市规划设计一体化体制的背景，应将城市设计纳入规划体系，与规划一并获得法律效力，一般可分为两种方式：

1）一种是将城市设计的内容纳入城市规划文本体系，作为城市规划成果组成，一并获得法律效力。在城市总体规划、分区规划、控制性详细规划和修建性详细规划中，应该在现有城市规划编制办法所规定的城市设计内容要求基础上，进一步加强对城市设计观念的体现，同时深化和完善各项城市设计控制引导内容，以专题、附件等形式，使之系统地进入城市规划文本体系，一并获得法律效力。这即是我们所提倡的在新农村规划中，将城市设计与规划同步进行的方式。当前按现行城市规划编制方法进行的大部分城市规划中，均没有做到这一点。

2）另一种是将城市设计作为城市规划的第二阶段内容，独立进行，但附属于城市规划体系，同样赋予其法律效力。这种方式可在大城市或者针对前一轮城市总体规划基本已经完成，但是缺少城市设计控制引导的具体内容情况。城市设计可以同城市交通、园林绿地系统和城市防灾系统一样作为一个专项规划进行，对城市形体环境进行专门的研究，从而获得作为专项规划的法律效力。

同时，通过建立相关的法规，强化和实现法律效力。当前城市设计在规划体系中的地位已在《中华人民共和国城市规划法》和《城市规划编制办法》中有了规定，但是在更进一步具体的要求尚未统一之前，地方各城市在实际规划管理操作中缺乏依据。除了确立城市设计的法律地位关系以外，由于城市设计同时还是一项复杂而长期的规划管理操作过程，管理过程涉及诸如设计评审、环境设计与实施验收管理、广告牌匾管理等所有涉及城市环境品质的微观要素规划管理细节内容，都需要有一定层次的法律效力才能形成约束力量。因此规划管理部门要从城市设计的原则和内容出发，结合实施管理的具体需要，制定系统的、详细严谨的、具有可操作性的法规和规章制度，以人大立法成为政府行政法规和部门规章制度等形式确定下来，同样作为城市设计法规体系的重要内容。不同的地方应结合地方的特殊背景和实际情况，将城市设计的地位、内容、编制要求、审批办法等以地方法规的形式写进法律文件，成立地方性法规。

（2）城市设计法规体系。城市设计法规体系是城市设计工作的依据和前提，它包括国家法规、地方法规、城市一般法规、建筑法规和在此基础上针对某一地段所制定的城市设计成果。城市设计师将成果转换成法令，形成一套适应当地工作程序和特点的且包括城市规划、城市设计和建筑管理的法规体系，作为城市设计成果的工具。城市设计与城市规划一样，它的实现有赖于系统和严密的法规体系。城市设计的法规体系可由下列四个部分组成。

1）城市规划法律法规。城市设计是城市规划的重要内容和有机组成部分，规划的各项法律、法规、章程都是城市设计法规建设的基础，也是保障城市设计工作实施的基本工具。这些法规包括：

a.《中华人民共和国城市规划法》。

b.《城市规划编制办法实施细则》。

c. 建设项目选址规划管理办法。

d. 省级城市规划条例。

e. 地方城市规划条例。

f. 城市总体规划及分区规划。

g. 城市控制性详细规划。

h. 城市规划的其他有关法律、法规、章程。

2）相关专业法律法规。城市设计和城市规划具有广泛的综合性，涉及城市资源、环境、建设等各个方面，这些相关方面的法律法规都是城市设计的基本法规，例如：

a.《中华人民共和国土地管理法》。

b.《中华人民共和国环境保护法》。

c.《矿产资源法》。

d.《中华人民共和国城市房地产管理法》。

e.《中华人民共和国建筑法》。

f.《城市绿化条例》。

g. 上述法律的各级地方条例。

h. 其他有关法律法规。

3）地方城市设计基本法规。策略型城市设计的主体内容之一就是构建设计导则，这个导则可作为城市设计政策，转化为立法的形式，从而发挥其控制效应，也称城市设计控制。城市设计政策是整个城市的行动框架，它因城市而异，是对法令的有效补充。总体城市设计导则可以作为整体城市设计政策的内容，在此基础上提出有关行政、法律、技术等各方面的实施管理措施，从而上升为地方城市设计法规。地方城市设计法规可以是地方人大立法的“城市设计条例”或以城市政府名义发布的“城市设计管理办法”，使之具有较高层次的效力。地方城市设计基本法规应该包括城市设计的管理、编制、审批、实施、法律责任等内容，并体现地方自身特有的城市设计目标和政策、措施等。

4）地方城市设计专项法规与规章。一个系统的地方城市设计基本法规，是从整体、宏观的角度对城市设计工作进行控制的，但它无法顾及细部或要素系统方面的管理和控制。因此，专项法规与规章的建立是对基本法规的一项有效细化和补充，有利于建立配套严

密的地方城市设计法规，完善城市设计管理制度。比如对建筑设计、公共空间建设、环境景观要素构建、户外广告规划、历史保护等方面建立配套的管理办法，同样，这些管理办法或者法规规章可以建立在专项城市设计内容的基础上，将专项城市设计内容法令化或政策化。

2. 新农村城市设计的评审

城市设计的评审是设计导则通过并投入使用或建设项目开工之前城市规划管理部门对设计方案进行的评价过程。评审制度的完善对城市开发建设和监督起着相当重要的作用。美国旧金山的城市设计审议制度比较完善，在旧金山虽然城市设计是建立在区划的法律基础上，但城市规划委员会作为法定城市设计审核机构，具有很大的城市设计审议裁决权。当然，审议过程亦非常尊重政府部门的城市设计人员的建议。城市设计涉及的具体工程项目议案的受理与执行，由旧金山建筑管理部门承担，设计议案一般由建筑管理部门转交城市规划部门，并提呈城市规划委员会组织专家公开审议，如获审议通过，再转交建筑管理部门核发建设许可证，被否决的项目可通过上诉渠道办理复审。

我国深圳市对单独编制的城市重点地段的城市设计，由城市规划主管部门审查，并报市规划委员会审批。城市设计获批准后，要对涉及的工程建设具有约束和指导作用，即工程建设案须经市规划主管部门及其派出机构（区规划部门）审核符合城市设计要求，方可获建设用地许可证和批准书。

借鉴国内外经验，新农村城市设计的评审可有两种方式：一种是纳入新农村规划同时进行，其成果随新农村规划一并履行城市规划相关法规所规定的审批程序；一种是作为专项规划单独展开的城市设计，可以按照下列方式履行相应的法律程序：

（1）总体和专项城市设计及其他策略型城市设计成果，由新农村地方政府或其所属城市规划行政主管部门组织，首先制定纲要，组织专家进行评审论证，制定成果草案，在新农村范围内开展1～2个月的展览、媒体宣传等工作，广泛征询公众意见，根据征得的意见再修改完善，由政府审查同意后报上级城市规划行政主管部门审批。

（2）新农村局部地区的详细城市设计，按其重要程度分为重点项目和一般项目两类履行不同的立法程序。重点项目应由规划主管部门组织制定方案后，经专家论证，完善草案，用1～2个月时间来征询公众意见，制定成果方案，报政府审批。一般项目则取消征询意见程序，并由规划主管部门审批。在详细性城市设计类型中，新农村中心区和新农村重点地段的项目应列为重点项目，其他为一般项目。

（3）个体要素与细部城市设计及其他形态型城市设计成果，应在多方案比较的基础上，经修改完善后，由规划主管部门负责审批。

作为规划管理的执法过程，城市设计评审工作是严谨并具有权威性的。评审委员会一般由代表政府、城市设计动作机构和专家组的人员组成，设计评审主要是评价和判断城市设计质量以及有关法律法规的执行情况，保证城市设计目标的实现，评审结论意见应该对项目做出批准、不批准或要求修改的决定。对后两种情况，还应该说明原因或提出修改意见。

设计评审的一个关键问题就是评审准则应该在设计开始之前由规划管理部门根据城市设计要求及有关规定拟写，即为设计所遵循，可以作为评审的依据。通过审核的城市设计导则则可以作为形态型城市设计（具体项目设计）的评审依据之一，从而有效地实行城市设计控制。

3. 新农村城市设计的实施

新农村城市设计的成果表达只是城市设计的最终成果之一，城市设计的最终成果要在城市建设过程予以实施，必须建立有效的实施制度。城市设计是通过对后续具体的工程设计进行设计控制来取得实效的。

（1）实施主体。与实施新农村城市设计密切相关主要有三类人，即政府、土地所有者和土地开发者。政府在新农村的城市设计实施过程中政府是主体。城市设计任务和目标的确定是政府的职责。设计的成功发挥了应有的工程效果，是政府的实绩，也包含着主要领导人的政绩。对于土地所有者，在中国情况下，新农村的土地是国有的。政府有很大的支配权，制约因素是规划管理、土地管理、场地上现有的土地使用者（单位或个人）等，但是只要政府一旦决定，这些制约因素不难解决。对于土地开发者，一般情况下，城市土地开发分两个方面，政府负责基础设施，建筑物的开发依靠企业或房地产商；在特定情况下，如社会性的建设（物馆、图书馆等），可能全部依靠政府；另一种情况如商业中心等，也可能全部靠企业和房地产商等经济实体。总之，土地开发是需要政府与开发企业合作进行的。开发企业在合作中必须得到应有的利益，但政府也要控制企业，不使其获取超额的或非法的利润。

实施主要是政府在起主导作用。而实施的良好示范或应更多地发挥公民、法人和社会团体的作用，政府应主要起控制引导作用。

行政与经济分开，即由经济实体对城市设计直接全面负责，可以在操作上与社会主义市场经济相接轨，变以行政命令或行政行为为效益机制，政府通过建设管理和法律法规加强监管，这种做法客观上符合大多数新农村的实施现状。这种行政与经济的分开仍是一种结合的方式，类似于前、后台的关系。在新农村的城市设计实施中是否可以推广这种结合的双轨制值得探讨，至少对政府官员的自律，经济效益的提高，融资渠道的拓展及实施监管力度的增大是有利的，对唯领导意志是从也是一种遏制和挑战。

个人参与是新农村城市设计的必然现象，包括个人投资开发和个人自建自用，城市设计可以在控制和引导上做更多的工作，表现干预为主的特征，把个人行为纳入统一的建设要求中。除了通过金融政策和其他政策的扶持外，倡导性的强调可以更好地与这种个人建设模式相协调。个人除了直接参与实施建设外，还可以开辟一条联系的渠道，新农村有这方面的有利条件。这种组织的制度化、经常化是实施中的重要工作，主要对城市设计的公开、公正起到监督和协调作用。

（2）实施过程。在实施过程中主要应排除一切非常规的干扰，要按市场机制灵活调控建设速度，加强市场信息的监测、反馈和反应能力。新农村的城市设计实施是一个开放系统，因而通过对市场信息的监测、反馈而做出反应来调整也是实施中必不可少的。城市设计不是终结形式的方法，应能适应经济、社会和市民需求的动态发展，市场反映情况也是对城市的验证和评价。

1）弹性机制。城市设计一般比较偏重于主观经验。城市设计的标准包括可度量的和不可度量的，难以制定客观的政策标准，因而实施管理应有一定的弹性。在弹性标准下，城市设计不是一成不变的，其方案也不是唯一的，应该在满足弹性标准的前提下，根据实际情况的变化进行适当调整。

我国现行的城市规划管理制度对具体开发项目的城市设计的实施，主要是通过对用地性质、容积率、建筑密度、绿地率、建筑高度、后退红线等几项基本指标和要求等控制来落实

的，是一种强制性的管理方法。由于这种方法所采用的指标往往都是强制性指标，并不是有的放矢地在新农村环境的形成上进行具体而详尽的有效引导，特别是在市场经济的条件下，这种方法的局限性日益明显。在市场机制的作用下，要更加有效地创造理想的新农村城市环境，必须采取强制性和引导性相结合的城市设计实施体制，充分利用市场经济规律及其机制管理土地开发利用和引导城市建设。如“整体开发”的实施对策就能有效解决“僵指标”和“活设计”之间的矛盾。“整体开发”即不受现行的分区管制规则中关于基地大小、建筑密度等规定的限制，可将许多单元作为一个整体进行开发，只需达到全区法定的人口密度和公共设施水准等即可，其目的在于给予投资者更多的弹性，以保留更好的开放空间及整体景观效果，消除传统分区使用管制下刻板、单调的城市意象。

实施中的另一大难点是建设次序和速度，主要需将土地和城市设计均纳入市场调节的新农村整体建设的配合关系，依据不同新农村的情况，灵活决策建设先后问题。既可以通过新农村城市设计带动新农村整个空间环境的优化，也可以根据新农村建设的需要来推进其空间环境的改善，需要比较短期经济效益和长期效益的关系，寻找最理想的实施方针。

2）公众参与机制。公开、公正是城市设计实施体现人民性的要求，公开以程序公开、法规公开、决策公开等透明性来实现，新闻、媒体、公示都是公开的手段，而公开性除了被合理、合法强调和保证外，还应形成制度化的客观评价；公正在很大程度上通过公开而体现，由争议仲裁体制来最后实现。

因为新农村城市设计最终是要给人用和为人民服务的，所以应该让公众知道城市设计的意图并发表自己的意见，共同来做好城市设计的实施。实施城市设计的公众参与方法可包括：

a．舆论宣传，即城市规划部门有计划、有意识地与媒体合作，将城市设计的思想、目标与原则经常性地纳入到舆论宣传领域。在电台、电视台、报纸等媒体予以宣传，增强舆论导向，提高镇民的城市意识。内容可以是发展计划或项目介绍，如公民手册、幻灯宣传、招贴广告、展览等，也可以通过报纸、电视、广播等新闻媒介进行宣传，在具体项目或计划宣传的同时，也应适当渗透一些概念和理论等专业性的常识以提高镇民的专业意识。

b．征询公众意见，公众对城市环境建设最为关心，对城市建设的各种需要渴望有机会来表达，应提供多样化和广泛性的机会和条件，使居民的意愿得以反映，可以结合建设项目的介绍会、座谈会和采用发放意见征询表等形式。为了增强效果，城市设计部门还应该适当地对公众建议的主要内容予以必要的提示和引导，并形成制度，增强趣味性，广泛调动社会各方面的力量和积极性。

c．实行城市设计公众听证制度，对重大项目可以组织居民代表参与有关审议程序的听证会议，既可以听取居民的意见，又可使他们更多地了解相关的情况，树立热爱聚落的自觉性和自豪感。

3）激励机制。随着我国市场经济的发展，城市设计的实施将越来越依赖于市场的动作。因此城市设计的实施应对市场做出更多和更积极的回应。与此同时，城市设计所强调的空间景观环境以及所追求的环境效益与市场所侧重追求经济效益的目标是相抵触的。尽管要求建设开发要经济、社会、环境三效合一、综合平衡等，然而追求不同效益的矛盾却是在项目实施中具体存在的。由于市场行为具有很多的可变性和多样性，很多项目的建设实施很难完全按照既有的设计要求去落实，这就更加要求城市设计提供更多更为积极灵活的应对措施或奖励机制。

旧城改造的见缝插针式开发、聚落历史古迹保护中的资金平衡等，都是实施城市设计的障碍。在这方面，市场化较为完全的欧美国家的经验和做法值得学习与借鉴，主要是：①土地开发权转移，主要基于对历史建筑的保护而提出的，它指的是对于城市范围内的任何一块土地，地主可将其土地尚未发展利用的“权利”转移至一定范围内的其他土地，但需符合城市规划和分区管制的强度规定；②超大街廓的鼓励，主要可运用于新区开发中，以形成整个的空间和轮廓线效果而被提倡。此外，还有保障形式良好的外部环境艺术而实行的公共艺术法案（艺术百分之一原则），即对于一般建设工程项目可以制定政策，规定必须列支工程费用的 1%用于环境工程建设，实施相应的城市设计内容等。

8 研究与实践

近年来我国在传统古镇建设以及中国传统建筑风格创作中，有不少可资借鉴的实例，如四川黄龙溪古镇中新建带商店的住宅，成功地运用地方传统的灰砖空斗墙、曲线形封火山墙以及木穿斗结构等特色语汇，使之与古镇的传统风貌相协调；又如成都的“芙蓉古城”，传承了徽州民居、四川民居的地域特色，在封火山墙、入口门楼以及诸多细部处理中，继承传统、推陈出新。其外观处理手法成功的经验，很适合运用到新农村建设中。

这些成功的范例可以开阔我们的视野，拓展我们的思路，为我国的新农村建设提供参考。

8.1 四川省新农村建设风貌营造实践

“5·12”汶川大地震后，在党中央国务院的领导下，倾全国之力进行了灾后重建。国内各省、市自治区主要建筑设计单位和知名专家都参与了重建的建筑设计工作。如今四川震区新建成的村镇，可以说体现了我国村镇建设的高水平，尤其是富有地域特色的建筑设计赢得了国内外的好评。

这里列举的是四川省汶川县映秀镇和水磨羌城的部分实景。从这些照片中可以看出，设计者从地域传统建筑中汲取营养，将四川传统民居和羌族、藏族民居的特色语汇成功地运用在新村镇建筑中。新建的村镇在合理规划、注重环境建设的同时，新的建筑形式也传承并发展了地域传统建筑文化，以既现代又极富个性特色的建筑形象展现震区村镇崭新的面貌，吸引了众多游客和前往参观学习的人士。

图 8-1 为水磨羌城建筑风貌实景。

(a)

图 8-1 水磨羌城建筑风貌实景（一）

（b）

（c）

图 8-1　水磨羌城建筑风貌实景（二）

图 8-2 为汶川县映秀镇建筑风貌实景。

（a）

图 8-2　汶川县映秀镇建筑风貌实景（一）

（b）

（c）

（d）

图 8-2　汶川县映秀镇建筑风貌实景（二）

图 8-3 为成都市“芙蓉古城”建筑风貌实景。

(a)

(b)

(c)

(d)

图 8-3 成都市“芙蓉古城”建筑风貌实景

图 8-4 为黄龙溪古镇建筑风貌实景。

(a)

(b)

图 8-4 黄龙溪古镇建筑风貌实景（一）

（c）

（d）

图 8-4　黄龙溪古镇建筑风貌实景（二）

8.2　福建省泰宁城镇特色风貌营造

8.2.1　融于环境，营造特色——论福建泰宁状元街的设计创作

位于闽西北的泰宁县是一个新兴旅游区。其中的金湖是国家重点风景名胜区、全国“4A”级旅游区，尚书第古民居建筑群是全国重点文物保护单位。另外还有国家级森林公园、国家地质公园以及省级旅游开发区和旅游度假区。

金湖风光一向以浩瀚幽深的湖泊、千姿百态的丹霞地貌和良好的生态环境闻名于世，丹崖碧湖，溪涧萦迴；闽越古化的遗韵，地方风俗的浪漫传奇；山水与人文相激荡，被誉为“天下第一湖山”。亿万年的天地造化，造就了金湖这片神奇灵异的山水。金湖水上天然大佛寺、野趣清幽的上清溪、地灵人杰的状元岩、古朴淡雅的泰宁古镇……$136km^2$ 的碧水丹山，处处如诗如画，无不带给人山水显灵、天人合一的惬意享受。泰宁的金湖是一个充满灵性的纯生态旅游区，已成为国内外最有特色和最具魅力的旅游胜地之一。

为了适应金湖国家重点风景名胜区的发展和加快旧城改造的需要，泰宁县县委、县政府创建“新兴旅游城，文明小康县”的奋斗目标。1999 年在泰宁古城开辟一条与全国重点文物保护单位尚书第古民居建筑群相毗邻的新街。泰宁县历史悠久，是汉唐古镇、两宋名城。为了展现“隔河两状元、一门四进士、一巷九举人”的文化底蕴，特地将新街命名为“状元街”，并提出“求精不求大，求特不求洋”的指导思想，为此，就要求在设计中必须特别注重将当地明代民居的传统文脉有机地融入现代建筑之中。

1. 方案的确定

创作之初，对于沿街建筑的布局就摒弃了更改原先规划中由一小幢一小幢有天有地的单门独户布局形式，提出了采用从整体入手的城市设计理念，要求将 430m 长的状元街进行统一的规划，确定了沿街连续的布置方案。在沿街立面造型设计上，以青砖灰瓦马头墙门牌楼为代表的创作理念使方案创作有了突破，在泰宁县建设局郑继同志的帮助下，初步方案得以决定。随后在方案的深入中又从传统民居的吊脚挑廊、古民居沿河商铺的檐廊和近代南方街道骑楼建筑中得到了启发。历经近一年的时间，方案终于得到县委、县政府的肯定，并提交组织施工图设计和实施。

2. 特色的构思

（1）灵感缘于传统民居。

1）闽北独特的青砖灰瓦马头墙山墙和门牌楼。在江西东北部、浙江南部和福建北部的古村落中广泛采用的青砖灰瓦马头墙山墙有别于以粉墙黛瓦为特色的徽州民居和苏南、浙北民居，如图 8-5 所示。而以青砖灰瓦层层收台的重檐马头墙门牌楼，只有在福建北部的官宦富豪大宅和大量的民居中广泛采用，它淡雅古朴，在山水协调韵律的映衬下，形成独具特色的闽北风貌。以门牌楼为重点装饰的建筑造型，其台阶式的层层升高青砖灰瓦马头墙的门牌楼，飞檐重叠或两层三个屋顶、或三层五个屋顶、或四层七个屋顶，但都以大量精致卓绝的砖雕装饰，显耀其超人的地位和荣华富贵。最具代表的是已历经 1000 余年，至今仍保留着许多宋代时期建筑风格的五夫里兴贤古街，这里牌坊、民居林立，最著名的当属宋代朱熹讲学授徒的兴贤书院。兴贤书院门牌楼高耸，门饰砖雕雀鸟人物，上嵌石刻“兴贤书院”竖匾，围以龙凤呈祥浮雕，如图 8-6 所示。门牌楼造型雄伟凝重，飞檐重叠，极为壮观。散布的各地民居则大多为明、清风格的建筑，如图 8-7 所示。而一般的民居虽然较为简单，但门面也多有砖雕、吊脚楼，青瓦屋顶，起架平缓，墙体多采用立砖斗砌，木柱板壁，也皆富闽北明清建筑风貌，见图 8-8。泰宁的李氏宗祠尽管是 20 世纪 80 年代重建的建筑，青砖雕饰也极为简单，但是青砖灰瓦重叠的马头墙门牌楼的气质亦不减当年的风韵，如图 8-9 所示。

（a）

（b）

图 8-5 闽北民居的马头墙（一）

（a）将乐洋源的民居马头墙；（b）泰宁某宅的马头墙

（c）

(d)

图 8-5 闽北民居的马头墙（二）

（c）武夷山天心某宅的马头墙；（d）武夷山茶坪某宅的马头墙

图 8-6 宋代朱熹讲学授徒的兴贤书院的门牌楼

（a）

（b）

（c）

图 8-7 闽北武夷山明、清风格的建筑（一）

（a）大埠岗某宅门牌楼；（b）下梅某宅门牌楼；（c）五夫某宅门牌楼

（a）

（b）

图 8-8 闽北一般民居的明、清门牌楼（一）

（a）五夫街头的门牌楼；（b）赤石某宅的门牌楼；

（c）

（d）

（e）

图 8-8　闽北一般民居的明、清门牌楼（二）

（c）下梅某宅的门牌楼；（d）岚谷某宅的门牌楼；（e）和平古镇某宅的门牌楼

2）闽北木结构民居的吊脚挑廊。木结构吊脚挑廊利用木结构的材料和构造特性做了外挑处理，可避免结构占用底层的空间影响使用，其外挑不仅可避免门窗和木结构枣树长期日晒雨淋，提高结构的耐久性，而且还可增加光影效果，使得立面造型更为轻盈活泼，如图 8-10 所示。

图 8-9　泰宁李氏宗祠的门牌楼

(a)

(b)

图 8-10　闽北木结构民居的吊脚挑廊

(a) 武夷山星村民居的吊脚挑廊；(b) 泰宁古镇胜利一巷木结构民居的吊脚挑廊

3）木结构的檐廊店铺和近代的骑楼商业街。先民们凭借其聪颖睿智，利用大自然的河溪，创造性地以竹、木为交通工具，进行交往，沿河建设带有檐廊的店铺，达到了店铺与檐廊空间相互渗透的目的，使得滨河店铺的檐廊起着集遮阳避雨的交通、贸易场所的延伸和家务休闲的交往等功能于一体的作用，如图 8-11 所示。

（a）

（b）

（c）

图 8-11　滨河店铺的檐廊

（a）武夷山下梅滨河店铺的檐廊；（b）甪直镇的檐廊式滨水商业街；（c）安徽唐模临河的檐廊式步行街

随着社会经济的发展和技术的进步，在南方近代建筑中传承了檐廊店铺的文脉，出现了颇具地方特色的骑楼商业街（见图 8-12），收到了很好的效果，在现代的城市建设中也广为运用。

（2）创意源于传统文化。泰宁古城的尚书第古建筑群是全国重点文物保护单位（见图 8-13），为明朝兵部尚书李春桦的家宅，号称“五福堂”，乃江南保存最为完好的明代民居建筑珍品，其周边还有保存较为完好的明、清街巷（见图 8-14）和民居。尚书第背靠古城西侧的炉峰山，大门

（a）

（b）

图 8-12　骑楼商业街

（a）泉州中山路骑楼商业街；（b）厦门中山路骑楼商业街

向东面朝三溪交汇的杉溪。根据泰宁古城的现状和保护发展需要，泰宁县委、县政府决定在保护区的北侧原杉城古镇的边缘地带进行旧街改造，建设一条状元街。为了适应城市发展的需要，在适当提高建筑高度的同时，为杉城古镇的北侧增加了一道防风屏障。状元街的方案设计如果简单地参照 20 世纪 90 年代初期建设的尚书巷（见图 8-15）采用青砖灰瓦马头墙山墙的建筑造型，虽然与尚书第可以基本取得协调，但却极容易与徽州等江南民居的风貌相似，难于形成独特的风貌。在对传统民居的再三研究中，提取了青砖灰瓦重檐马头墙的门牌楼、吊脚挑廊以及檐廊骑楼等元素，在传承文脉的基础上进行简化和组合，特别是将独具风采的青砖灰瓦门牌楼的简化符号，作为沿街住宅建筑立面的主要构图元素，使其获得了与仅仅展示青砖灰瓦马头墙硬山墙的江南民居形象有了较大的差别。利用骑楼展现了商业街的形象，在骑楼上采用颇富吊脚挑廊韵味的悬挑楼层作为骑楼商铺与楼层住宅之间的过渡，增加了沿街建筑的立面层次，获得更为耐人寻味的光影效果。

（a）

（b）

图 8-13　全国重点文物保护单位明代尚书第建筑群

（a）尚书第大门；（b）尚书第甬道

图 8-14　泰宁古镇保存完好的明、清街巷

图 8-15　20 世纪 90 年代初重建的尚书巷

在状元街两侧垂直界面上，以凸出骑楼柱廊的吊脚挑廊作为第一个层面，骑楼柱廊及其上部的墙面作为第二个层面，上部住宅逐层内收的外墙面即为第三、第四……个层面，形成了高低错落、有机结合、层次丰富的立面造型，如图 8-16 所示。430m 长的纵向沿街垂直街面上的每一个层面又进行了富有韵味变化的组合，随着街道本身的线型变化，形成连续变化视线的整体效果，呈现出宛如龙腾的蜿蜒起伏、气势磅礴、变化多姿的气势。整条状元街的天际轮廓线犹如一曲优美的乐章。状元街的局部即以丰富的层次、精致的细部装饰、富有古风遗韵的宫灯和骑楼内展现现代商业气氛的灯箱广告、招牌引人入胜，耐人寻味，如图 8-17 所示。

图 8-16　泰宁新建的状元街

图 8-17　泰宁新建状元街丰富的层次、精致的细部装饰

（3）风貌在于古今结合。风貌应具有地域性、历史性、民族性和时代性。状元街是一条21世纪新建的旅游商业街，它处于杉城古镇保护区的北部边缘地带，则不仅应具有闽北的地方风貌，而且应富有现代的气息。

1）状元街用对青砖灰瓦的马头墙门牌楼进行简化的立面造型，传承了以门牌楼独具风采的闽北建筑文脉，高低错落、层次丰富、简洁明快的立面造型展现了鲜明的时代气息，如图8-18所示。

（a）

（b）

图8-18　对马头墙门牌楼进行简化的立面造型

（a）构思草图；（b）状元街局部

2）带有古典韵味的铁艺阳台和空调外机栏杆在简洁的现代化墙面的映衬下，以其轻盈与厚重产生的对比，黑与白的对比，给人以新颖独特的感受，如图8-19所示。

3）吊脚挑廊形态和骑楼的结合，展现了结构的轻巧和刚劲的结合，如图8-20所示。

图8-19　给人以新颖独特感受的状元街

图8-20　吊脚挑廊形态和骑楼的结合

4）传统造型的庭院路灯，骑楼下的传统宫灯和现代商业灯箱广告、招牌，交相辉映，既传承了传统的文脉，又塑造了浓郁的现代商业气氛，如图 8-21 所示。

5）采用当地清洁、透水性强、耐磨防滑性更好的红米石铺设带有“盲道”的人行道，如图 8-22 所示花池、休息条凳的组合和颇具现代气息的公共电话亭，都充分地体现了以人为本的现代设计思想，展现出其独特的地方性。

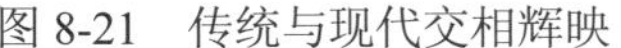
图 8-21　传统与现代交相辉映

图 8-22　带有“盲道”的红米石人行道

6）夜景工程融合古今之时空，营造出五光十色、流光溢彩的梦幻美景，如图 8-23 所示。

（a）

（b）

图 8-23　融合古今之时空的状元街夜景

（a）夜景（一）；（b）夜景（二）

3. 精心的建设

（1）领导的远见。状元街的设计方案经过泰宁县县委、县政府和人大、政协的讨论统一了认识，做出了方向明确和具有远见的决策。县委、县政府的主要领导坚持必须按照统一规划、统一设计进行建设，不准随意更改、不准班子开后门，并以身作则，克服重重困难，顺利地完成。

（2）得力的措施。状元街的建设是泰宁县这样只有 3 万人小县城的一件大事，宏伟的蓝图在县委、县政府的明确决策后，广大干部都深深地理解到它对泰宁县发展旅游业、促进经济发展

的重大作用和深远影响，因此负责状元街建设的各部门都积极热忱地投入工作。泰宁建设局更是全力以赴，学习有关城市建设的方针政策，借鉴各地的先进经验，虚心向专家学习。坚持高起点的规划设计，并根据泰宁的具体情况，认真地探索了一系列“经营城市”的理念。严肃杜绝一切歪风，公开拍卖、公开招标等办法使状元街的建设成为一项深得民心的“阳光工程”，解决了开发建设资金缺乏的难题。切实做到严格按照统一规划、统一设计、统一施工、统一管理的原则进行建设。集中建设街区水电、通信等地下管线工程，完善道路、绿化和夜景工程等配套设施，有效地促进了土地升值，吸引了县内外众多经营业主入街投资兴业。

（3）群众的拥护。经过努力，状元街从 2000 年 9 月动迁建设，历时 1 年零 9 个月，于 2002 年 6 月建成。建成后的状元街，干部群众喜爱她，专家学者赞赏她，广大游客向往她。县内外经营业主竞相入街投资经营，状元街已成为一条集观光、购物、休闲等功能为一体，颇具特色的旅游商贸街。状元街的开发建设，既做到了经济上收支平衡、略有结余并且增加了税源，又改善了泰宁古城的居住环境，丰富了旅游项目，为泰宁旅游城市增添了一道亮丽的风景线。同时也为福建省的新农村建设树立了一个典型的榜样。为此，2002 年 11 月福建省建设厅授予泰宁县状元街为全省第一个“新农村优秀试点建设工程”的荣誉称号。

4. 风貌的影响

状元街的成功建设，充分表明传统建筑文化具有无限的魅力和吸引力，在广泛征求意见的基础上，泰宁县委、县政府决定以状元街的建筑风貌作为泰宁古城建筑风格的基调。主要领导亲自加以引导和监督。这一决定得到了社会各界的热忱反响和广大群众的支持，使得泰宁古城的建设步入了一个新的台阶。住宅小区、学校的教学楼、商业服务楼、政府的办公楼、高层旅游宾馆、医疗单位及和平路的改造建设都坚持按这一基调严格执行，如图 8-24 所示。甚至公共厕所、公路收费站（见图 8-25）也都按照风貌的要求进行建设，更令人赞叹的是这一决定已变成群众的自觉行动，很多群众的自建房（见图 8-26）和附近的农村建筑（见图 8-27）也都主动地按照以这种风貌进行。

与此同时，泰宁进行了一系列颇富成效的园林景观建设。使其与这一系列独具泰宁风貌的建筑群互为渗透、互为映衬，彰显泰宁优秀传统文化的神韵，展现了泰宁独具特色的古城风貌。

（a）

图 8-24　展现泰宁风貌的新建筑（一）

（a）住宅小区（一）

（b）

（c）

（d）

（e）

（f）

（g）

图 8-24　展现泰宁风貌的新建筑（二）

（b）泰宁一中实验楼；（c）邮电大楼；（d）高层宾馆；（e）急救中心；

（f）泰宁县政府办公楼；（g）和平路商业街改建工程

（a）

（b）

图 8-25　展现泰宁风貌的公路收费站和公共厕所

（a）公路收费站；（b）公共厕所

（a）

（b）

图 8-26　展现泰宁风貌的群众自建房

（a）群众自建房（一）；（b）群众自建房（二）

图 8-27　音山村服务中心

8.2.2 “杉阳明韵”泰宁魂

1. 泰宁建筑风貌的文化在于古今结合

在严重缺乏文化自觉和自信的影响下，“千城一面、百镇同貌”的城镇风貌令人窒息。在“洋风”四起、“复古”风潮泛滥的情况下，1999 年，地处闽西北交通不便的偏僻小县城——泰宁竟能脱颖而出。在建设“文明小康县、生态旅游城”的感召和鞭策下，泰宁县党委和县政府带领广大干部群众营造了福建省乃至全国最为独具城乡建筑风貌的特色县城，融进国家 5A 级旅游区、世界地质公园和世界遗产“中国丹霞”六大遗产地之一的优美自然环境之中，令人叹为观止。

1999 年在泰宁状元街的设计创作中，根据泰宁县党委和县政府提出营造特色泰宁县的要求，为了避免类同性，努力在传承江南名居粉墙黛瓦（或青砖灰瓦）、坡顶马头墙的基础上，汲取了闽西北传统木构民居的门牌楼、吊脚挑廊和檐廊（后发展为骑楼）的造型特色，形成了融于环境、独具特色的建筑风貌，在其垂直界面（沿街建筑高度）和沿街建筑组合单元平面宽度与街道水平界面（街道宽度）的尺度均处于 1:1 的适宜比例关系中，通过城市设计，以其建筑连续的整体性和平面弯曲的街道线型、极富变化的天际轮廓线以及清新淡雅的色彩，使其以宜人的尺度和委婉多姿、层次丰富的街道造型形成了空间开闭合宜的围合气场，状元街风貌如图 8-28 所示。状元街建筑风貌传承了历史文脉，与相邻的尚书第传统民居融为一体。在展现地方特色和时代气息的同时，充满着生活气息和无穷的魅力。泰宁县党委和县政府带领广大群众经过艰辛的努力，于 2002 年 6 月建成了令世人瞩目的泰宁状元街，展现了领导的远见、得力的措施和群众的拥护。2002 年 11 月福建省建设厅授予泰宁状元街为“福建省小城镇优秀试点建设工程”的光荣称号。

图 8-28 状元街风貌

继之，在广泛征求专家、群众意见的基础上，泰宁县人大立法将泰宁状元街的建筑风貌

定为建筑基调向全县范围加以推广，使得泰宁全县形成了独具特色的建筑风貌。

2. “杉阳明韵”展现了泰宁建筑风貌的魂

中国人“天人合一”的宇宙观有别于西方人“造物弄人”的宇宙观；中国人“自然而然”的环境观有别于西方人“几何特征”的环境观；中国建筑“以木为本”的建造技巧有别于西方建筑的“以石为本”。

木色为青，象征着充满无限的生命力，造就了中国建筑以其人、建筑、自然互为融合的独特风貌，在世界建筑中独树一帜，令世人称奇。

木材是一种生态的可再生资源，利用木材作为建筑材料是中国先民聪明才智的展现。

杉是作为木构建筑的上等材料。杉也称沙木，杉科常绿乔木，冠塔状，叶长披针形，果实球形，高可达 30m 以上。木质结构细致、易加工、能耐腐，受白蚁的危害较少。因此，杉是一种作为木结构建筑的上佳树种。杉盛产于地处中亚热带的福建西北部山区，广泛应用杉木作为建筑结构的闽西北建筑造型，以其独特的风貌与神奇土楼和台海魂的红砖大厝并列为闽系建筑的三大体系。

古时，泰宁遍地杉木参天，泰宁县城位于武夷山山脉中段杉岭之南侧，因此昔称“杉阳”。城区四周的古木、山埠、河流、亭台楼阁，形成了非常优美的景致。明、清时期，以“奎亭怀古”、“南谷寻春”、“旗峰晓雪”、“堂北双松”、“城东三涧”、“炉阜晴烟”、“金饶晚翠”和“宝阁晴云”合称为著名的“杉阳八景”，展现了泰宁景色迷人、文风荟萃的盛况，时有文人墨客题诗赞美。现以被列为“杉阳八景”的五奎亭为例，杉不仅展现了中国木结构的民族性，还呈现了闽西北盛产杉木的地域性；而“杉阳”即不仅展现了泰宁地理区位的独特性，更展示了泰宁蕴含的人文性；不仅赞美着大好的河山，更富含着催人奋进的启迪。

汉闽王无诸狩猎于泰宁，唐末邹勇夫镇守泰宁，至今已有千年历史，故有“汉唐古镇”之美称；更因为泰宁在北宋出了状元叶祖洽，在南宋又有邹应隆考中状元，因此又有“两宋名城”之赞誉，并以“状元故里”引以为自豪；明代，泰宁又以“一门四进士”和“一巷九举人”而名噪天下。保存完好的世德堂和明朝兵部尚书李春烨所建的“五福堂”(也称尚书第)，因其保存最为完好和最大的明代民居而列为国家级文物保护单位，并获得“江南明城”的赞美。因此，“明”不仅展现了明代泰宁的辉煌，也展现了泰宁广大群众在县党委和县政府领导下努力保护生态环境和传统文化明代民居的功绩，更展现了泰宁状元街设计创作和建设中，泰宁县党委和县政府以大无畏的精神。在“洋风”四起、“复古”泛滥之时，泰宁县党委和县政府提出了“求精不求大、求特不求洋”的决心，并以海纳百川、广招贤士的宽阔明朗胸怀，对灵感缘于传统民居、创意源于传统文化和风貌在于古今结合的状元街创作方案做出了明智的决策，使得明韵犹存且独特时代新风简洁明快的建筑群得以建成。以公开透明的姿态，在征得广大群众和社会各界人士的基础上，县人大立法将其定为泰宁城乡建设的基调。因此，“明”不仅蕴涵泰宁的历史文化，也兼具泰宁科学发展的时代精神。

“明韵”展示着“明的文化”，不仅富含着县党委和县政府的文明智慧，而且也展现着广大群众对社会文明的共同期望。

因此，“杉阳明韵”充分展现了泰宁建筑风貌的历史性、时代性和文化性，必将成为泰宁建筑风貌的魂，也必将激发广大设计人员和泰宁广大群众为建设美丽泰宁而奋发。

3. 城乡建筑风貌科学发展注入泰宁魂

泰宁状元街的设计创作和建设，为泰宁建筑风貌的营造奠定了基础。泰宁状元街的建筑风貌是在粉墙黛瓦坡顶马头墙的基础上，不仅注入了骑楼、挑廊吊脚、门牌楼等独特的泰宁传统民居建筑元素，还结合现代建筑简洁明快的时代气息，是融古今建筑文化于一体所形成的。但由于对这一建筑风貌的不同认识和理解，有人将最具独特性的简化门牌楼误为是把马头墙错误的应用在正立面，还有人片面理解将其简单地变成只有粉墙黛瓦坡顶马头墙，从而导致一些简陋粗糙的设计方案时有出现，给人带来了单调乏味的不良感受，甚至引起改变泰宁建筑风貌的异议。面对种种非议，泰宁县党委、县政府坚持既不能固步自封，更不能后退的原则，根据发展才是硬道理的精神，对泰宁的城乡规划和设计提出注入“杉阳明韵”泰宁魂的要求，在大金湖轮渡码头和水际村的建设中增加了一些木构的装饰，设计创作有了新的突破，使得素雅淡妆的“杉阳明韵”展现了木的韵味，如图 8-29 所示。

图 8-29 金湖轮渡码头

近年来，根据建设特色泰宁的要求，泰宁县党委和县政府不仅精心保护历史的古韵遗风，还带领广大群众紧紧地将文化导入城乡建设，将城乡建在文化中、城乡建出文化来。将城区当做景区建，使得“城中有景、景中有城、城景交融。”呈现出城在山中（见图 8-30）、水在城中（见图 8-31）、楼在林中（见图 8-32）、人在景中（见图 8-33）的独特风貌，极大地提升了城市的文化品位，增强了群众的幸福感，展现了一派欣欣向荣的美好景象。

图 8-30 城在山中

图 8-31　水在城中

图 8-32　楼在林中

图 8-33　人在景中

围绕“做靓老城、做大新城、做精管理、做美乡村”的目标，泰宁进一步推进城乡景区化，启动了对连接着景区、乡村与城市主要街道的金湖路进行包括沿街立面改造、屋顶平改坡、道路拓宽、夜景工程和绿化工程等的景观改造，使得泰宁城乡建设风貌得到进一步的提升，改造完工的金湖路见图 8-34。

图 8-34 改造完工的金湖路

可以深信，在泰宁县党委、县政府和广大设计人员的共同努力下，在广大群众的支持下，清新中透着大气、灵秀间含着端庄的“杉阳明韵”必将为泰宁城乡建筑风貌的营造增添更大的魅力和活力。

8.3 城镇特色风貌营造初探

8.3.1 借鉴传统 弘扬文化

以儒、道、释为代表的中国传统文化，尽管各家观点不同，但都主张和谐统一，也常被称为“和合文化”。在这种“天人合一”的宇宙观指导下，我国传统民居聚落的布局，在处理居住环境与自然环境的关系时，特别注重巧妙地利用自然形成“天趣”，以适应人们居住、贸易、文化交流、社群交往以及民族的心理、生理需要；重视建筑群体的有机组合和内在理性的逻辑。在传统民居中，大多以天井（庭院）为中心组织各具变化的院落，使得群体空间组织千变万化，在民居内天井（庭院）、房前屋后种植花卉林木的烘托下，与聚落中虽为人作、宛自天开的园林景观，组成了生态平衡的宜人环境，形成各具特色、古朴典雅、秀丽恬静的聚落风貌。纵观各地民居聚落的发展，它是人们根据具体的地理环境和气候条

件，依据文化的传承、历史的积淀和经济的发展，形成了较为成熟的模式，具有无限的生命力。

在福建，由于受到闽越文化、中原文化和海洋文化的影响，有以优美柔和的曲线、富于变化的层次、吉祥艳丽的色彩和精湛华丽的装饰而在中华民居建筑中独树一帜的闽南古大厝；有以“神奇的山村民居”，而被列为世界文化遗产的“福建土楼”；有以青砖灰瓦马头墙门牌楼为代表的闽北民居；有以粉墙黛瓦马鞍形山墙为代表的福州民居；还有以山墙台阶式披檐为代表的闽东民居等。这些民居虽然同是坡屋顶的土木结构，但先民们都能根据各地的具体条件，将它们与自然环境融为一体，组成了各具特色的聚落风貌，让人叹为观止。这都深为值得我们在营造城镇的独特风貌时借鉴。

传统民居建筑的优秀文化是新建筑创作成长的沃土，是充满养分的乳汁。传统民居延续其生命力，根本出路在于与时俱进，“新陈代谢”是一切事物发展的永恒规律，“固守”和盲目照搬的“复古”、“仿古”是不可取的，我们必须从传统民居建筑“形”与“神”的精髓中汲取营养，寻求“新”与“旧”在功能上的结合、地域上的结合和时间上的结合，突出经济、社会、自然环境、时间和技术上的协调发展。

8.3.2 潜心研究，以点带面

作为福建省县级城市规划典型的“泰宁经验”，其“以点带面”形成了独具特色的城镇风貌，已引起世人的瞩目。

县委县政府根据保护较为完整的自然环境和正在改善的交通条件等优势，提出了创建“新兴旅游城，文明小康县”的奋斗目标。解放思想、抓住机遇、发挥优势、艰苦创业。用“三不（不追风、不赶时髦、不迁就落后理念）、三求（求精、求特、求简约）、三尊重（尊重历史、尊重科学、尊重人才）”的理念，引导县城的规划建设。1999 年，在 430m 长的状元街规划中，引进城市设计理论，进行了立足整体的规划。采用连续布置底商公寓式多层住宅的街道组织形式，在江南民居青砖灰瓦马头墙的基础上与马头墙门牌楼、吊脚挑廊和骑楼等闽北木构建筑的独特设计手法有机结合，构成了颇富闽西北地方民居神韵的建筑造型，与全国重点文物保护单位——尚书第建筑群互为呼应、相映成趣。高低错落、层次丰富、简洁明快的街道立面造型，展现了鲜明的时代气息，而颇富地方神韵的立面造型手法、带有古典装饰灯杆的庭院式路灯、颇具现代特征的公共电话亭、阳台和空调外机位的古雅铁艺栏杆，构成了传统与现代互为融汇的风貌。起伏多姿、变化有序的天际轮廓线宛如一曲气势磅礴的优美乐章，展现了“千尺为势”的动人景象。带有“盲道”的人行道以及花池与休息条石坐凳的结合，都充分体现了以人为本的设计思想。夜景工程融合古今之时空，营造出五光十色、流光溢彩的梦幻美景。合理有序地将渲染现代商业气氛的灯箱广告组织在骑楼内，保持了沿街建筑立面的完整和洁净，展现了完美的街道建筑艺术造型，形成了具有鲜明地方特色的城镇风貌。

2002 年夏建成的状元街，以其颇富传统文化气息的地方特色和时代精神的城镇特色风貌，得到广大群众的喜爱、游客的向往和专家学者的赞誉。在此基础上，县委、县政府认真总结，人大立法，将状元街的建筑造型定为泰宁县建筑的基调，积极组织“以点带面”的推广，形成了独具特色的泰宁风貌。

泰宁县城镇风貌的成功营造，依靠的是领导的远见、得力的措施和群众的拥护，“潜心研究、以点带面”的工作方法，为我们开展城镇风貌的规划设计创作研究提供了很多宝贵的经验。

8.3.3 立足环境，营造特色

在泰宁风貌营造成功的经验鼓舞下，借助龙岩市新罗区适中镇创建特色民俗街的机会，对营造城镇特色风貌进行深入研究。

1. 融于环境，互为因借

适中镇是文化之乡，历史悠久，名胜古迹星罗棋布，242 座土楼群气势雄伟，堪称中国民居之瑰宝，2003 年被评为“省级历史文化名镇”，2005 年被评为“全国创建文明村镇工作先进村镇”及“全国小康建设明星乡镇”。

适中镇十年三庆的盂兰盆节热闹非凡，已被列为福建省非物质文化遗产；适中镇方型土楼风貌独特，也为世人瞩目。适中镇经济发达，工农业生产迅猛发展，服务业和旅游业也正在崛起。为了适应适中镇发展要求，建设独具风貌的民俗街，是一个极具探索性的挑战。

民俗街位于适中镇中和住宅小区的中部，东起保留的望德楼和符宁楼等土楼，并与建于宋代供奉民间图腾“圣王公”的白云堂相接，确保盂兰盆节庆典活动时，抬请“圣王公”出巡队伍浩浩荡荡的需要。西至南北贯穿适中镇的过境 319 国道之白云堂牌楼，穿过 319 国道再往西可达最为豪华的土楼之一——国家级文物保护单位的典常楼（见图 8-35）和建于宋代的古丰楼（见图 8-36）。用地南邻适中镇文体公园，自然环境优美。

图 8-35 国家级文物保护单位典常楼

图 8-36 建于宋代的适中古丰楼

通过方案比较，规划中在街道中心节点，将需要保护的土楼——奋裕楼、悠宁楼有机地组织在一起，形成了中和住宅小区东西景观轴交汇处的核心景观中心广场，既适应盂兰盆节大型群众集会活动的需要，又便于将环境优美的文体公园组成延续的景观带，将民俗街、中和小区和周围的土楼、文体公园、白云堂及青翠的群山融为一体，使民俗街可以借助众多的白云堂香客和土楼的知名度吸引游客，又能以繁华的民俗街激活白云堂和土楼的灵气，从而满足开展适中镇方型土楼旅游和适中镇发展的要求。图 8-37 为适中镇中和住宅小区民俗街规划总平面图。

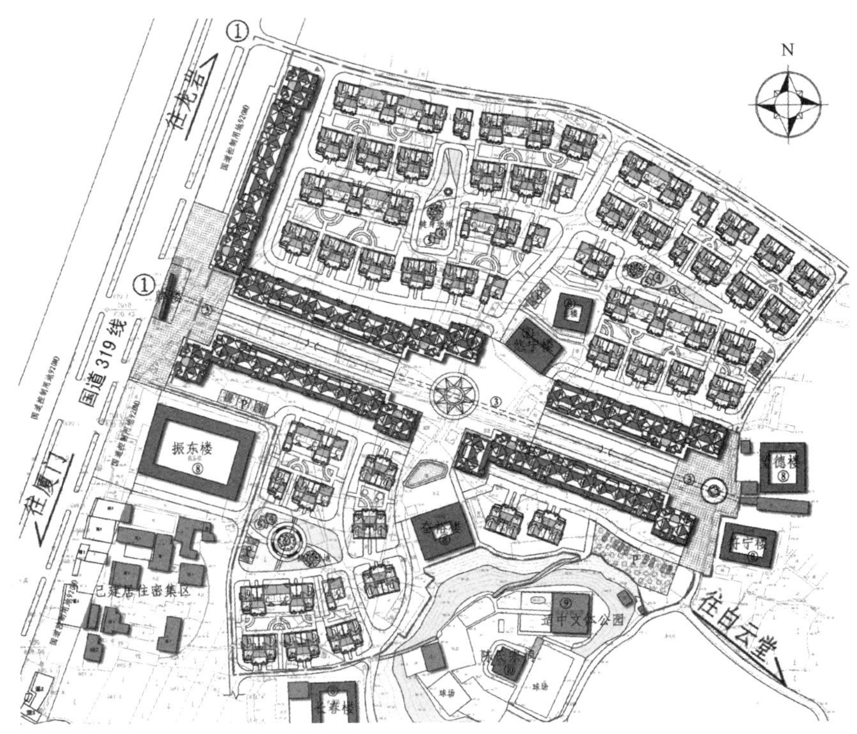

图 8-37　适中镇中和住宅小区民俗街规划总平面图

2. 藏风聚气，环境和谐

借助街道中心需要设置自东向西排洪沟，将原有宽 1.0m、深 1.0m 的排洪沟改为宽 2.0m、深 0.5m 的开放式的景观水渠（局部封闭以满足车辆调头和行人过往的需要）。在满足排洪需要的同时，还在中心广场地下设置蓄水池及地面上人水交融的激光音乐旱喷泉，使得水渠、旱喷泉、奋裕楼前的月形水池和景观轴南侧的文体公园共同构成了融自然和人工于一体的显山露水的诱人景观。

街道两侧的垂直界面充分吸取适中镇方型土楼内庭和吊脚挑廊以及坡顶披檐逐层退台的布局特点，使得街道剖面在街道宽度 18.0m 时，街道垂直界面的高度和街道宽度的比值都控制在 1:1 到 1:1.5 之间。土楼内景如图 8-38 所示。

既能起到便于两侧往来、繁荣商业活动的作用，又颇显宽敞开放避免压抑感。尺度合宜、环境和谐的民俗街街道断面图，如图 8-39 所示。

图 8-38 土楼内景

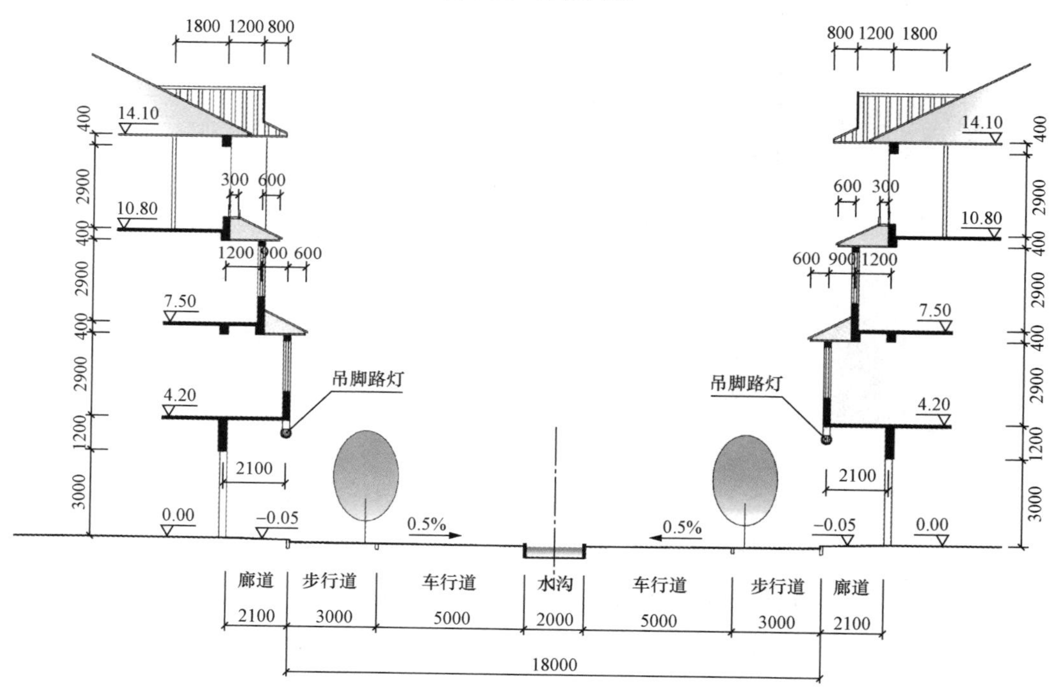

图 8-39 民俗街街道断面图

3. 传承文脉，显现神韵

民俗街立面造型充分吸取土楼建筑对外封闭、对内开敞的建筑文化内涵，屋顶采用土楼常用的不收山的歇山坡屋顶。土黄色墙面上开设外加白色宽窗框的窗洞和延续的长廊相结合，展现土楼建筑外墙实多虚少，对内开放的文脉。民俗街的立面造型虚实对比、层次丰富、高低错落、进退有序，加上时长时短的通廊处理，呈现了适中镇土楼的独特风貌和诱人的文化内涵。这是对弘扬福建土楼优秀传统文化的一次有益探索。图 8-40 是民俗街的效果图。图 8-42 为建设中的适中镇民俗街。

(a)

(b)

(c)

(d)

图 8-40　民俗村的效果图（一）

（a）适中镇民俗街西侧入口沿国道效果图；（b）适中镇民俗街东南街段效果图；

（c）适中镇民俗街西南街段效果图；（d）适中镇民俗街东北街段效果图

（e）

（f）

图 8-40　民俗村的效果图（二）

（e）适中镇民俗街西北街段效果图；（f）适中镇民俗街鸟瞰图

（a）

图 8-41　建设中的适中镇民俗街（一）

（a）建设中的适中镇民俗街西南段街面

（b）

图 8-41　建设中的适中镇民俗街（二）

（b）建设中的适中镇民俗街西南段背面

4. 开拓创新，适应需要

（1）综合解决集市和夜市的复合功能。吊脚挑廊的设置，既便于铺面的经营和管理，又为行人创造一个遮阳避雨的人行廊道。这种空间布置，既突出了地方特色，还便于旅游活动的开展和夜市的开发，创造更为活跃的商业气氛。廊道前布置了 3.0m 宽的步行道，既可用作市集和夜市、摊商设摊的场地，又是小城镇居民出行上街的停车场地，对于方便群众生活、繁荣小城镇商业活动起着极为重要的作用。

（2）妥善处理民俗活动和日常生活的关系。为了适应大型群众民俗活动的需要，中心水渠两侧设置了 5.0m 宽的车行道，但在日常生活中，可在路边停车时，应确保车辆顺利通行的需要。街道两侧的步行道和车行道之间不设分道的道牙石，仅以不同材料、不同铺砌方式和不同颜色加以区分，以适应民俗街举办大型民俗活动踩街的需要，并在步行道上设盲道，以扩大街道的视觉感受，提高社会文明。

（3）有效组织灯箱广告及夜景工程的布置。民俗街所有商店招牌和灯箱广告规划统一布置在吊脚挑廊内商店门上 1.0m 高的范围内，其他地方不得随便悬挂，以免破坏街道的建筑造型。利用街道两侧吊脚挑廊的吊脚，设置特制的艺术造型路灯，不仅可以减少灯杆的障碍，还可避免路灯对二层以上居民的灯光干扰，也可以提高街道的景观效果，图 8-42 为民俗街剖面详图。节庆的大红灯笼统一布置在吊脚挑廊下和各层的外廊。街道夜景照明统一采用分段向建筑立面投射彩色灯光。

（4）努力提高街道的绿化景观效果。由于设置了挑廊下的人行廊道，可以起到遮雨避阳的效果。步行道上不再栽种通常的行道树，而是在与铺面开间相对应的位置相间种植观赏性的四季常青乔木（桂花或玉兰）和灌木（美人蕉等花卉），以提高街道的绿化景观效果和生活环境的质量，图 8-43 为民俗街平面详图。

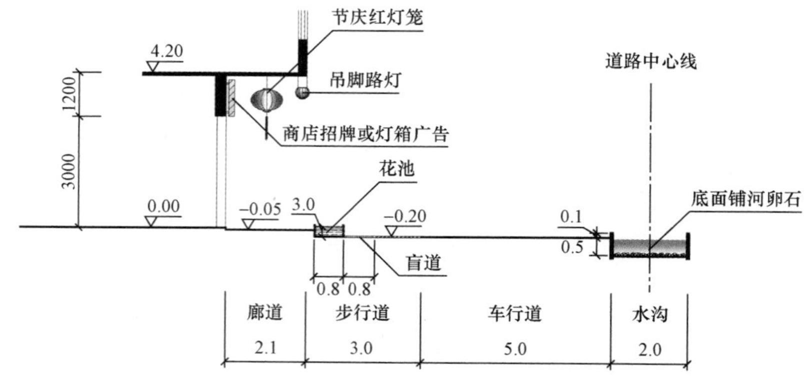

图 8-42　民俗街剖面详图

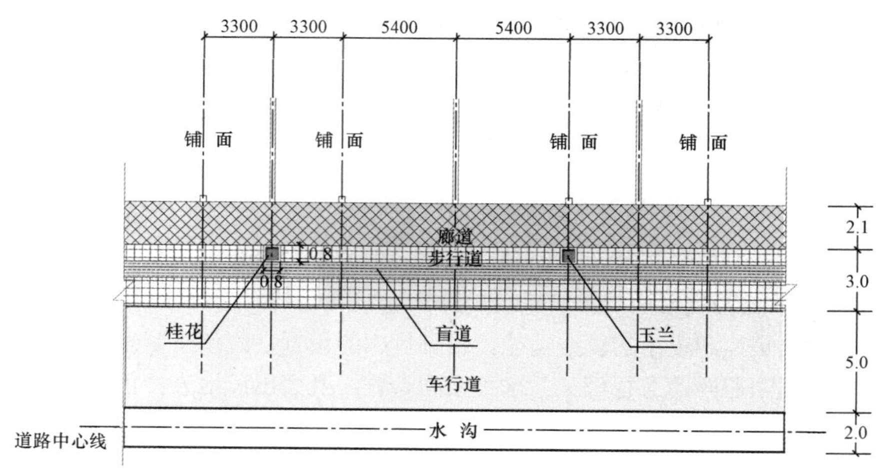

图 8-43　民俗街平面详图

以上是对小城镇街道布局的总结，并在吸取土楼建筑的吊脚挑廊和内庭布置文化内涵的基础上，为适应现实要求所进行的一次颇为有益的探索。

5. 持续发展，促进繁荣

民俗街采用面宽和进深均相同的五种下店上宅住宅方案，这五种方案分别是上、下垂直一户居住的普通型住宅，上、下垂直一户居住的代际型住宅，上、下垂直分为两户的跃层式住宅，多层公寓式住宅和上、下垂直一户居住的经营性住宅，以适应现代生活和开展乡村旅游的需要，为繁荣适中镇经济创造条件。建设时，可根据要求进行调整。

为了使民俗街的建设更富活力，通过研究，还建议将民俗街向东延伸至白云堂，并利用白云堂东侧的山地开发富有创意生态文化的农业公园，以促进适中镇的繁荣，便于民俗街的建筑文化特色带动适中镇的城镇风貌建设。

8.3.4　结语

泰宁特色城镇风貌成功营造的实践证明，借助古朴的民情风俗，弘扬优秀的传统文化，依托雅致的生态环境，塑造独特的建筑风格所形成的城镇特色风貌，可以充分展现城镇令人振奋的精气神，陶冶人们的高尚情操，提高城镇文明，激发人们励精奋进，促

进经济繁荣。

在塑造适中镇民俗街独特风貌时，弘扬土楼建筑文化，创作了颇富文化内涵的民俗街建筑造型；设计了尺度宜人、环境和谐的街道垂直界面；还对如何适应民俗活动和现代生活需要的街道平面布局进行的开拓性的探索。适中镇民俗街独特风貌的成功塑造，为营造适中镇的城镇特色风貌奠定了基础。

参 考 文 献

[1] 罗哲文．中国文化遗产的特色．中国文化遗产．2004（1）：9.

[2] 刘小和．全国重点文物保护单位的统计学研究及其规范问题．文物工作．2004（6）：15-22.

[3] 罗哲文．主编中国古代建筑．上海：上海古籍出版社，2001.

[4] 仇保兴．中国历史文化名镇（村）的保护和利用策略．城乡建设．2004（1）：6-9.

[5] 单霁翔．进一步推动历史文化村镇的保护工作．城乡建设．2004（1）：10-11.

[6] 郑孝燮．加强我国的世界遗产保护与防止“濒危”的问题（在 2002.10.25“世界文化遗产保护管理与利用研讨会”的发言）．世界遗产保护．2003：50-54.

[7] 阮仪三，王景慧，王林．历史文化名城保护理论与规划．上海：同济大学出版社，1999.

[8] 阮仪三．历史环境保护的理论与实践．上海：上海科学技术出版社，2000.

[9] 罗哲文．罗哲文历史文化名城与古建筑保护文集．北京：中国建筑工业出版社，2003.

[10] 肖敦余，胡德瑞．小城镇规划与景观构成．天津：天津科学技术出版社，1989.

[11] 文剑刚．小城镇形象与环境艺术设计．南京：东南大学出版社，2001.

[12] 赵勇，骆中钊，张韵，等．历史文化村镇的保护与发展．北京：化学工业出版社，2005.

[13] 骆中钊，李宏伟，王炜．小城镇规划与建设管理．北京：化学工业出版社，2005.

[14] 骆中钊．新农村建设规划与住宅设计．北京：中国电力出版社，2008.

[15] 骆中钊，刘金泉．破土而出的瑰丽家园．福州：海潮摄影艺术出版社，2003.

[16] 董鉴泓．城市规划历史与理论研究．上海：同济大学出版社，1999.

[17] 吴良镛．从“有机更新”走向新的“有机秩序”：北京旧城居住区整治途径（二）．建筑学报，1991.

[18] 阎廷娟．人、环境与可持续发展．北京：北京航空航天大学出版社，2001.

[19] 李德华．城市规划原理．北京：中国建筑工业出版社，2001.

[20] 奚旦立．环境与可持续发展．北京：高等教育出版社，1999.

[21] 郑时龄．建筑和谐、可持续发展的城市空间．建筑学报，1998.

[22] 吴朝，刘春．可持续的聚落更新初探．小城镇建设，2002（1）：50-51.

[23] 朱光亚．古村镇保护规划若干问题讨论．小城镇建设，2002（2）.

[24] 周年兴，俞孔坚．农田与城市的自然融合．规划师，2003（3）.

[25] 徐化成．景观生态学．北京：中国林业出版社，2000.

[26] 梁雪．传统村镇环境设计．天津：天津大学出版社，2001.

[27] 彭一刚．传统村镇环境设计聚落景观分析．北京：中国建筑工业出版社，1994.

[28] 魏挹澧．湘西风土建筑．天津：天津大学出版社，1995.

[29] 毛刚．生态视野：西南高海拔山区聚落与建筑．南京：东南大学出版社，2003.

[30] 段进，季松，王海宁．城镇空间解析：太湖流域古镇空间结构与形态．北京：中国建筑工业出版社，2002.

[31] 白德懋．城市空间环境设计．北京：中国建筑工业出版社，2002.

[32] 洪亮平．城市设计历程．北京：中国建筑工业出版社，2002.

[33] 仲德昆．小城镇的建筑空间与环境．天津：天津科学技术出版社，1993.

[34] 冯炜，李开然．现代景观设计教程．杭州：中国美术学院出版社，2002.

[35] 刘永德．建筑外环境设计．北京：中国建筑工业出版社，1996.
[36] 郑宏．环境景观设计．北京：中国建筑工业出版社，1999.
[37] 夏祖华，黄伟康．城市空间设计．2．南京：东南大学出版社，1992.
[38] 吕正华，马青．街道环境景观设计．沈阳：辽宁科学技术出版社，2000.
[39] 王建国．城市设计．南京：东南大学出版社，1999.
[40] 金俊．理想景观——城市景观空间系统建构与整合设计．南京：东南大学出版社，2003.
[41] 周岚．城市空间美学．南京：东南大学出版社，2001.
[42] 梁雪，肖连望．城市空间设计．天津：天津大学出版社，2000.
[43] 王晓燕．城市夜景观规划与设计．南京：东南大学出版社，2000.
[44] 克利夫·芒福汀．街道和广场．北京：中国建筑工业出版社，2004.
[45] 李道增．环境行为学概论．北京：清华大学出版社，1999.
[46] 金广君．图解城市设计．哈尔滨：黑龙江科学技术出版社，1999.
[47] 李雄飞，赵亚翘，王悦，等．国外城市中心商业区与步行街．天津：天津大学出版社，1990.
[48] 芦原义信．外部空间设计．尹培桐，译．北京：中国建筑工业出版社，1988.
[49] 扬·盖尔，拉尔斯·吉姆松．新城市空间．何人可，张卫，邱灿红，译．北京：中国建筑工业出版社，2003.
[50] 熊广忠．城市道路美学——城市道路景观与环境设计．北京：中国建筑工业出版社，1990.
[51] 俞孔坚，李迪华．城市景观之路——与市长们交流．北京：中国建筑工业出版社，2003.
[52] 迟译宽．城市风貌设计．郝慎钧，译．天津：天津大学出版社，1989.
[53] 黄海静，陈纲．山地住区街道活力的可持续性——重庆北碚黄角枫镇规划构思．城市规划，2000（5）.
[54] 张玉坤，郭小辉，李严，等．激发乡土活力　创建名城新姿——蓬莱市西关路旧街区改造设计方案．小城镇建设，2003.
[55] 单德启，王心邑．“历史碎片”的现代包容——安徽省池州孝肃街“历史风貌”的保护与更新．小城镇建设，2004.
[56] 陈颖．川西廊坊式街市探析．华中建筑，1996（4）：65-68.
[57] 王颖．传统水乡城镇结构形态特征及原型要素的回归——以上海市郊区小城镇的建设为例．城市规划会刊，2000（1）.
[58] 金广君．城市街道墙探析．城市规划，1991（5）.
[59] 金广君．城市商业区的空间界面．新建筑．1991（3）.
[60] 赵强．再奏街巷的“乐章”——重庆现代街巷界面“凹凸”空间营造浅析．小城镇建设，2003（5）.
[61] 美国格兰特．W．里德．园林景观设计：从概念到形式．北京：中国建筑工业出版社．2004.
[62] 王锐．具有山城特色的街道空间——重庆原生街道空间浅析．小城镇建设，2001（3）.
[63] 李琛．侨乡小城镇近代骑楼保护对策探讨．小城镇建设，2003（11）.
[64] 任祖华，张欣，任妍．英国的鹿港小镇．小城镇建设，2003（6）.
[65] 画报社编辑部．城市景观．付瑶，毛兵，高子阳，等，译．沈阳：辽宁科学技术出版社，2003.
[66] 宛素春，张建，李艾芳．丰富城市肌理　活跃城市空间——现代城市广场空间环境的创造与设计．北京规划建设，2003（1）.
[67] 王骏，王林．历史街区的持续整治．城市规划汇刊，1997（3）.
[68] 彭建东，陈怡．历史街区的保护与开发模式研究——以景德镇三闾庙历史街区保护开发规划为例．武

汉大学学报：工学版．2003，36（6）：132-136．
[69] 阮仪三，范利．南京高淳淳溪镇老街历史街区的保护规划．现代城市研究，2002（3）：10-17．
[70] 车震宇．传统城镇的保护与旅游开发．小城镇建设，2002（8）：60-61．
[71] 刘艳．城市老街区保护与更新的思索．山西建筑．2002，28（12）：18-19．
[72] 王景慧，阮仪三，王林．历史文化名城保护理论与规划．上海：同济大学出版社，1999．
[73] 单德启．从传统民居到地区建筑．北京：中国建材工业出版社，2004．
[74] 王晓阳，赵之枫．传统乡土聚落的旅游转型．建筑学报，2001（9）：8-12．
[75] 单德启，郁枫．传统小城镇保护与发展刍议．建筑科技，2003（11）：38-39．
[76] 赵之枫，张建，骆中钊．小城镇街道和广场设计．北京：化学工业出版社，2005．
[77] 胡长龙．园林景观手绘表现技法．北京：机械工业出版社，2010．
[78] S.E.拉斯姆森．建筑体验．刘亚芬，译．北京：知识产权出版社，2003．
[79] 扬•盖尔．交往与空间．何人可，译．北京：中国建筑工业出版社，2002．
[80] 克利夫•芒福汀．街道与广场．张永刚，陆卫东，译．北京：中国建筑工业出版社，2004．
[81] 简•雅各布斯．美国大城市的死与生．金衡山，译．南京：译林出版社，2005（5）．
[82] 凯文•林奇．城市意象．方益萍，何晓军，译．北京：华夏出版社，2001．
[83] 王士兰，游宏涛．小城镇城市设计．北京：中国建筑工业出版社，2004．
[84] 宇振荣，郑渝，张晓彤，等．乡村生态景观建设理论和方法．北京：中国林业出版社，2001．
[85] 福建省住房和城乡建设厅．福建村镇建筑地域特色．福州：福建科学技术出版社，2012．
[86] 沈泽江，杨秋生，孙越明．村庄资源与创新项目——中国农业公园．北京：中国农业出版社，2011．